DÉMONSTRATIONS

D'ANATOMIE

Région temporale. — Région parotidienne. — Région sus-hyoidienne.
Région sus-claviculaire. — Région sous-clavière.
Région mammaire. — Région costale.

PAR

Le Docteur Pierre SEBILEAU

Prosecteur à l'École d'Anatomie des hôpitaux
Ancien interne lauréat des hôpitaux

PARIS

G. STEINHEIL, ÉDITEUR
2, rue Casimir-Delavigne, 2

1892

DÉMONSTRATIONS D'ANATOMIE

TYPOGRAPHIE

EDMOND MONNOYER

LE MANS (Sarthe)

DÉMONSTRATIONS

D'ANATOMIE

Région temporale. — Région parotidienne. — Région sus-hyoidienne.
Région sus-claviculaire. — Région sous-clavière.
Région mammaire. — Région costale.

PAR

LE DOCTEUR PIERRE SEBILEAU

Prosecteur à l'École d'Anatomie des hôpitaux
Ancien interne lauréat des hôpitaux

PARIS

G. STEINHEIL, ÉDITEUR

2, rue Casimir-Delavigne, 2

1892

Mon cher ami,

Vous me demandez un mot d'introduction pour votre livre que modestement vous qualifiez de modeste.

Voici ce que j'en pense.

Assurément l'anatomie est une; mais il y a plusieurs façons de l'enseigner : cet enseignement s'adresse à des gens qui y cherchent des choses différentes, tantôt, dans un but opératoire, un rapport d'organe, tantôt telle disposition qui facilite la compréhension d'un fonctionnement d'appareil ou la pathogénie d'un acte morbide : l'anatomie n'est pour cela ni chirurgicale, ni physiologique, ni médicale, elle est seulement écrite ou enseignée à l'usage des chirurgiens, des physiologistes ou des médecins, elle est *appliquée*. L'intérêt de l'anatomie appliquée est fatalement variable comme l'objectif même des sciences qui l'utilisent; son étude et son enseignement exigent une connaissance parfaite et de l'anatomie et des sections auxquelles elle s'applique. Il me paraît évident qu'une bonne anatomie médicale de l'œil ne peut plus être faite, à l'heure qu'il est, que par un homme absolument au courant de l'oculistique, j'ose aussi émettre cette opinion qu'écrire une anatomie chirurgicale deviendra bientôt aussi impossible à un seul que d'achever un traité complet de chirurgie.

Je conçois donc que vous ayez restreint votre ambition, et qu'en intitulant votre livre « Démonstrations d'Anatomie » vous ayez choisi le titre qui lui convenait le mieux.

Vos leçons sont en somme des leçons d'anatomie descriptive, mais présentées d'une certaine manière. Vous prenez une région, et vous y groupez en les rattachant les unes aux autres toute une série de notions précises, sans vous laisser écourter par les limites classiquement admises par les topographes. Beaucoup risqueraient ainsi de noyer dans les détails les lignes vives qui servent de guides et de repères, mais vous avez trouvé le moyen de faciliter ainsi l'étude des rapports si ardue et si indispensable, cela grâce à votre méthode, à votre tournure d'esprit et à votre habitude de l'enseignement.

Il est aisé de voir que si vous connaissez les travaux des autres et si vous en avez profité, vous avez vu avec vos propres yeux et que sur maints faits vous avez acquis le droit d'avoir une opinion personnelle ; ce sont bien là de vraies leçons de prosecteur et je ne saurais en faire de plus bel éloge.

E. QUÉNU,
Professeur agrégé à la Faculté,
Chirurgien des hôpitaux.

AVANT-PROPOS

Ceci n'est point un traité d'anatomie appliquée : je pense que pour écrire un pareil livre, il faut avoir vécu plus longtemps que moi dans les choses de la chirurgie.

Ce n'est pas non plus un livre complet d'anatomie topographique.

C'est le simple exposé des conférences que j'ai faites à l'École de Clamart, dans mon pavillon. Pour les rédiger, je me suis servi un peu de mes propres notes et beaucoup de celles que quelques-uns de mes amis avaient prises au cours de mes leçons.

Je réponds ainsi, je pense, à deux reproches qu'on pourrait faire, entre autres, à ce modeste livre.

Sans doute, on ne devrait pas ainsi tailler des parts dans l'anatomie régionale qui déjà, par elle-même, a le défaut d'être toujours un peu schématique. Je le répète : je ne publie que les simples démonstrations d'un prosecteur.

Puis, il y a dans ces conférences des expressions, des tournures de phrases, des comparaisons qui choqueront peut-être : ce sont celles de la leçon orale ; je n'ai rien voulu y changer.

On trouvera, je crois, dans cet exposé d'anatomie élémentaire quelques aperçus nouveaux : ils sont le fruit de travaux personnels attentivement suivis.

Pour préparer ces leçons, beaucoup et longtemps étudiées, j'ai largement puisé dans nos auteurs classiques; j'ai fait aussi de nombreuses recherches bibliographiques; je voudrais n'avoir oublié personne.

Mes dessins ont été exécutés par mon ami Élie Leroy, de l'École des Beaux-Arts : je le remercie de l'empressement et de la bienveillance avec lesquels il a bien voulu mettre à ma disposition son remarquable talent de dessinateur.

Je garde une grande reconnaissance à mon ami le Dr Fournier de Lempdès du concours qu'il m'a prêté, pendant plusieurs mois, pour l'iconographie de cette publication : je lui dois plusieurs bonnes figures.

Je remercie aussi mon ami Steinheil : on jugera sans peine du soin qu'il a mis à éditer l'ouvrage que je lui ai confié.

Je ne sais ce que valent ces démonstrations : mais comme elles m'ont coûté beaucoup de travail, je les dédie avec confiance à mes maîtres en anatomie.

Je les dédie aussi à mes élèves, sans qui je n'aurais point songé à les publier.

DÉMONSTRATIONS D'ANATOMIE

LA RÉGION TEMPORALE

SOMMAIRE :

A. — LIMITES DE LA RÉGION.

B. — FORMES EXTÉRIEURES.

C. — SQUELETTE DE LA RÉGION.

    1. SES BORNES OSSEUSES.

    2. SON PLANCHER OSSEUX.

        Le frontal.

        Le sphénoïde.

        Le temporal.

        Le pariétal.

        Les sutures.

        Les fontanelles.

        Les os wormiens.

D. — LES PARTIES MOLLES DE LA RÉGION TEMPORALE.

    I. LA RÉGION TEMPORALE SUS-OSSEUSE.

        L'aponévrose temporale.

    1° LA FOSSE TEMPORALE SUPERFICIELLE.

        La peau.

        Le tissu cellulaire.

        L'artère temporale superficielle.

        Les veines temporales superficielles.

        Les lymphatiques superficiels.

        Le nerf auriculo-temporal.

        Les rameaux temporaux du facial.

        Les peaussiers et l'aponévrose épicrânienne.

A. — LIMITES DE LA RÉGION

Assez bien délimitée sur le squelette par des lignes, des saillies et des apophyses, la région temporale, recouverte de ses parties molles, répond, comme le fait remarquer Malgaigne, à cette partie de la face latérale du crâne qui durcit et se gonfle, quand on serre violemment les mâchoires l'une contre l'autre. Son territoire est borné par quatre lignes entre lesquelles se développe l'aire d'un quadrilatère à côtés sensiblement égaux : de ces quatre lignes, deux sont verticales : l'une antérieure, passe par la saillie de la pommette, l'autre postérieure, par le bord occipital de l'apophyse mastoïde ; et deux sont horizontales : la première longe l'arcade zygomatique ; la seconde, qui lui est parallèle, chemine à quatre centimètres au-dessus de l'apophyse orbitaire externe du frontal.

La tempe a une étendue verticale de huit centimètres, et une étendue antéro-postérieure de onze centimètres.

B. — FORMES EXTÉRIEURES

Glabre en avant et en bas, recouverte de poils sur tout le reste de son étendue, la région temporale est une de celles où l'embonpoint, l'âge et la maladie impriment le mieux leur cachet ; plane chez l'homme adulte et bien portant, elle s'arrondit et se bombe chez les individus gras et les enfants ; elle s'efface, s'excave, puis se ride chez les gens âgés et les personnes en dénutrition.

C'est en se creusant et en se couvrant de cheveux blancs, que la tempe marque, avant toute autre région, l'influence que les années (*tempora*) exercent sur nos tissus.

C. — SQUELETTE DE LA RÉGION

1° — SES BORNES OSSEUSES

La fosse temporale, beaucoup plus profonde à sa partie inférieure qu'à sa partie supérieure, est limitée en haut et aussi en arrière par les deux lignes courbes temporales, en bas par l'arcade zygomatique, en avant par le bord postérieur et la face postérieure de l'os malaire.

Les lignes temporales (limite postérieure et supérieure) sont au nombre de deux.

La supérieure, très visible, part de l'apophyse orbitaire externe du frontal, sous forme d'une crête très saillante, gagne le pariétal où elle est plus effacée, continue sa courbe, et aboutit en arrière au point d'union du temporal, du pariétal, et de l'occipital (*fontanelle postéro-latérale* des anatomistes, *astérion* des anthropologistes).

L'inférieure se détache de la première à deux centimètres au-dessus de son origine, se dirige comme elle, et concentriquement à elle, en bas et en arrière, et vient mourir au point où naît la racine longitudinale de l'apophyse zygomatique.

Les deux lignes temporales limitent ainsi entre elles un espace falciforme : elles ne manquent jamais toutes les deux en même temps, mais il est assez fréquent qu'elles s'effacent, l'une ou l'autre, sur une partie de leur trajet. Quelquefois, il en existe une troisième, située au-dessus des deux autres ; elle se rapproche du faîte du vertex, et peut même atteindre la suture sagittale : c'est la *ligne de Zuckerkandl.*

Les lignes temporales apparaissent sur le crâne à la fin seulement de la première dentition, ce qui semble indiquer qu'elles ne sont que des saillies destinées à l'implantation du muscle temporal et de son aponévrose. Quelques auteurs, cependant, accordent exclusivement ce rôle à la ligne inférieure, et considèrent la supérieure comme une séparation naturelle entre la voûte et la paroi latérale du crâne ; chez les Chinois et quelques autres peuplades, où la boîte encéphalique se hérisse d'un angle à cet endroit et prend une forme pentagonale, la chose serait, paraît-il, évidente.

Le bord postérieur de l'os malaire (limite antérieure) est mince, sinueux, contourné en S italique ; il se termine en haut sur une pointe allongée, verticale (*apophyse orbito-faciale*), qui s'articule avec l'apophyse zygomatique du frontal, et, en bas, sur une autre saillie plus large et plus dentelée (*apophyse temporale*), qui s'unit à l'apophyse zygomatique du temporal par une suture fuyante en bas et en arrière. Ce bord postérieur est composé de deux segments; l'un supérieur, vertical, l'autre inférieur, horizontal, qui se rencontrent à angle obtus : du sommet de cet angle se détache quelquefois une lamelle osseuse qui se porte en arrière : c'est l'*apophyse marginale*.

La face postérieure de l'os est concave et lisse ; on y voit un ou plusieurs petits orifices (*trous zygomato-temporaux*), qui communiquent par des conduits intra-osseux avec deux orifices semblables, creusés, l'un sur la face orbitaire de l'os (*trou zygomato-orbitaire*), l'autre sur sa face externe ou faciale (*trou zygomato-facial*).

L'apophyse zygomatique, ou *anse de la tête* (limite inférieure de la région) naît par une base large, aplatie latéralement, et creusée en gouttière à concavité supérieure, de la face externe de l'écaille temporale, d'où elle se détache par deux racines ; l'une de ces racines, antérieure et transversale, se dirige en dedans, et borde en avant la cavité glénoïde ; l'autre, postérieure et longitudinale, se bifurque pour se continuer, d'une part, avec la ligne courbe temporale inférieure, et mourir, de l'autre, sur la paroi antérieure du conduit auditif, en formant la paroi postérieure de la cavité glénoïde. Au point où les deux racines se confondent, il existe une saillie osseuse (*tubercule zygomatique*), en avant duquel se trouve une petite surface plane (*facette infra-temporale*). Ainsi dégagée de l'écaille, l'anse de la tête se dirige en avant, comprimée de dehors en dedans, convexe par sa face externe, concave et lisse par sa face interne, tranchante par son bord supérieur, épaisse et forte par son bord inférieur ; elle se termine par un sommet allongé et dentelé, qui s'articule avec l'apophyse temporale de l'os malaire.

Telles sont les limites de la fosse temporale, plane et superficielle en haut et en arrière, où elle se continue, de plein pied, avec les régions latérale et postérieure de la voûte du crâne, creuse et profonde dans ses districts antérieur et inférieur, qui confinent aux principales cavités faciales. En bas, en effet, elle communique par une large ouverture avec la fosse zygomatique et la fosse ptérygo-maxillaire ; en avant, elle s'ouvre dans l'orbite par une fente qui est très large chez l'enfant, et se rétrécit chez l'adulte (*fente sphéno-maxillaire*).

2° — SON PLANCHER OSSEUX

En haut et en avant, le frontal : en bas et en avant, le sphénoïde : en haut et en arrière, le pariétal : en bas et en arrière, le temporal : tels sont les éléments qui constituent le plancher de la fosse temporale ; on y voit des sutures qui unissent entre eux ces différents os.

Le frontal. — Le frontal n'appartient à la fosse temporale que par une petite surface triangulaire à base supérieure (*facies temporalis*), située au-dessous de la crête temporale.

Le sphénoïde et le pariétal. — Le sphénoïde y étale la face externe de ses grandes ailes, qu'une crête transversale (*crête sous-temporale*) partage en deux portions : l'une supérieure, plus étendue, fait partie de la tempe, l'autre, inférieure, appartient à la région zygomatique. Le pariétal livre à la fosse temporale un territoire plan, allongé d'avant en arrière, limité en haut par la ligne courbe temporale supérieure, et en bas par le bord inférieur de l'os : c'est la *surface temporale;* entre les deux lignes courbes, la table de l'os est particulièrement lisse et unie.

Le temporal. — Le temporal n'appartient à la région que par sa *portion écailleuse;* chez les oiseaux, les reptiles et les poissons, cette écaille se sépare du rocher pour former un os complètement distinct, qu'on appelle l'*os squammeux*. Elle est lisse, parcourue par quelques sillons vasculaires peu marqués ; de son bord antérieur, on voit quelquefois, mais rarement, partir une apophyse qui s'étend jusqu'au frontal, et sépare le sphénoïde du temporal (*apophyse frontale*). Ce prolongement osseux, peu marqué, est l'image, chez l'homme, de celui qu'on rencontre, plus accentué, chez les rongeurs, les solipèdes, et quelques espèces de singes.

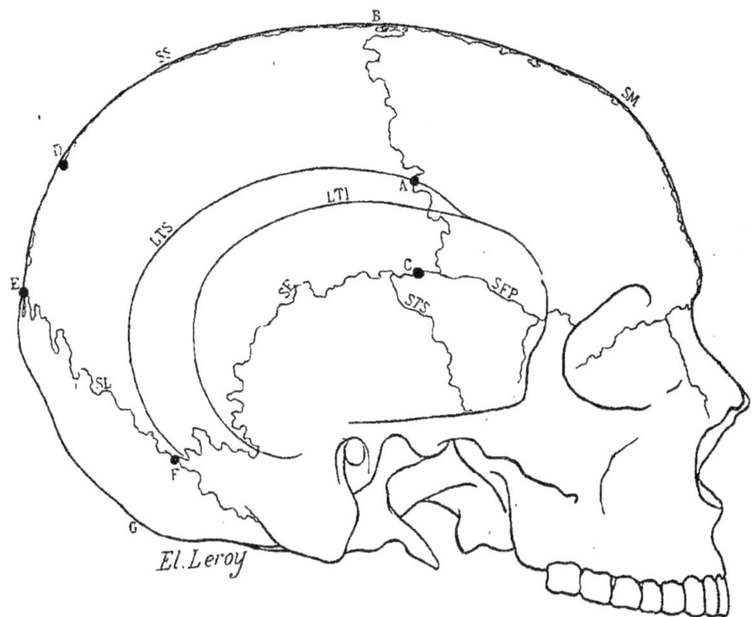

Fig. 1. — *Le Plancher de la fosse temporale.*

A. Stéphanion — B, bregma — C, ptérion — D, obélion — E, lambda — astérion — G, inion — SM, suture métopique — SS, suture sagittale — SL, suture lambdoïde — LTS, ligne temporale supérieure — LTI, ligne temporale inférieure — SE, suture écailleuse — STS, suture temporo-sphénoïdale — SFP, suture fronto-ptérique.

Les sutures. — La fosse temporale étant formée de plusieurs os, est sillonnée de plusieurs sutures unissantes. Vers le tiers antérieur de la région, on voit descendre, presque verticalement, la suture *fronto-pariétale*, de l'extrémité inférieure de laquelle partent deux prolongements horizontaux, l'un antérieur, l'autre postérieur. Le pro-

longement antérieur est formé par la suture *fronto-sphénoidale,* qui
ne tarde pas à se subdiviser en deux branches secondaires : la première
horizontale, ou suturé *fronto-jugale;* la seconde, verticale et descendante, ou *suture sphéno-jugale.* Le prolongement postérieur est formé
par la suture *sphéno-pariétale,* qui, elle aussi, se partage en deux
branches, l'une horizontale, ou suture *temporo-pariétale,* l'autre verticale et descendante ou suture *sphéno-temporale.* Imaginez un Y
renversé, dont chaque jambe se divise et forme deux nouveaux Y
latéraux : cela vous donnera une idée grossièrement schématique des
sutures de la région temporale. Comme le fait judicieusement remarquer Cruveilhier, toutes ces sutures sont remarquables par ce fait, que
les os entre lesquels elles se dessinent, sont écailleux et taillés en
biseau : la squamme de l'os supérieur est toujours recouverte par la
squamme de l'os inférieur.

Les fontanelles. — On sait que les os de la voûte du crâne ne
se développent que par un seul point d'ossification : il en résulte que
la boîte osseuse n'est pas, au début de la vie, complètement fermée,
et que les territoires osseux ne sont pas contigus ; entre eux, il existe
des espaces appelés *fontanelles,* remplis par une membrane (*membrane
suturale*), qui s'ossifie plus tard. On trouve dans la région temporale
deux fontanelles : on les appelle *fontanelles latérales.* L'une est
antérieure, située au point d'union du frontal, du pariétal, du temporal, et de la grande aile du sphénoïde : c'est la *fontanelle sphénoïdale,* la *fontanelle ptérique,* ou simplement, le *ptérion ;* l'autre est
postérieure, et située à l'union du pariétal, de l'occipital, et de la
portion mastoïdienne du temporal : c'est la *fontanelle mastoïdienne,*
la *fontanelle de Cassérius,* la *fontanelle astérique,* ou plus simplement l'*astérion.* Elle se soude avant la précédente.

Les os wormiens. — On rencontre aussi dans la région temporale des os wormiens. Ceux-ci, comme le fait remarquer M. Pozzi,
peuvent être divisés en deux classes : les *os wormiens vrais ;* ce sont
ceux qui se développent au niveau des fontanelles et des sutures; et les

os wormiens faux : ce sont ceux qui apparaissent au milieu même d'un os normal.

Les *os wormiens vrais,* qui ne sont que des points d'ossification supplémentaires, sont *suturaux* quand ils règnent dans la continuité d'une synarthrose, et *fontanellaires* quand ils naissent au point de rencontre de plusieurs sutures. Parmi les premiers, on trouve dans la région temporale des os wormiens dans la suture fronto-pariétale et dans la suture sphéno-pariétale : parmi les seconds, l'on rencontre l'os fontanellaire ptérique et l'os fontanellaire astérique.

Les *os wormiens faux* sont le produit de véritables anomalies de développement : ce sont de petits centres d'ossification non soudés. On peut les appeler *os de dédoublement ;* on les dit encore *insulés* parce qu'ils naissent loin des lignes articulaires et des carrefours osseux. On les voit sur le pariétal, la portion squammeuse du temporal et le sphénoïde; suivant qu'ils sont formés aux dépens de toute l'épaisseur de l'os, de sa table interne, ou de sa table externe, on les dit *totocrâniens, endocrâniens,* et *exocrâniens.*

D. — LES PARTIES MOLLES DE LA RÉGION TEMPORALE

La surface temporale est recouverte de chairs : elle protège, d'autre part, une zone du manteau cérébral, dont elle est séparée par la boîte crânienne. Cela conduit tout naturellement à scinder son étude en deux parties. Je vais donc décrire successivement la *région temporale sus-osseuse* et la *région temporale sous-osseuse.*

I. — LA RÉGION TEMPORALE SUS-OSSEUSE

L'aponévrose temporale. — De la ligne courbe temporale supérieure, en haut et en arrière, de l'apophyse orbitaire externe du frontal et du bord postérieur de l'os malaire, en haut et en avant, se détache un feuillet aponévrotique dense et serré, fortement tendu, large par le haut, étroit par le bas, et composé de faisceaux dont les fibres parallèles et obliques rayonnent, en convergeant, vers l'arcade zygomatique

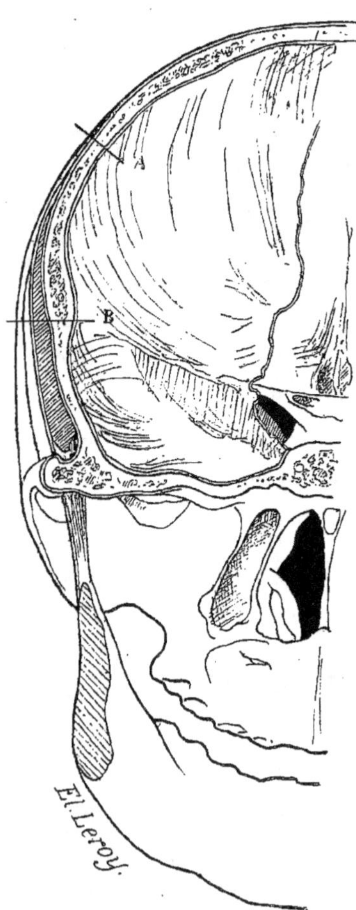

où elles se fixent; avant d'atteindre l'anse de la tête, cette lame fibreuse augmente d'épaisseur, et se dédouble en deux feuillets : l'un, superficiel, descend vers la lèvre externe du bord supérieur de l'arcade zygomatique, et celle du bord externe de l'os malaire, s'y fixe, et se continue avec le fascia massétérin; l'autre, profond, s'attache à la lèvre interne de ce bord, sur le même os et la même arcade. C'est l'*aponévrose temporale*, la *vraie aponévrose temporale*.

Si je vous dis « *vraie* », c'est que vous verrez décrites, dans quelques livres, deux aponévroses temporales; j'ajoute que les auteurs ne sont pas d'accord sur leur origine.

L'aponévrose temporale superficielle, mince et celluleuse, s'insérerait à la lèvre externe de l'arcade zygomatique; elle représenterait aux yeux des uns le périoste frontal prolongé jusque sur le crotaphyte, et mériterait alors le nom de *périostozygomatique;* elle serait, pour d'autres, la partie externe de l'aponévrose épicrânienne.

Fig. 2. — *Coupe frontale de la région temporale* (d'après MARTINI).

Le segment A B de cette figure est étudié sur la figure 8.

L'aponévrose profonde, épaisse et fibreuse, s'attacherait à la lèvre interne de l'anse de la tête : tous les anatomistes s'entendent pour en faire la vraie aponévrose du muscle temporal qu'elle bride, et qui implante sur elle bon nombre de ses fibres ; pour tous, aussi, elle se détache de la ligne courbe temporale supérieure.

Martini a surenchéri encore sur ces descriptions. Le périoste, selon lui, se dédoublerait au niveau de la ligne courbe : un de ses deux feuillets passerait par dessus le muscle temporal, et l'autre par dessous. La véritable aponévrose du muscle, située entre les deux, comprendrait elle-même deux lamelles : mais la boule graisseuse de la région, au lieu

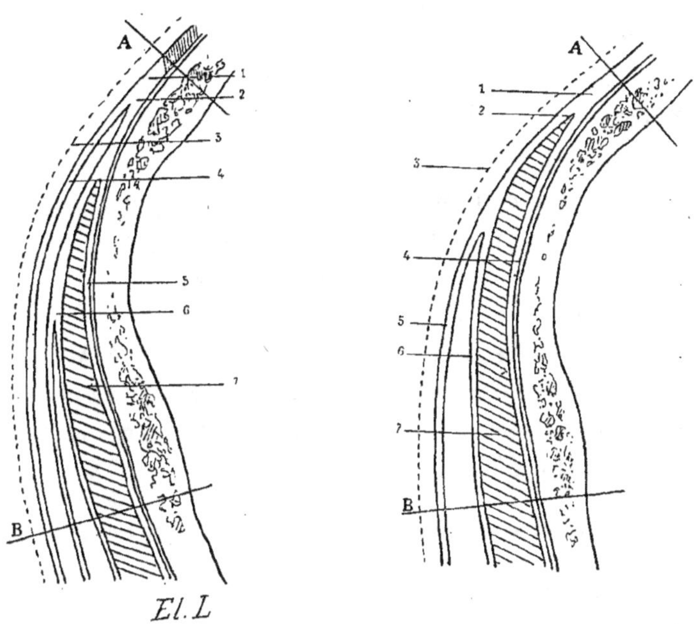

Fig. 3. — Segment A B de la figure 2.

1. Périoste — 2, dédoublement du périoste — 3, aponévrose épicrânienne — 4, feuillet superficiel du périoste dédoublé — 5, feuillet profond du périoste dédoublé — 6, aponévrose temporale se dédoublant — 7, muscle temporal.
(Description de MARTINI).

1. Périoste — 2, insertion de l'aponévrose temporale — 3, aponévrose épicrânienne — 4 périoste de la voûte — 5, feuillet extérieur de l'aponévrose temporale — 6, feuillet profond de l'aponévrose temporale — 7, muscle temporal.
(Description du Pʳ TILLAUX).

d'être placée dans le dédoublement de cette aponévrose, occuperait l'espace limité par son feuillet externe et le péricrâne superficiel. Péricrâne, cela est synonyme de périoste.

Vous pouvez suivre, sur les schémas de la figure 3, les détails un peu délicats de chacune de ces descriptions.

Pour ma part, j'accepte l'opinion très simple de nos auteurs français ;

de leur avis, il n'existe qu'une seule aponévrose temporale. Entre elle et la peau, descend la *calotte épicrânienne,* que quelques anatomistes font attacher au zygoma, et d'autres à l'aponévrose temporale ; pour quelques-uns, elle va mourir dans la peau de la région de la joue ; ainsi pense le professeur Tillaux.

Au reste, tout cela me paraît avoir peu d'importance. Je ne vois guère à en retenir qu'une chose : c'est que l'aponévrose temporale est autant, plutôt même, un tendon qu'une aponévrose, et que le muscle y prend de solides attaches ; voilà pourquoi elle est épaisse, forte, nacrée, comme les tendons. On ne saurait en rien la comparer aux autres lames celluleuses de la région : c'est déjà trop de la décrire sous le même nom.

La région temporale sus-osseuse se trouve divisée, par l'aponévrose qu'elle renferme, en trois territoires distincts. Le premier est *sus-aponévrotique :* c'est la *case temporale superficielle.* Le second est *inter-aponévrotique :* c'est la *case temporale moyenne :* Le troisième est *sous-aponévrotique :* c'est la *case temporale profonde,* ou vraie *case temporale.* L'épaisseur des parties molles qui comblent les unes et les autres, est, du reste, en ce qui concerne chacune d'elles, beaucoup plus considérable en avant qu'en arrière.

1° — LA FOSSE TEMPORALE SUPERFICIELLE

Limitée en dehors par la peau, et en dedans par l'aponévrose, la fosse superficielle contient le tissu cellulaire sous-cutané, une couche musculaire peaussière, et l'aponévrose épicrânienne.

La peau. — La peau, moins épaisse, moins dense, et plus mobile sur la couche profonde que ne l'est la peau de la région occipito-frontale, est fine et glabre en avant ; en arrière, elle est recouverte de cheveux, et contient de nombreux follicules pileux, auxquels sont annexées des glandes sébacées.

Le tissu sous-cutané. — J'ai peu de chose à dire du *tissu cellulaire sous-cutané;* il n'est point, comme dans la région occipito-frontale, constitué par des lobules de graisse emprisonnés entre des cloisons fibreuses allant de la face profonde du derme à l'aponévrose épicrânienne ; il est ici plus lâche, plus celluleux, et, ainsi que sur la plus grande étendue du tégument externe, se laisse séparer en deux couches, l'une superficielle ou adipeuse, très mince, l'autre profonde, lamelleuse, appelée *fascia superficialis*. Au dire de Velpeau, la première descendrait directement vers la région massétérine, et la seconde s'attacherait à l'arcade zygomatique.

Dans ce tissu cellulaire, on voit ramper des artères, des veines, des lymphatiques et des nerfs.

L'artère temporale superficielle. — L'artère temporale superficielle est le seul tronc artériel qu'on rencontre dans la nappe sous-cutanée. Elle naît de la carotide externe, dont elle est une branche terminale, au niveau du col du condyle maxillaire, dans l'épaisseur de la parotide; un peu en avant du conduit auditif externe et du tragus elle se porte en haut, en avant et en dehors, derrière la racine de l'apophyse zygomatique, pénètre alors flexueuse et contournée, dans la zone temporale et en parcourt verticalement le segment inférieur, appliquée sur l'aponévrose épicrânienne; à 15 millimètres au-dessus de l'anse de la tête, elle se divise en deux branches terminales: la *temporale antérieure superficielle* et la *temporale postérieure superficielle*. La première remonte très sinueuse vers la région frontale (*branche frontale*) jusqu'au vertex, et s'anastomose avec la sus-orbitaire, la zygomato-orbitaire et l'artère homonyme du côté opposé. La seconde, plus volumineuse, se ramifie dans la région temporo-pariétale (*branche pariétale*) où elle s'anastomose avec l'occipitale, l'auriculaire postérieure et l'artère homonyme du côté opposé.

Avant sa division, l'artère temporale donne six branches collatérales, dont deux sont antérieures, trois postérieures, et une interne. Voici les deux branches antérieures :

La transverse de la face naît dans l'épaisseur de la parotide, à laquelle elle donne des rameaux, se dirige transversalement en avant, sur la face externe du masséter, parallèlement à l'arcade zygomatique, à un centimètre et demi au-dessous d'elle, et un peu au-dessus du canal de Sténon ; elle aborde ainsi la face externe de l'os malaire, au niveau de laquelle elle s'épuise en rameaux cutanés et musculaires.

La *zygomato-orbitaire* apparaît au-dessus et tout près de l'arcade zygomatique; elle se porte vers le bord supérieur de l'orbite en traversant la fosse temporale moyenne, où je la décrirai plus loin.

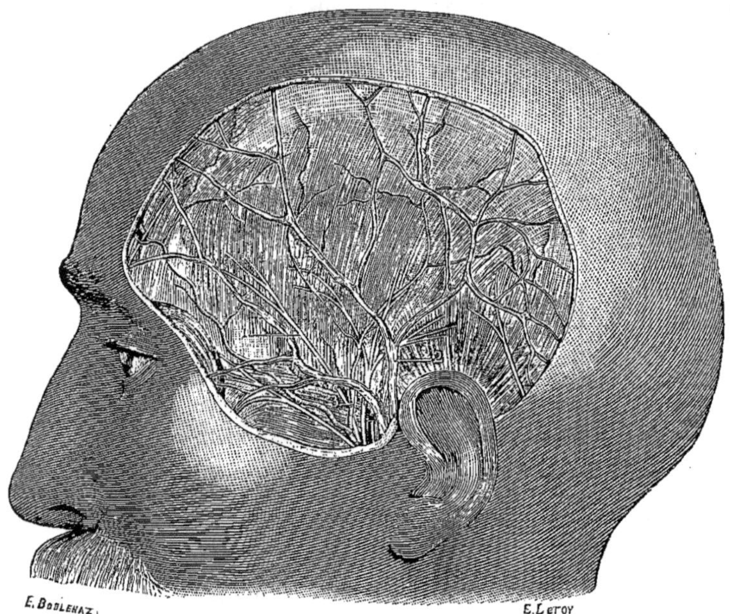

Fig. 4. — *La Région temporale superficielle* (d'après PAULET et SARRAZIN.

1. Branches du nerf auriculo-temporal — 2, veines temporales superficielles. — 3, artère temporale superficielle.

Les trois branches postérieures sont les *artères auriculaires antérieures : l'auriculaire antéro-supérieure* se recourbe pour se porter en arrière; elle se distribue à l'hélix et aux muscles auriculaires antérieur et supérieur : *l'auriculaire antéro-moyenne* se rend au conduit auditif externe, au tragus et à l'articulation temporo-maxillaire : *l'auriculaire antéro-inférieure* se distribue au lobule.

La branche interne de l'artère temporale superficielle est la *temporale moyenne*, qui, dès son origine, traverse l'aponévrose du crotaphyte pour pénétrer dans la fosse moyenne, où nous la retrouverons bientôt.

Toutes ces branches de l'artère temporale sont d'un calibre peu considérable ; mais elles sont, comme toutes les artères de la face et du crâne, très musclées. On connaît, du reste, pour toutes les artères en général, cette loi de Valerie Schiele Wiegandt : non seulement le calibre des artères diminue plus vite que leur épaisseur, mais même, dans les petits vaisseaux à sang rouge, l'épaisseur des parois est en raison inverse du calibre. C'est à l'importance de la membrane musculaire qu'ils doivent ce caractère.

Les rameaux de l'artère temporale serpentent toujours en avant des rameaux veineux satellites et plus profondément qu'eux.

Les veines temporales superficielles. — Les veines temporales superficielles naissent, sur le vertex, d'un réseau à larges mailles, formé par trois sortes de vaisseaux : les premiers sont antérieurs ou *frontaux ;* les seconds, moyens ou *pariétaux ;* les troisièmes, postérieurs ou *occipitaux.* De ce réseau se détachent deux troncs veineux principaux (*veines temporales superficielles*), qui cheminent de haut en bas, derrière les vaisseaux artériels, et se réunissent au niveau de l'arcade zygomatique, pour former un tronc collecteur : sous le nom de *tronc veineux temporo-maxillaire,* ou *veine faciale postérieure,* celui-ci se porte verticalement en bas, entre le conduit auditif externe et l'articulation temporo-maxillaire, pénètre dans l'épaisseur de la parotide, et, au niveau de l'angle de la mâchoire, se jette, en s'unissant à la veine faciale antérieure, dans la veine jugulaire interne. Au point où il y débouche, la veine jugulaire externe, venue de la base du cou, le rencontre et s'unit à lui.

La *veine faciale postérieure* reçoit : 1° Les *veines auriculaires,* dont le trajet et le nombre répondent sensiblement à ceux des artères du même nom ; 2° la *veine temporale moyenne* et la *veine zygomato-orbitaire,* que je décrirai plus loin; 3° la *veine maxillaire interne,* dont les origines sont multiples, et qui lui apporte le sang des *veines temporales profondes* que j'étudierai à leur place ; 4° les *veines paroti-*

diennes ; 5° enfin les *veines transversales* de la face, qui, autour de l'articulation temporo-maxillaire, sur la face externe de la branche montante, et sous la face profonde du masséter, constituent un riche plexus veineux (*plexus massétérin*); de celui-ci se détachent plusieurs rameaux qui, en dedans, à travers l'échancrure sigmoïde, vont confluer au *plexus ptérygoïdien*, et plusieurs autres qui, en avant, communiquent avec le *plexus alvéolaire.*

Cette nomenclature des branches de l'artère et des veines temporales est un peu difficile: pour aider votre mémoire, rappelez-vous cette proposition générale un peu schématique, je le reconnais : Toutes les parties molles, superficielles ou profondes, qui s'étalent entre le vertex et le canal de Sténon dans le sens vertical, entre le plan bi-auriculaire et la ligne de l'aile du nez, dans le sens antéro-postérieur, sont irriguées par les vaisseaux temporaux.

Les lymphatiques superficiels. — Les lymphatiques superficiels de la région temporale peuvent être divisés en lymphatiques *temporo-frontaux, temporaux* proprement dits, et *temporo-occipitaux.* Les premiers, au nombre de dix à douze, se dirigent d'avant en arrière, et convergent vers le groupe superficiel des ganglions parotidiens, composé, comme on le sait, de trois ou quatre petites glandes situées en avant de l'oreille (*ganglions préauriculaires, auriculaires antérieurs,* ou *prétragiens*). Les seconds descendent, verticaux et flexueux, au nombre de six à huit, vers la partie postérieure du conduit auditif externe, pénètrent dans l'épaisseur de la parotide, et se terminent dans les ganglions *parotidiens profonds* ou *zygomatiques.* Les troisièmes enfin, forment un groupe de cinq ou six troncs, qui se dirigent d'arrière en avant, et viennent aboutir à quatre ou cinq ganglions collés sur la portion mastoïdienne du temporal, recouverts par les insertions supérieures du sterno-mastoïdien (*glandes mastoïdiennes, glandes auriculaires* ou *sous-auriculaires*).

Le nerf auriculo-temporal. — Le nerf auriculo-temporal parcourt seul, avec quelques filets du facial, la zone superficielle de la région temporale. Il naît du nerf maxillaire inférieur près du trou ovale, de deux ou plusieurs racines qui enserrent l'artère sphéno-épineuse dans une véritable boutonnière nerveuse, se dirige en arrière en dehors et en bas, vers le condyle, et passe derrière l'articulation temporo-maxillaire, tout près de l'orifice externe du conduit auditif; il émerge, alors, entre le bord de la mâchoire et la parotide, change de direction pour devenir vertical, et, au point même où il apparaît dans la région temporale, se partage en deux branches, l'une antérieure, verticale (*rameau temporal*), l'autre postérieure, oblique en arrière (*rameau auriculaire*). Chemin faisant, avant d'aborder la tempe, il fournit des *filets anastomotiques* au dentaire inférieur, au facial supérieur, au ganglion otique et au plexus cervical; des rameaux *parotidiens, artériels, articulaires* et *auditifs :* ces derniers se distribuent à la peau du conduit auditif externe ; l'un d'eux se rend à la membrane du tympan (*rameau tympanique*).

Des deux branches terminales du nerf auriculo-temporal, l'antérieure ou *temporale*, se dirige verticalement en haut, entre le pavillon de l'oreille et la base de l'apophyse zygomatique, pour s'épanouir enfin sur la tempe, jusqu'au niveau de la bosse pariétale, en un grand nombre de filets cutanés; l'un d'eux, très grêle, perfore l'aponévrose temporale, et va s'anatomoser avec une ramification du nerf temporal profond ; la postérieure, ou *auriculaire*, se porte en arrière et en haut, puis se divise en deux ou trois rameaux qui se distribuent à la peau du lobule et à celle de la face externe du pavillon.

Pour l'étude des rameaux émanés de l'auriculo-temporal, voici qui vous guidera : 1° il s'unit à tous ceux des nerfs voisins qui sont destinés à une *innervation superficielle :* le dentaire inférieur, le plexus cervical, le facial (vous savez que le facial est sensible grâce à ses anastomoses); 2° il donne la sensibilité à tous les organes dont l'articulation temporo-maxillaire est le centre : la parotide, le conduit auditif, le tympan, le pavillon de l'oreille, le lobule, la parotide, la synoviale de la jointure.

N'oubliez pas maintenant ceci :

Toute la peau de la face est animée par le trijumeau, et chaque

branche du trijumeau innerve la peau qui recouvre l'organe avec
lequel elle affecte son rapport le plus important. Ainsi l'ophtalmique,
qui tire son nom des relations qu'on lui connaît avec l'œil, donne la
sensibilité à la peau de la région qui entoure l'orbite : il abandonne
le frontal à la région frontale, et le nasal à la région nasale. Le maxillaire supérieur, ainsi appelé de ce qu'il traverse l'os maxillaire supérieur, innerve la peau en rapport avec cet os : son rameau sous-
orbitaire s'épanouit dans la région sous-orbitaire. Le maxillaire inférieur, qui anime les muscles masticateurs, donne des branches aux
divers départements cutanés qui enveloppent les organes de la mastication : l'auriculo-temporal livre ses filets à la peau qui tapisse la
région du muscle temporal; le ptérygo-buccal à celle de la région
buccinatrice; le dentaire inférieur à celle qui recouvrè une partie
de l'os maxillaire inférieur.

Cela est, je le sais, un peu schématique, mais capable, sans doute,
d'aider votre mémoire.

Les rameaux temporaux du facial. — Au niveau du bord
postérieur de l'os maxillaire inférieur, la branche supérieure du
facial (*rameau temporo-facial*) s'épanouit en un grand nombre de
filets divergents, qui couvrent toute la face d'un véritable réseau nerveux (*filets temporaux, frontaux, palpébraux, nasaux, buccaux*).

Les premiers montent, verticalement, vers la région temporale, perpendiculairement à l'arcade zygomatique, se divisent et se subdivisent
pour étaler leurs ramifications sur tout le territoire de la tempe;
à ce niveau, on les voit s'anastomoser avec la branche auriculo-
temporale, et se perdre, les uns dans les muscles auriculaires, les autres
dans la face profonde de la peau.

Les paussiers et l'aponévrose épicrânienne. — Pour bien comprendre la disposition de la couche musculaire sous-cutanée de la
région temporale, il importe de décrire d'abord l'aponévrose épicrânienne qui leur est sous-jacente.

On donne le nom d'*aponévrose épicrânienne,* ou de *calotte aponé-*

vrotique, à une vaste lame fibreuse tapissant la convexité du crâne, épaisse et résistante au centre, mince et celluleuse à la périphérie, adhérente par sa face superficielle à la peau, et glissant par sa face profonde sur le péricrâne, grâce à une couche de tissu cellulaire très lâche; elle reçoit par son bord antérieur les fibres des deux muscles frontaux, entre lesquels elle pénètre en manière d'éperon, donne naissance, par son bord postérieur, aux fibres des muscles occipitaux, entre lesquels elle forme une languette qui se fixe à la protubérance occipitale, et enfin, sur les côtés, se perd sur l'aponévrose temporale, dont elle partage les insertions; là, par ce bord externe, elle donne attache aux muscles auriculaires.

On voit, d'après cette description, que la calotte épicrânienne est une lame fibreuse tendue, dans le sens antéro-postérieur, entre le frontal et l'occipital, et, dans le sens transversal, entre les auriculaires. Aussi, chacun de ces corps charnus peut-il être considéré comme un muscle *tenseur de l'aponévrose*. Elle-même est, avec apparence de raison, comparée au centre phrénique du diaphragme. Enfin, envisagés deux à deux, les muscles qui la meuvent peuvent être très judicieusement assimilés à des *muscles digastriques*.

Au reste, la structure de l'aponévrose épicrânienne corrobore cette série d'interprétations. Dans sa trame fibreuse, il est, en effet, facile de distinguer des faisceaux antéro-postérieurs, d'origine frontale, des fibres obliques, venues des occipitaux, et des trousseaux transversaux, émanation des muscles auriculaires. Ce sont là autant de petits tendons étalés et aplatis, qui se coupent les uns les autres, et dont l'entrecroisement donne à la *galea capitis* l'aspect réticulé qu'elle présente.

Ce sont donc les tenseurs latéraux de l'aponévrose épicrânienne qui appartiennent à la région temporale. Ceux-ci sont les *muscles auriculaires*, et le muscle *temporal superficiel*.

Très développés chez les quadrupèdes, dont l'auricule est très mobile, et où ils peuvent être considérés comme de véritables dilatateurs, les muscles auriculaires sont rudimentaires chez l'homme, dont le pavillon de l'oreille est pour ainsi dire fixe, et auquel ils n'impriment que des mouvements à peine sensibles : ils ne sont chez lui que de simples organes de représentation.

Le *muscle auriculaire postérieur*, situé aux confins postérieurs de la région temporale, est composé de deux ou trois petits faisceaux qui se fixent à la partie postérieure et inférieure de la convexité de la conque du pavillon, et, de là, se portent en arrière et en dedans, pour s'attacher, sous forme de languettes tendineuses très effilées, soit à la base de l'apophyse mastoïde, soit à la crête occipitale externe. Ces languettes sont difficiles à dissocier des fibres horizontales du muscle occipital, avec lesquelles elles se confondent en réalité.

Le *muscle auriculaire supérieur* est une lamelle charnue, membraniforme et rayonnée, qui affecte l'apparence d'un triangle à sommet inférieur. Continu, par sa base, avec l'aponévrose épicrânienne, il s'attache, en bas, par une petite bandelette fibreuse, à la convexité de l'hélix et de l'anthélix, tout autour de la fossette naviculaire. Le bord postérieur de ce muscle confine aux fibres antérieures du muscle occipital. Son bord antérieur est longé par la branche postérieure de l'artère temporale superficielle.

Le *muscle auriculaire antérieur superficiel* est un petit muscle quadrilatère, d'un centimètre de coté, très mince, qui s'insère en avant sur l'aponévrose épicrânienne, au-dessus de l'apophyse zygomatique, et qui, de là, se porte en arrière pour aller se fixer à l'épine de l'hélix. Sous lui, est couché un petit trousseau de fibres musculaires allant de la face externe du tragus à l'apophyse zygomatique. C'est le muscle *auriculaire antérieur profond de Cruveilhier*. Vinslow avait déjà vu ce faisceau strié ; il s'était même attaché exclusivement à la description de ses fibres, et avait négligé l'étude de l'auriculaire antérieur superficiel.

Sous le nom de *muscle temporal superficiel*, M. Sappey a très minutieusement décrit un muscle déjà signalé par Cruveilhier sous un autre nom. Ce muscle, composé de fibres striées, serait très mince, et, dans certains cas, ne pourrait être découvert qu'à l'aide du microscope ; il se composerait de deux faisceaux : l'un supérieur, *occipito-temporal*, se continuerait, par l'intermédiaire d'une lame aponévrotique, avec l'occipital, et formerait avec lui un vrai muscle digastrique; l'autre, inférieur, *auriculo-temporal,* serait relié, par une intersection fibreuse, à l'auriculaire antérieur, et formerait, avec lui, un nouveau muscle digastrique. En avant, les deux faisceaux iraient se perdre dans le corps du frontal.

Cette description si précise est, à mon avis, un peu compliquée : en réalité, il s'agit là d'une mince assise de fibres musculaires comblant l'espace laissé vide entre le frontal et l'auriculaire supérieur, dont elles ne sont pas séparables. Cruveilhier est, je crois, dans le vrai, en décrivant, sous le nom de muscle *auriculo-temporal,* une large nappe charnue radiée, disposée en éventail, remplissant tout l'intervalle compris entre les muscles frontal et occipital, et composée de trois ordres de faisceaux; les uns, inférieurs, de direction antéro-postérieure, représentent le muscle auriculaire antérieur; les moyens, obliques en haut et en avant, ne sont autre chose que le muscle temporal superficiel, et vont se perdre dans le muscle frontal; les postérieurs, enfin, verticaux, constituent le muscle auriculaire supérieur. Toute cette couche musculaire, qui est souvent fasciculée, et dont la continuité semble alors interrompue, converge en bas vers l'hélix et la partie supérieure de la conque. L'anatomie comparée, du reste, confirme et légitime cette manière d'envisager les choses, puisque, chez beaucoup de mammifères, les prosimiens en particulier, on voit manifestement le frontal, l'auriculaire antérieur et l'occipital ne former qu'un seul muscle, décrit par les anatomistes sous le nom d'*occipito-frontal.*

En résumé, le frontal et l'occipital, d'une part, dans le sens antéro-postérieur, les auriculaires, d'autre part, dans le sens transversal, constituent, avec l'aponévrose épicrânienne, un muscle polygastrique, dont le tendon large et plat, c'est-à-dire la *calotte de la tête,* est tendu, bridé et tiré de tous côtés par des lames charnues.

2° — LA FOSSE TEMPORALE MOYENNE

J'ai montré plus haut comment l'aponévrose temporale se dédoublait avant d'atteindre l'arcade zygomatique : c'est entre ses deux feuillets qu'est comprise ce que j'appelle la *fosse temporale moyenne*. Celle-ci est remplie d'un tissu cellulo-adipeux jaunâtre et fluide, qui contribue à former la légère voussure de la région, et au milieu duquel on trouve plusieurs branches vasculaires.

L'artère temporale moyenne. — L'artère temporale moyenne naît de la temporale superficielle, au niveau de l'arcade zygomatique,

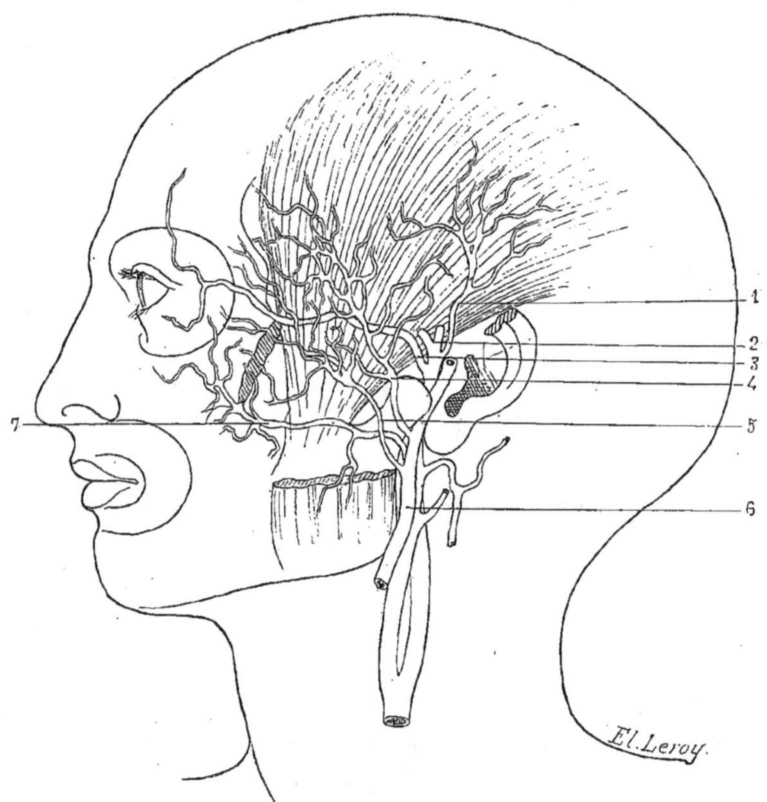

Fig. 5. — *La région temporale moyenne* (demi-schématique).

1. Artère temporale moyenne — 2. division de l'artère temporale superficielle — 3, artère zygomato-orbitaire — 4, veine temporale moyenne — 5, veine zygomato-orbitaire — 6, veine faciale postérieure — 7, artère transverse de la face.

traverse presque aussitôt le feuillet superficiel de l'aponévrose du temporal, rampe de bas en haut au milieu de la graisse sous-jacente, en perfore ensuite le feuillet profond, et se divise en plusieurs branches terminales, qui se perdent dans l'épaisseur du crotaphyte, au sein duquel elles s'anastomosent avec les rameaux des artères temporales profondes.

L'artère zygomato-orbitaire. — Un peu au-dessus de l'arcade zygomatique, se détache, du tronc de la temporale superficielle, une autre branche qui se dirige obliquement en haut et en avant, entre les deux feuillets de l'aponévrose temporale, s'engage ensuite sous le muscle orbiculaire des paupières, et gagne le bord supérieur de l'orbite, pour se distribuer aux paupières supérieure et inférieure; à ce niveau, elle s'anastomose avec les artères palpébrales : c'est l'*artère zygomato-orbitaire.*

Au résumé, deux branches de l'artère temporale superficielle rampent dans la loge moyenne : l'une est postérieure (*temporale moyenne*); l'autre est antérieure (*zygomato-orbitaire*). Mais cette loge n'est pour les vaisseaux qu'un simple lieu de passage.

Les veines temporales moyennes et zygomato-orbitaires. — Les branches veineuses qui correspondent aux divisions de ces deux artères, aboutissent à un même tronc collecteur. De la superficie du muscle temporal, se détachent, en effet, plusieurs petits canaux qui perforent, de la profondeur vers la superficie, la lame profonde de l'aponévrose temporale, se réunissent, en dessus d'elle, à d'autres vaisseaux, aussi nombreux, venus des paupières et de l'angle externe de l'orbite (*v. palpébrales, v. orbitaires externes*), et confluent, par deux ou trois veines assez considérables, disposées en véritables sinus, dans un tronc plus important ; celui-ci se porte en bas et en arrière, entre les deux feuillets du fascia temporal, se dégage ensuite de la loge moyenne, en traversant la lame aponévrotique superficielle, et se jette, un peu au-dessus de la racine longitudinale de l'apophyse zygomatique, dans le tronc temporo-maxillaire, tout près de son origine.

3° — LA FOSSE TEMPORALE PROFONDE

La loge temporale profonde est cunéiforme; elle est presque entièrement remplie par le muscle temporal ; on y voit aussi du tissu cellulaire, des vaisseaux et des nerfs.

Le muscle crotaphyte. — Le muscle temporal, ou crotaphyte, est un corps charnu, plat et triangulaire, étalé en éventail, appliqué contre la paroi du crâne. Il s'insère directement, par des fibres charnues, sur toute l'étendue de la fosse temporale osseuse située au-dessous de la ligne courbe inférieure, sur la moitié supérieure de la face interne de l'aponévrose temporale, sur la crête de la grande aile sphénoïdale, sur l'extrémité antérieure de la face interne de l'arcade zygomatique, et sur le tendon d'origine du masséter, dont il est quelquefois difficile de le séparer. De ces différents points, les fibres convergent, en descendant, les antérieures obliquement en arrière, les postérieures obliquement en avant, les moyennes verticalement, vers les deux faces d'une solide lame fibreuse intra-musculaire ; cette lame se ramasse en un tendon puissant et épais, large de deux centimètres, qui se réfléchit sur la gouttière de la base de l'apophyse zygomatique, et se fixe sur les deux bords, le sommet, la face interne et une partie de la face externe de l'apophyse coronoïde, qu'il engaine ainsi presque complètement (*tendon coronoïdien*). Le plus souvent, le muscle temporal est dissocié en deux faisceaux d'inégale importance : l'un superficiel, épais et large, émané de tout le segment supérieur de la fosse osseuse, vient s'attacher au coroné ; l'autre profond, mince et étroit, venu de la partie inférieure de la fosse et de la crête sphénoïdale, s'insère en bas, par un tendon distinct, à la lèvre interne du bord antérieur de la branche montante.

Dans sa moitié supérieure, la fosse temporale profonde est habitée tout entière, et exclusivement, par le muscle crotaphyte, qui prend insertion sur les deux parois de la loge ; mais dans sa moitié inférieure, le muscle, devenu tendineux, se détache du fond et du couvercle de la boîte où il est enfermé, de telle sorte qu'entre eux et lui, s'étale une double couche de tissu conjonctif lâche, où rampent des vaisseaux et des nerfs : l'une de ces nappes celluleuses est *superficielle*, c'est-à-dire *sus-musculaire ;* l'autre *profonde*, c'est-à-dire *sous-musculaire*. La fosse temporale profonde étant hermétiquement fermée en haut, mais ouverte en bas, puisque l'aponévrose s'attache à l'arcade zygomatique, il est aisé de comprendre que ces deux assises conjonctives sont en large communication, dans le segment inférieur de la région, avec le tissu qui comble la fosse zygomatique.

a). — NAPPE CELLULEUSE SUS-MUSCULAIRE

Les vaisseaux temporaux moyens. — La couche superficielle est formée par une graisse molle, fluide, jaunâtre et diffluente, d'autant plus abondante qu'on se rapproche davantage de l'arcade zygomatique, au niveau de laquelle elle comble tout l'espace situé entre le fascia aponévrotique et les fibres musculaires du crotaphyte. On y voit ramper les branches de division de l'artère et des veines *temporales moyennes*, dont les dernières ramifications viennent se perdre dans l'épaisseur du muscle.

b). — NAPPE CELLULEUSE SOUS MUSCULAIRE

La couche profonde est moins épaisse et moins graisseuse : elle ne sert, pour ainsi dire, qu'à conduire dans la région temporale des vaisseaux et des nerfs nés dans la fosse zygomatique. En voici la description.

Les artères temporales profondes. — Née derrière le col du condyle, l'*artère maxillaire interne* se dirige en avant, en dedans et en haut, parcourt, très flexueuse, et diagonalement, la fosse zygomato-maxillaire, gagne la portion la plus élevée de la tubérosité maxillaire, et s'enfonce, enfin, dans la fosse sphéno-maxillaire, pour se terminer au trou sphéno-palatin. Dans le court chemin qu'elle parcourt ainsi, l'artère maxillaire interne est ordinairement située entre le ptérygoïdien externe et le ptérygoïdien interne; elle appartient alors à la *région ptérygoïdienne ;* mais il n'est pas rare de la trouver plus superficielle, et de la voir cheminer, dans la fosse zygomato-maxillaire, entre le ptérygoïdien externe et le tendon du crotaphyte. Dans ces cas, elle fait évidemment partie de la *région temporale,* dont elle occupe, en même temps, le plan le plus profond et le segment le plus inférieur. Parmi les cinq branches ascendantes que donne, dans ce court trajet, cette artère que les anatomistes ont divisée en trois ou quatre tronçons, deux appartiennent à la région temporale : ce sont la *temporale profonde antérieure* et la *temporale profonde postérieure.* La première naît, assez volumineuse, au niveau de la tubérosité maxillaire, se dirige presque verticalement en haut, et court profondément, le long du bord antérieur du muscle temporal, dans l'intérieur duquel elle se perd, après avoir envoyé quelques rameaux très grêles dans la graisse de l'orbite ; ils n'y arrivent qu'après avoir traversé les canaux exigus qui leur sont creusés dans l'épaisseur de l'os malaire. La seconde, plus petite, se détache de la maxillaire interne au niveau de l'échancrure sigmoïde, se porte, comme la précédente, verticalement en haut, s'engage sous le crotaphyte, le long de son bord postérieur, et s'épanouit, elle aussi, en rameaux musculaires et périostiques. Il est inutile d'ajouter que l'une et l'autre s'anastomosent ensemble, et que chacune d'elles communique avec les branches terminales de la temporale moyenne. Suivant la situation qu'occupe l'artère maxillaire interne, les deux temporales profondes, à leur naissance, cheminent profondément entre les deux ptérygoïdiens, ou plus superficiellement, entre le ptérygoïdien externe et le crotaphyte.

Les veines temporales profondes. — Chacune de ces artères est accompagnée par deux veines qui portent le nom de *veines temporales profondes.*

Celles-ci descendent, en suivant le trajet des troncs artériels, vers le condyle de la mâchoire, et par leurs anastomoses avec les autres branches veineuses qui correspondent aux divisions postérieures de l'artère maxillaire interne, elles forment, entre le temporal et le ptérygoïdien externe, un plexus très important (*plexus ptérygoïdien ou zygomatique*), qui, d'une part, communique, en avant, avec le plexus alvéolaire, et, d'autre part, donne naissance, par derrière, à un vaisseau volumineux, la *veine maxillaire interne.* Celle-ci vient s'unir aux deux veines temporales superficielles pour former le *tronc temporo-maxillaire* ou *veine faciale postérieure,* que j'ai déjà étudié. En passant, j'ouvre ici une parenthèse. Remarquez que *le plexus alvéolaire,* qui est situé sur la tubérosité maxillaire et se jette dans la veine faciale antérieure, est le grand lac collecteur de toutes les veines qui répondent aux branches antérieures de l'artère maxillaire interne, et concluez.

Dans le bassin maxillaire interne, la disposition des affluents artériels et veineux n'est pas la même : les premiers se jettent tous dans le fleuve commun (*artère maxillaire interne*); les seconds se partagent : ceux du versant antérieur coulent vers la faciale (*veine faciale antérieure*); ceux du versant postérieur vers le tronc temporo-maxillaire (*veine faciale postérieure*).

Les lymphatiques temporaux profonds. — Des vaisseaux lymphatiques naissent dans la fosse temporale profonde ; ils suivent sensiblement le même trajet que les artères, et viennent se terminer, avec les troncs émanés du voile du palais, des gencives supérieures, de la muqueuse nasale, du pharynx et de la fosse ptérygo-palatine, dans un groupe de cinq ou six ganglions, appliqués, le long du bord postérieur du buccinateur, contre la paroi latérale du pharynx : ce sont les *ganglions profonds de la face ;* on les appelle encore *maxillaires internes,* de ce que les plus antérieurs d'entre eux flanquent l'artère de ce nom ; ils forment l'anneau supérieur de la chaîne ganglionnaire cervicale profonde (*chaîne carotidienne, chaîne jugulaire*).

Les trois nerfs temporaux profonds. — Trois nerfs cheminent dans le tissu celluleux sous-musculaire : ce sont les *trois nerfs temporaux profonds.* Ils émanent tous du maxillaire inférieur ; l'un directement, le *temporal profond moyen,* les deux autres indirectement, le *temporal profond antérieur,* et le *temporal profond postérieur.*

Le *temporal profond antérieur* se détache du nerf buccal au point où celui-ci émerge de l'espace qui sépare les deux faisceaux du ptérygoïdien externe, gagne la fosse temporale, en se dirigeant obliquement en haut et en avant, abandonne au crotaphyte de nombreux filets, continue son trajet ascendant, et s'anastomose, au-dessus de la crête inter-temporo-zygomatique, avec le filet temporal du nerf temporo-malaire, venu, en traversant le canal zygomato-temporal, du rameau orbitaire du maxillaire supérieur; plus haut, le temporal profond antérieur perfore l'aponévrose près de l'apophyse orbitaire externe, et s'épanouit en plusieurs filets qui s'anastomosent, sur la peau de la région temporale, avec des ramifications du facial.

Le nerf temporal profond moyen naît, près du trou ovale, du côté externe du nerf maxillaire inférieur, se dirige horizontalement en avant, entre le ptérygoïdien externe et la paroi osseuse de la fosse zygomatique, à laquelle il est comme accolé, chemine ensuite verticalement, entre cette même paroi et le tendon du temporal, s'anastomose alors, en un véritable plexus, avec des branches du temporal profond antérieur et du temporal profond postérieur; puis enfin, plus haut, se divise, au sein du muscle crotaphyte, en plusieurs rameaux qui s'y perdent.

Au dire de Cruveilhier, deux ou trois branches se détacheraient du tronc du nerf, qui traverseraient l'aponévrose temporale un peu au-dessus de l'apophyse zygomatique, et viendraient se terminer, en quelques ramifications cutanées, dans les téguments de la région.

Le temporal profond postérieur émane du nerf massétérin, au moment où celui-ci va franchir l'échancrure sigmoïde, se porte en arrière et en haut, s'accole au périoste, et chemine sous le muscle temporal, dans lequel il s'épuise peu à peu. C'est le plus petit des trois.

Cette innervation de la région temporale profonde peut se résumer en quelques mots. Le crotaphyte reçoit tous ses filets moteurs par sa face profonde : comme tous les muscles masticateurs, il est animé par le nerf maxillaire inférieur. Une branche importante lui vient directement de celui-ci : c'est le temporal profond principal, *le moyen;* deux autres rameaux, de même origine, lui arrivent par voie indirecte : ce sont les deux temporaux profonds accessoires, *l'antérieur* et le *postérieur.* Ceux-ci émanent des branches destinées aux muscles masticateurs les plus voisins; l'antérieur vient du ptérygo-buccal (1),

---

(1) Je dis *ptérygo-buccal*, parce que c'est du nerf buccal (purement sensitif par ses terminaisons) que se détachent les filets moteurs du ptérygoïdien externe.

le postérieur, du massétérin. Et rien n'est plus facile à retenir, puisque le buccinateur, est, lui-même, situé en avant du masséter.

Au résumé, concluez : Le temporal, *muscle masticateur*, est innervé par le *nerf masticateur ;* il reçoit de lui un *filet principal* (nerf temporal profond moyen), venu du *tronc père* (nerf maxillaire inférieur), et deux *filets accessoires* (temporal profond antérieur, temporal profond

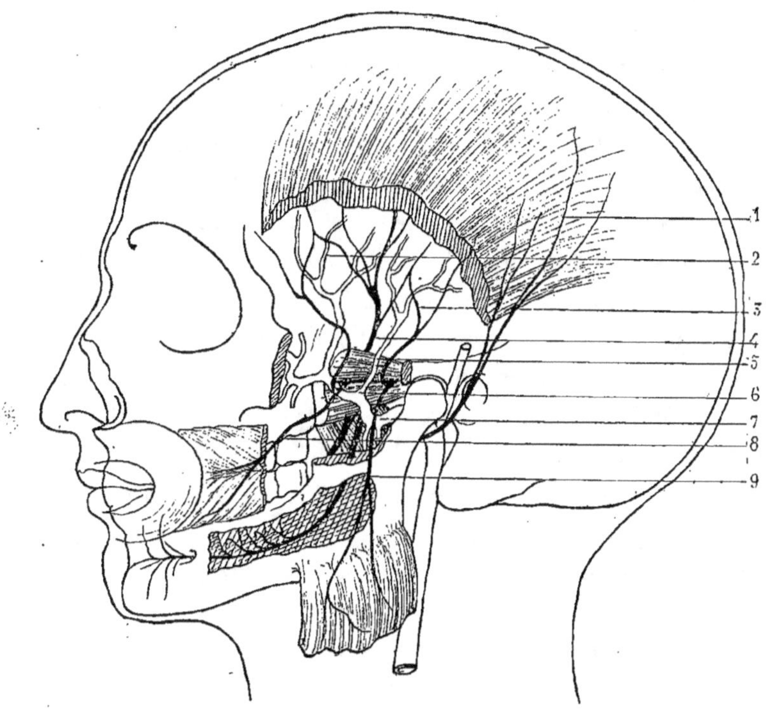

Fig. 6. — *La région temporale profonde* (demi-schématique).

1, Nerf auriculo-temporal — 2, artère temporale profonde antérieure — 3, nerf temporal profond postérieur — 4, nerf temporal profond moyen — 5 et 6, artère temporale profonde postérieure — 7, artère maxillaire interne — 8, nerf buccal — 9, nerf massétérin.

postérieur), venus de *rameaux fils* (buccal-massétérin). C'est du buccal situé *en avant,* que vient le *filet antérieur ;* et du massétérin, situé *en arrière,* que vient le *filet postérieur.*

Il faut ici que je vous fasse remarquer un détail important. Vous savez que le nerf maxillaire inférieur est situé sous la face profonde du muscle ptérygoïdien externe; vous savez aussi, cela est évident, que le muscle buccinateur et le muscle masséter sont plus superficiels, plus près de la peau, que le muscle ptérygoïdien externe. Il faut donc que les filets qui, partis du nerf maxillaire inférieur, se rendent au buccinateur et au masséter, il faut, dis-je, que ces filets traversent de dedans en dehors, de la profondeur vers la superficie, le muscle ptérygoïdien externe. Pour le traverser, ou plutôt pour se dégager de lui, que peuvent-ils faire? Croiser son bord inférieur? Non; ce bord inférieur est trop bas. Croiser le bord supérieur? Oui; c'est ce que fait le massétérin. Peut-être encore, passer entre ses deux faisceaux? Oui; c'est ce que fait le buccal. Peu importe la voie suivie; ce qu'il y a de certain, c'est que, à une petite distance de leur point d'origine, le buccal et le massétérin sont situés en dehors du ptérygoïdien externe. Les deux rameaux auxquels ils donnent naissance sont donc, eux aussi, plus superficiels que le ptérygoïdien externe : j'ai nommé le temporal profond antérieur et le temporal profond postérieur ; c'est ainsi que vous voyez le temporal profond antérieur cheminer sur la face extérieure du ptérygoïdien externe, dont il croise la direction. Mais le temporal profond moyen, lui, qui naît directement, tout au fond, du nerf maxillaire inférieur, gagne la région temporale par le plus court chemin, et s'engage sous la face profonde du ptérygoïdien externe. Lui est *vraiment à sa place;* les deux autres sont transportés en *dehors de leur vraie place* par les nerfs qui s'en emparent et les abandonnent, après les avoir un moment emprisonnés. Celui qui est *seul,* va *droit au but;* ceux qui sont *en compagnie,* prennent le *chemin des écoliers.*

II. — LA RÉGION TEMPORALE SOUS-OSSEUSE

Les organes qu'on rencontre dans la région temporale sous-osseuse peuvent se diviser en deux groupes ; les uns sont *superficiels* ou *sus-méningiens:* ce sont des artères et des veines, accolées à la boîte crânienne, et à distribution extra-cérébrale; les autres sont *profonds* ou *sous-méningiens:* ce sont les circonvolutions cérébrales et les vaisseaux qui les irriguent.

1° ORGANES MÉNINGIENS

La zone décollable. — Des méninges profondes, *pie-mère, ara-chnoïde*, je n'ai rien à dire; elles ne présentent, ici, aucun caractère particulier. Mais le segment temporal de la *dure-mère* prête à quelques considérations; il appartient, en effet, à ce qu'on a, très heureusement, appelé la *zone décollable*. Celle-ci s'étend, dans le sens vertical, de la faux du cerveau aux petites ailes du sphénoïde et au bord supérieur du rocher; dans le sens antéro-postérieur, des apophyses d'Ingrassias à la protubérance occipitale interne. Dans tout ce territoire, très bien décrit par Gérard Marchant, la dure-mère se laisse facilement détacher du crâne par un épanchement sanguin.

On connaît, du reste, la loi qui préside aux rapports de la méninge superficielle avec la face cérébrale de la boîte osseuse : partout où la table interne est lisse et dépourvue d'aspérités, la dure-mère lui est lâchement unie; partout où elle se hérisse d'apophyses et de saillies, la dure-mère lui adhère solidement; telle, celle-ci se laisse décoller sur la voûte et les faces latérales, sans peine, tandis qu'elle ne cède qu'à la divulsion sur la plus grande étendue de la base du crâne.

2° ORGANES SUS-MÉNINGIENS

Les organes sus-méningiens temporaux sont les *artères* et les *veines méningées moyennes*.

L'artère méningée moyenne. — L'artère méningée moyenne naît de la face interne du premier segment de l'artère maxillaire interne. Elle monte verticalement, derrière le col du condyle, vers la base du crâne, s'engage dans le trou petit rond, pénètre, par lui, dans l'intérieur de la boîte crânienne, devient horizontale, se dirige en avant et en dehors, et, bientôt se divise en deux branches, qui, toutes les deux, cheminent entre la dure-mère et la face interne des os, sur lesquels elles se creusent des sillons bien marqués (*nervures de feuilles de figuier*).

Ces sillons, dont on trouve déjà la trace sur le crâne des enfants de quelques mois, deviennent plus profonds quand le sujet avance en âge ; les artères se construisent alors dans l'os, par leurs battements incessants, de véritables tunnels : on dirait, suivant l'heureuse expression de Gérard Marchant, que le vaisseau s'énuclée et s'isole de la dure-mère.

LA BRANCHE ANTÉRIEURE se dirige en avant et en dehors, puis verticalement en haut, vers l'extrémité externe de la petite aile du sphénoïde et l'angle antéro-inférieur du pariétal (*ptérion*) : là, elle est reçue dans un véritable canal osseux, d'où elle sort pour s'épuiser, sur la face interne du pariétal, en nombreuses ramifications destinées aux méninges. Le plus ordinairement, cette artère se divise en deux rameaux, l'un, antérieur (*méningée moyenne antérieure*), qui remonte en avant et en dehors, le long de la suture coronale et en arrière d'elle ; l'autre, postérieur (*méningée moyenne intermédiaire*), qui se dirige, obliquement, vers le bord supérieur du pariétal, en passant sur la face interne de l'écaille du temporal, sur le bord supérieur de cette écaille, et sur la partie moyenne du pariétal, en arrière de la suture coronaire.

LA BRANCHE POSTÉRIEURE (*méningée moyenne postérieure*), moins volumineuse que la précédente, se porte en arrière et en haut, vers l'angle postéro-inférieur du pariétal, et se subdivise, comme elle, sur la face interne de l'écaille temporale et de l'os pariétal, en suivant la suture lambdoïde, à laquelle elle est ordinairement parallèle.

Je vous signale rapidement, comme rameaux collatéraux de la méningée moyenne dans le crâne : 1º le *rameau pétreux superficiel*, qui pénètre dans l'aqueduc de Fallope par l'hiatus, et va s'épuiser dans le névrilemme du nerf facial ; 2º des *rameaux trijumeaux*, pour le ganglion de Gasser ; 3º le *rameau pétro-squameux*, qui longe la fissure pétro-squameuse, et pénètre dans la caisse du tympan par sa paroi supérieure ; 4º des *rameaux orbitaires*, qui franchissent la partie la plus étroite de la fente sphénoïdale ; 5º enfin des *rameaux temporaux*, qui pénètrent dans de petits orifices creusés dans l'épaisseur des grandes ailes sphénoïdales, et gagnent ainsi la région temporale sus-osseuse, où ils

s'anastomosent avec les ramifications des artères temporales profondes.

Comme le fait excellemment remarquer Gérard Marchant, les branches de la méningée moyenne, qui sont « rivées » à la dure-mère,
appartiennent à la zone du crâne la plus découverte, et la plus exposée
aux blessures. Aussi, les chirurgiens doivent-ils connaître exactement
leurs rapports; ces rapports, il les a étudiés avec soin, et exposés avec
une grande clarté.

Seule, la *méningée moyenne antérieure* a une situation fixe : elle est
placée en avant de la scissure de Rolando (deux centimètres en bas,
trois centimètres en haut), et un peu en avant de la branche verticale
de la scissure de Sylvius; dans son tiers inférieur, elle se trouve à trois
centimètres en arrière de l'apophyse orbitaire externe; dans son tiers
supérieur, à deux centimètres en arrière du bregma.

La *méningée moyenne intermédiaire* chemine en arrière de la
scissure de Rolando et de la circonvolution pariétale ascendante; à son
origine, elle est distante de six centimètres de l'apophyse orbitaire
externe; vers le milieu du pariétal, elle se trouve à huit centimètres
en arrière d'elle; plus haut, ses inflexions deviennent variables.

Quant à la *méningée moyenne postérieure*, elle naît à plus de huit
centimètres en arrière de la même apophyse.

J'ai insisté sur tous ces faits, parce qu'ils sont du plus haut intérêt
pour l'opérateur; il suffit d'étudier avec soin la disposition des branches importantes de la méningée moyenne, pour se convaincre qu'on
peut, sans danger pour elles, pratiquer la trépanation sur toute l'étendue de la zone psycho-motrice.

Le plexus méningien. — Les vaisseaux méningés moyens sont
accompagnés par de délicats filets nerveux, émanés du système
sympathique (*plexus maxillaire interne*); à eux se joignent deux
autres petits rameaux très grêles : l'un (*rameau récurrent du maxillaire supérieur*) se détache du maxillaire supérieur au moment où il
va quitter la boîte crânienne, et se distribue à la branche antérieure
de la méningée moyenne; l'autre (*rameau récurrent du maxillaire*

inférieur) naît du maxillaire inférieur dès qu'il pénètre dans la région cervicale supérieure, et s'enfonce aussitôt dans le crâne, à la faveur du trou petit rond, à côté de l'artère, dont il suit les divisions.

Les veines méningées moyennes. — J'ai peu de chose à dire des veines méningées moyennes : chaque branche artérielle est satellite de deux troncs veineux, situés, l'un en avant, l'autre en arrière d'elle. Ces veines communiquent, en haut, avec le sinus longitudinal supérieur, reçoivent des veines endo-crâniennes, des veines dure-mériennes, les veines cérébrales inférieures et antérieures, d'après quelques anatomistes, puis vont, après avoir traversé le trou sphéno-épineux, se jeter dans la veine maxillaire interne ou le plexus ptérygoïdien. Leur distribution est, au résumé, la même que celle des artères homonymes, aux anastomoses près.

Un détail de leur disposition mérite surtout une mention particulière : au dire de Trolard et de Labbé, leur tronc commun communique, par l'intermédiaire du sinus de Breschet, avec la grande veine anastomotique antérieure, dont je donnerai plus loin la description, si bien qu'on peut les considérer, non seulement comme le confluent général des veines de la dure-mère, mais encore comme un vaste canal de sûreté, reliant les uns aux autres les sinus de l'étage supérieur et ceux de l'étage inférieur.

3° ORGANES SOUS-MÉNINGIENS

Les organes sous-méningiens de la région temporale sont formés par les *circonvolutions cérébrales.*

Si, à l'exemple du professeur Tillaux, on ouvre la boîte crânienne en suivant, avec le ciseau, la ligne courbe temporale supérieure et le bord supérieur de l'anse de la tête, voici les portions de la face externe du cerveau qu'on met à nu.

1° Comme scissures : a) *la scissure de Sylvius* dans toute son étendue ; b) *la scissure de Rolando* dans sa moitié supérieure.

2° Comme circonvolutions : a) *la circonvolution frontale ascen-*

dante dans sa moitié inférieure ; b) *la seconde circonvolution frontale* dans ses trois quarts postérieurs ; c) *la circonvolution de Broca* tout entière ; d) *la seconde circonvolution pariétale ascendante* dans sa moitié inférieure ; e) le tiers antérieur *de la seconde circonvolution pariétale ;* f) les trois *circonvolutions temporales* à peu près tout entières.

Au résumé, une bonne partie de la face externe du lobe frontal et du lobe pariétal, ainsi que la face externe du lobe sphénoïdal dans sa presque totalité, appartiennent à la région temporale. Cette partie du manteau cérébral est très importante; elle constitue, en effet, un segment considérable de la *zone psycho-motrice;* je vais décrire celle-ci tout entière, en sortant un peu des limites du territoire temporal, pour n'avoir pas à écorner, sans raison suffisante, l'étude d'organes si utiles à bien connaître.

La zone psycho-motrice du cerveau [1]

Entre *le lobe frontal,* qui est antérieur, et le *lobe pariétal,* qui est postérieur, est creusée *la scissure de Rolando ;* l'un et l'autre sont séparés du lobe temporal, qui est inférieur, par *la scissure de Sylvius ;* en arrière du lobe temporal et du lobe pariétal, s'étale le *lobe occipital,* que je ne décrirai pas ; entre lui et le lobe temporal, il n'existe aucune ligne de démarcation ; il est séparé du lobe pariétal par la *scissure perpendiculaire externe,* souvent masquée, chez l'homme, par des plis de passage qui interrompent sa continuité.

Notez bien que je dis « scissures » et non pas « sillons », pour la raison qu'on doit appeler SCISSURES et non pas sillons, comme l'a fort bien démontré Broca, les anfractuosités qui séparent les lobes.

La vallée, la fosse, la scissure de Sylvius. — Sur la face inférieure du cerveau, existe une dépression quadrilatère, limitée en

---

[1] La plus grande partie des détails qui vont suivre a été empruntée à un remarquable mémoire que Broca destinait aux étudiants, et auquel il travaillait, quand la mort est venue le frapper. Ce mémoire est peu connu des élèves : c'est ce qui m'a engagé à décrire la zone psycho-motrice du cerveau à l'occasion de la région temporale. (Juin 1889.)

avant, par le bord postérieur des circonvolutions orbitaires, en arrière, par l'extrémité antérieure du lobe pariétal, en dedans par le chiasma des nerfs optiques, en dehors enfin par une circonvolution profonde (*pli falciforme*), étendue de la pointe du lobe temporal à l'extrémité postérieure et externe du lobule orbitaire, et par la racine blanche externe du nerf olfactif, qui se dirige en arrière et en dehors, vers le lobe sphénoïdal où elle pénètre et disparaît. Cette anfractuosité assez profonde s'appelle la *vallée de Sylvius* ou l'*espace quadrilatère* ; une partie de son fond est criblée de petits trous où passent les artères striées : cette voûte se nomme la *substance perforée de Vicq-d'Azyr*. Chez les animaux osmatiques (à lobe olfactif très développé), la racine du nerf olfactif, très large et très grosse, ferme complètement, en dehors, la vallée sylvienne ; chez les animaux anosmatiques (homme, singe, cétacés), cette racine s'atrophie, et la vallée, dont le développement des lobes voisins a diminué la largeur, mais augmenté la profondeur, semble rester ouverte en dehors, et là communiquer, à plein canal, avec une grande scissure que l'on voit sur la face externe du cerveau, et qui s'appelle la *scissure de Sylvius* ou *scissure de François Le Boë*.

C'est pour cela qu'on décrit généralement la vallée comme la première portion, ou *portion transversale* de la scissure. Cela consacre une erreur. L'une et l'autre sont absolument séparées.

La scissure de Sylvius, la vraie et seule scissure de Sylvius, ce qu'on appelle à tort *la portion postérieure* de la scissure de Sylvius, naît au pli falciforme, se dirige d'abord en arrière et en haut, sur la face externe du cerveau, dans une étendue de deux centimètres environ (*premier segment*), sous forme d'un arc à convexité antérieure, se porte ensuite presque directement et horizontalement en arrière, dans une longueur de quatre centimètres (*second segment*), et se relève enfin, dans ses deux derniers centimètres, pour constituer, par sa réflexion, une courbe à concavité antérieure, qui se termine à l'union du tiers postérieur et du tiers moyen de l'hémisphère (*troisième segment*). Sur cette scissure en *S* italique, viennent tomber *deux incisures.*

UNE INCISURE, c'est l'anfractuosité qui existe entre deux plis d'une circonvolution, qui, trop à l'étroit dans la boîte crânienne, se tasse, pour ainsi dire, sur elle-même, s'incurve et se tord.

De ces deux incisures, l'une, qui naît de l'origine même de la scissure, est antérieure, horizontale (*branche horizontale*), longue de trois centimètres, profonde, constante chez l'homme et les singes supérieurs, absente chez toutes les autres espèces; l'autre, qui émane du même point, est postérieure et plus ou moins verticale (*branche ascendante*), aussi longue et aussi profonde que la précédente, avec laquelle elle forme un V, constante, comme elle, chez l'homme, mais très souvent rudimentaire chez les singes anthropoïdes, où elle peut même manquer.

Ces deux incisures sont la marque extérieure du perfectionnement du cerveau ; elles sont dues à l'augmentation de volume de la circonvolution de Broca, qui se replie et se contourne en méandres. Aussi, peut-on observer quelquefois une ou deux incisures complémentaires de même origine; on peut leur donner à toutes le nom d'*incisures sylvio-frontales*.

Chez l'homme et les singes supérieurs, on voit encore deux ou trois petites anfractuosités tomber, en arrière, sur le bord supérieur de la scissure de Sylvius : elles sont dues au développement de la circonvolution pariétale inférieure qui, dans ces espèces, se plisse en plusieurs petites méandres (*incisures sylvio-pariétales.*)

On en observe encore une ou deux, beaucoup moins constantes et beaucoup moins importantes, partant du bord inférieur de la scissure, et entamant légèrement la première circonvolution temporale : ce sont les *incisures sylvio-temporales*.

Quand on écarte les bords de la scissure de Sylvius, on aperçoit, tout à fait au fond, une anfractuosité large et profonde, dans l'intérieur de laquelle s'étalent quatre ou cinq circonvolutions peu volumineuses, rangées en éventail (*lobe de l'insula*). Cette cavité, c'est la *fosse de Sylvius*. L'aspect de la *fosse de Sylvius* n'est pas le même sur un fœtus jeune et sur un fœtus vieux.

Chez le fœtus jeune, elle apparaît comme une vaste cavité triangulaire, limitée par un bord supérieur (*a b*) (lobe pariétal), un bord inférieur (*b c*) (lobe temporal), et un bord antérieur (*a d*) (lobe frontal). Au fond, tout à fait au fond, se voit le lobe de l'insula, séparé de chaque lobe voisin par une rigole ; il y a donc une *rigole pariétale*, une *rigole temporale* et une *rigole frontale*. En avant la fosse est ouverte : c'est la *porte de la fosse*.

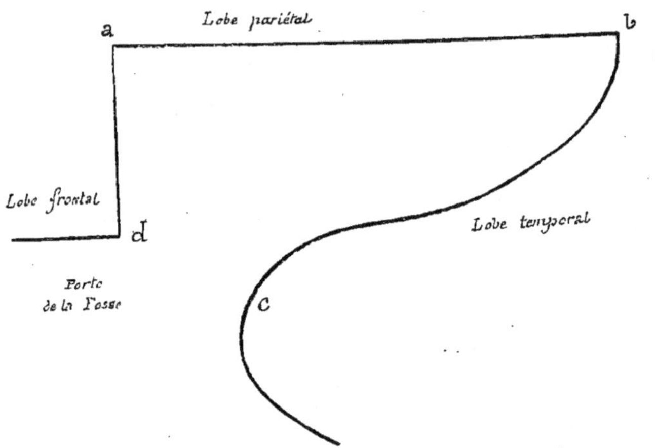

Fig. 7. — *La fosse de Sylvius chez un fœtus jeune* (d'après Broca).

Chez le fœtus âgé (6 mois), les circonvolutions qui limitent la fosse se développent ; alors elle se comble ; le lobe de l'insula est caché, et les rigoles deviennent plus profondes. Voici comment : le bord supérieur retombe volumineux, comme un voile épais, sur la cavité, suivant la ligne *a a' b :* c'est *l'opercule sylvien pariétal ;* le bord antérieur se gonfle en deux bourgeons, l'un supérieur, *d'*, l'autre inférieur, *d''* qui forment ensemble *l'opercule sylvien frontal ;* le bord inférieur se développe relativement peu, *c b' b*, et constitue *l'opercule sylvien temporal ;* enfin, l'entrée se ferme par la croissance progressive d'une circonvolution profonde (*repli falciforme*). Dès lors, peu à peu, la fosse de Sylvius, graduellement rétrécie, devient la scissure de Sylvius ; les deux grosses saillies de l'opercule frontal ne sont autre chose que les deux méandres de la troisième frontale ; entre le bourgeon *d''* (*lobule terminal de la 3ᵉ frontale*) et le bourgeon *d'* (*cap de la 3ᵉ frontale*), se voit la branche horizontale BH de la scissure sylvienne ; entre le bourgeon *d'* et le bord antérieur de l'opercule pariétal *a a' b*, chemine la branche verticale, BV, de la même scissure.

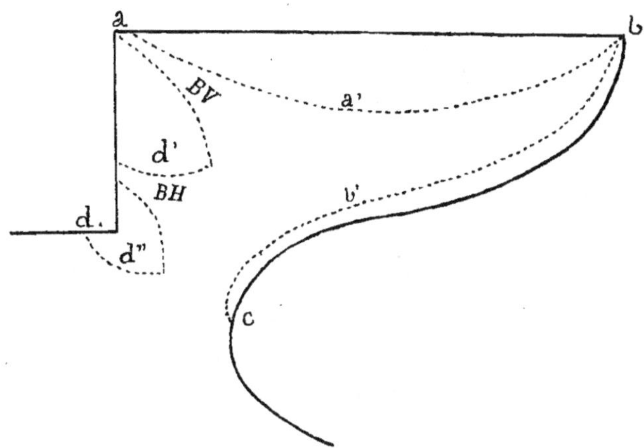

Fig. 8. — *La fosse de Sylvius chez un fœtus âgé* (d'après BROCA).

La scissure de Rolando. — La scissure de Rolando, découverte par Louvet, sépare le lobe frontal du lobe pariétal. Elle est oblique de haut en bas, et d'arrière en avant. Elle part du bord supérieur de l'hémisphère, un peu en arrière du milieu de sa longueur, au-dessus du bourrelet du corps calleux, se dirige, d'abord, presque directement en avant, dans une étendue de deux centimètres, puis se coude fortement en bas et en arrière, en décrivant une courbe à convexité antérieure (*genou supérieur de la scissure*) — 1re portion —, se redresse et redevient oblique en avant, en formant un arc à concavité antérieure — 2e portion —, après lequel elle se porte enfin de nouveau, en bas et en arrière, dans une inflexion à convexité antérieure (*genou inférieur de la scissure*) — 3e portion — ; elle se termine un peu au-dessus de la scissure de Sylvius. L'anfractuosité décrit donc deux courbes convexes en avant (genoux), l'une supérieure, l'autre inférieure, entre lesquelles se développe un arc concave. La scissure de Rolando est séparée du bord sagittal de l'hémisphère par un pli de passage (*pli de passage fronto-pariétal supérieur*), qui est toujours

superficiel ; elle est séparée de la scissure de Sylvius par un autre pli
de passage presque toujours superficiel (*pli de passage fronto-pariétal
inférieur*), mais qui, lorsqu'il s'atrophie et se cache, semble permettre
aux deux scissures de se continuer l'une avec l'autre ; mais ce n'est là
qu'une apparence. Enfin, la scissure de Rolando est interrompue, tout
au fond, par un pli de passage qui est situé au-dessous du genou supérieur, et qui est toujours profond (*pli de passage fronto-pariétal moyen*).

La scissure occipitale externe. — La scissure occipitale externe
sépare le lobe pariétal du lobe occipital ; elle n'existe donc que
chez les seuls animaux où il y a un lobe occipital distinct, c'est-à-
dire chez l'homme et les singes. La première circonvolution pariétale se continue avec le lobe occipital par un gros pli de passage
incurvé en un méandre à concavité inférieure (*pli de passage
pariéto-occipital supérieur*) ; dans ce creux naît la scissure occipitale externe, qui descend, variable dans sa position et sa direction,
plus ou moins obliquement, sur la face externe de l'hémisphère, et
vient se terminer dans le fond de la concavité supérieure que forme la
seconde circonvolution pariétale en se continuant, par un pli de passage
flexueux, avec le lobe occipital (*pli de passage pariéto-occipital inférieur*). Ainsi interrompue, la scissure occipitale externe se présente
plutôt sous la forme d'une anfractuosité fermée de tous côtés, dans
laquelle il est, *a priori*, difficile de retrouver les grands caractères
d'une scissure. Mais on voit, dans certains cas, le pli de passage pariéto-
occipital supérieur s'atrophier et devenir profond ; la scissure s'accuse
alors nettement, et naît du bord sagittal de l'hémisphère, où elle se
continue directement, comme chez le singe, avec la scissure occipitale
interne, dont la nature et la signification sont les mêmes. A son tour,
rarement il est vrai, le pli de passage inférieur peut disparaître en tant
qu'organe superficiel, et alors, la scissure perpendiculaire externe, tout
à fait rétablie, parcourt toute la hauteur de la face externe de l'hémisphère, et descend jusqu'au pli courbe. La scission est complète entre
les deux lobes pariétal et occipital : le cerveau devient, à cet endroit,
un cerveau de singe.

Le lobe frontal. — Limité, en arrière, par la scissure de Rolando, qui le sépare du lobe pariétal, et, en bas, par la scissure de Sylvius, qui le sépare du lobe temporal, éloigné en dedans du grand lobe limbique (*gyrus fornicatus*), par la scissure sous-frontale (*calloso-marginale*), le lobe frontal, le plus grand de tous, forme les deux cinquièmes de la surface du manteau. Il présente un étage inférieur par lequel il repose sur la voûte orbitaire (*étage orbitaire, lobule orbitaire*), et un étage supérieur (*étage métopique*), le seul qui réponde à la région temporale, et que l'anatomiste doit envisager successivement par la face interne et par la face externe. Je signalerai seulement la première ; je décrirai la seconde avec soin, pour la raison qu'elle fait partie de la zone intellectuelle, et qu'elle intéresse beaucoup le chirurgien.

Quatre circonvolutions entrent dans la constitution du lobe frontal : l'une est *ascendante* et postérieure ; les trois autres *longitudinales* et antérieures.

La *circonvolution frontale ascendante*, ou pré-rolandique, se dirige de haut en bas, de dedans en dehors, et d'arrière en avant. Comme la scissure de Rolando qu'elle borde, elle peut être divisée en trois segments.

Le SEGMENT SUPÉRIEUR répond au genou supérieur de la scissure, et à la naissance de la première frontale ; à ce niveau, la circonvolution s'élargit et se renfle considérablement, double le bord supérieur du cerveau, puis s'étale, sur la face inter-hémisphérique, en une large masse plane, très exactement limitée, en bas et en arrière, par la dernière portion de la *scissure sous-frontale,* et, en avant, par une petite anfractuosité (*incisure pré-ovalaire*). Cette zone de substance grise, c'est le *lobule ovalaire ;* comme il communique avec le lobe pariétal par un pli de passage (*pli de passage fronto-pariétal supérieur*), qui semble interrompre la scissure de Rolando, on a cru, à tort, qu'il était formé mi-partie par la circonvolution frontale ascendante, et mi-partie par la pariétale ascendante, ce qui est faux, et on lui a donné le mauvais nom de *lobule paracentral* (à côté du lobe central) parce qu'on avait autrefois, et contre toute apparence de raison, réuni les deux circonvolutions ascendantes en un seul lobe, qu'on nommait le *lobe central.*

Le SEGMENT MOYEN est compris entre les deux genoux de la scissure : il répond à la naissance de la seconde frontale, et au pli de passage profond fronto-pariétal moyen.

Le SEGMENT INFÉRIEUR donne naissance à la troisième frontale, forme l'opercule sylvien frontal, et, en arrière, se termine par le pli de passage fronto-pariétal inférieur.

Dans toute son étendue, la frontale ascendante est longée par une anfractuosité (*sillon pré-rolandique*), qui n'atteint ordinairement, ni la scissure de Sylvius, ni la scissure inter-hémisphérique, et dont la continuité est, du reste, interrompue par la naissance de la seconde frontale, qui le divise en deux segments.

UN SILLON sépare toujours deux circonvolutions du même lobe.

La première circonvolution frontale naît de la frontale ascendante par deux racines ; l'une, supérieure et superficielle, large et forte, se porte en avant, tortueuse et incurvée (*racine principale*); l'autre inférieure, cachée, profonde et petite (*racine accessoire*), se réunit à la première pour former une puissante masse : cette masse s'avance, large de deux ou trois centimètres, jusque vers la pointe du cerveau ; là, elle se rétrécit, et pénètre, étroite et longue, dans l'étage orbitaire, dont elle va former la circonvolution la plus interne (*gyrus rectus*), où je n'ai pas à la suivre.

On dirait que la première frontale est trop à l'étroit dans le crâne : aussi, s'infléchit-elle en deux fortes courbes à convexité inférieure et externe, l'une postérieure plus accentuée (*genou postérieur*), l'autre antérieure (*genou antérieur*), séparée de la précédente par un arc concave en bas.

Le premier sillon frontal la flanque en dehors et en bas, et la sépare de la seconde ; il est incurvé comme elle, et parcouru par plusieurs plis d'anastomose, dont deux seulement, qui correspondent aux deux genoux, sont larges et superficiels, et interrompent la continuité du creux.

Comme cette première frontale est très forte, elle se divise assez souvent en plusieurs *plis de complication*, séparés par deux ou trois incisures longitudinales, qui se réunissent quelquefois et semblent

dédoubler la circonvolution : on dirait alors qu'il y a quatre circonvolutions frontales longitudinales.

Cette circonvolution s'étale, très large, sur la face interne du cerveau,
où je n'ai pas à l'étudier. Qu'il me suffise de dire qu'elle est séparée
du lobe du corps calleux par la grande scissure sous-frontale (*sillon
calloso-marginal*), interrompue par deux plis de passage; qu'elle comprend deux étages, l'un supérieur ou *métopique*, l'autre inférieur ou
orbitaire; qu'elle est à peu près continue dans le premier, mais qu'elle
est divisée et subdivisée dans le second par plusieurs incisures dési-
gnées sous le nom d'*incisures sus-orbitaires principales et accessoires.*

La seconde circonvolution frontale naît de la frontale ascendante par
une grosse racine superficielle, qui coupe le sillon pré-rolandique, et fait,
entre les deux genoux de la frontale ascendante, une vigoureuse saillie.
Elle se dirige en haut et en dedans, vers la première frontale, qui est
moins large qu'elle; puis, creusée de quelques incisures, elle chemine
d'arrière en avant, à côté et en-dessous de celle-ci; elle est séparée par
un nouveau sillon (*second sillon frontal*) de la troisième frontale. Ce
sillon est fermé, dans son tiers moyen, par un pli de passage superficiel,
qui divise ainsi la seconde circonvolution frontale en deux segments,
l'un postérieur, rectiligne, l'autre antérieur, au niveau duquel elle
s'élargit, s'étale, s'incurve, pour doubler la pointe de l'hémisphère, et
apparaître dans l'étage orbitaire; là, elle forme une large zone de
substance grise creusée de plusieurs petites incisures (*incisures en H*),
dont la disposition est extrêmement variable.

La troisième circonvolution frontale (*circonvolution de Broca*),
qui n'atteint son développement complet que chez l'homme, est un
gros pli ondulé et tassé sur lui-même, qui émane du genou inférieur
de la frontale ascendante, chemine au-dessus de la scissure de Sylvius,
au niveau de laquelle elle forme *l'opercule de Burdach,* et va se perdre sur la pointe du lobule orbitaire. La *première portion* s'étend de la
frontale ascendante à la branche verticale de la scissure sylvienne.
C'est *le pied* — sur lequel vient se jeter un pli d'anastomose, parti
de la seconde frontale; on y voit une incissure verticale. La *seconde
portion* se présente sous la forme d'une petite masse grise, triangu-

laire, limitée, en arrière, par la branche verticale, et, en avant, par la branche horizontale de la scissure de Sylvius ; c'est, en résumé, l'angle situé entre les deux méandres que la troisième frontale décrit au-dessus des deux branches : cet angle, c'est *le cap*. Enfin *la troisième portion*, très amincie, unie à la seconde frontale par un pli d'anasto-mose ordinairement profond, s'incurve à la pointe de l'hémisphère, et forme, du côté externe du lobule orbitaire, un gros bourgeon qui con-fine au bord antérieur du lobe temporal, dont le sépare un pli profond (*repli falciforme*), c'est *la tête*.

Le lobe pariétal. — Le lobe pariétal est limité, en avant, par la scissure de Rolando ; en bas, par la scissure de Sylvius ; en arrière, par la scissure occipitale externe en dehors, et la scissure occipitale interne en dedans ; en bas, sur la face interne, par la scissure sous-pariétale, qui, imparfaitement creusée chez l'homme, le sépare mal du lobe du corps calleux. Il se compose de trois circonvolu-tions, une ascendante et antérieure, deux horizontales et postérieures.

Je ne dirai que quelques mots de la *circonvolution pariétale ascen-dante* ou *post-rolandique;* sa disposition est absolument calquée, et cela se comprend facilement, sur celle de la frontale ascendante. Incurvée comme elle, elle présente deux genoux; comme elle, elle est longée par un sillon (*sillon post-rolandique*), interrompu par la naissance des pariétales antéro-postérieures; comme elle, on peut la diviser en trois segments, l'un, supérieur, sus-jacent au premier genou ; l'autre, moyen, compris entre les deux genoux; le troisième, inférieur, sous-jacent au second genou. Je ne reviens pas non plus sur les deux plis de passage fronto-pariétaux.

La *première circonvolution pariétale* (*lobule pariétal supérieur*) naît du genou supérieur de la pariétale ascendante, chemine de bas en haut et d'avant en arrière, se contourne en S, et déborde en haut le bord sagittal de l'hémisphère, pour s'étaler, sur la face interne, en un territoire plan appelé *lobule quadrilatère ;* elle se termine, en ar-rière, par un gros pli de passage (*pli sagittal*), qui, après avoir décrit deux méandres superficiels, l'un pariétal, l'autre occipital, et interrompu la scissure occipitale externe (*perpendiculaire externe*), se perd dans le lobe occipital.

Sous elle, est creusé un sillon antéro-postérieur (*sillon inter-pariétal*), continu chez les singes, deux fois fermé, chez l'homme, par deux *plis de passage superficiels bi-pariétaux*.

La *seconde circonvolution pariétale* (*lobule du pli courbe*, ou *lobule pariétal inférieur*) naît du pied de la pariétale post-rolandique, chemine d'arrière en avant, d'abord ascendante — première portion —, puis descendante — seconde portion —, et vient enfin se perdre sur un pli flexueux et incurvé (*second pli de passage pariéto-occipital*), qui s'adosse, par sa convexité supérieure, à la convexité inférieure du pli sagittal, et, au-dessous de la scissure perpendiculaire externe, se perd, comme le précédent, dans le lobe occipital. Simple et d'étude facile sur le cerveau des singes et sur les cerveaux humains dégra-dés, la circonvolution pariétale inférieure se complique beaucoup sur le cerveau ordinaire de l'homme ; alors, elle se renfle et se dédouble, au point de présenter plusieurs efflorescences qui la rendent méconnais-sable. C'est surtout en arrière qu'elle perd sa simplicité primitive. Là, en effet, on la voit se continuer avec le lobe temporal, par deux gros plis de passage, l'un antérieur (*pli rétro-sylvien*), qui longe le bord postérieur de la scissure de Sylvius, l'autre postérieur (*pli courbe*), qui se continue avec la première temporale, s'infléchit autour et en arrière du précédent, et se perd dans la seconde circonvolution tem-porale. Le lobule pariétal inférieur communique encore avec le lobe temporal par deux plis de passage, l'un constant, profond, situé au fond de la scissure de Sylvius, derrière le lobe de l'insula (*pli de pas-sage temporo-pariétal*) ; l'autre plus petit, inconstant, profond lui aussi, et séparé du premier par un sillon bien marqué ; il porte le même nom. Il est inutile d'ajouter que les deux circonvolutions pariétales établissent les limites supérieure et inférieure du sillon post-rolan-dique, qu'elles séparent de la scissure inter-hémisphérique, en haut, et de la scissure sylvienne, en bas.

Le lobe temporal. — Je dirai peu de chose du lobe temporal, dont l'étude est beaucoup moins bien faite, dont la physiologie semble, au moins jusqu'à ce jour, beaucoup moins importante, et qui, du reste, en tant que lobe, est bien moins autonome que les précédents. Séparé du lobule orbitaire par la vallée de Sylvius, du lobe frontal et du lobe pariétal par la scissure de Sylvius, il se continue directement, en haut, sur la face externe, comme je l'ai déjà montré, avec le lobe pariétal, et en arrière, sur la face inférieure, se fusionne absolument avec le lobe occipital.

En résumé, le lobe temporal est formé de cinq circonvolutions : deux seulement cheminent sur la face externe de l'hémisphère; les trois autres occupent le limbe de l'hémisphère et sa face inférieure; celles-ci se confondent tellement avec les circonvolutions occipitales, qu'on les désigne sous le nom de *circonvolutions temporo-occipitales*. Je ne dirai rien de ces dernières; aussi bien leur étude, du reste encore imparfaite, semble-t-elle n'être pas encore d'un grand intérêt.

La *première circonvolution temporale*, très nette, assez grêle, peu flexueuse, chemine d'avant en arrière, sous la scissure sylvienne, et se perd en arrière, comme je l'ai montré, dans le lobule pariétal inférieur; aussi, a-t-on coutume de dire que celui-ci naît par deux racines : l'une antérieure, grâce à laquelle il s'implante sur le pied de la pariétale ascendante; l'autre postérieure, par laquelle il émane de la première temporale.

La *seconde circonvolution temporale* est assez volumineuse : elle est ordinairement dédoublée, en avant, en deux plis secondaires; elle est simple en arrière, où elle se relève pour se continuer avec le pli courbe.

Entre les deux temporales, est creusé le *sillon parallèle;* celui-ci naît au sommet du lobe temporo-sphénoïdal, se dirige en arrière, parallèle à la fente sylvienne, puis se relève pour se porter, chez les primates, du côté du bord supérieur de l'hémisphère qu'il n'atteint pas, mais vers lequel il remonte très haut. Il est fermé, en arrière, par le pli courbe, et comme celui-ci, sur le cerveau humain, est, pour ainsi dire, tassé sur lui-même, au lieu d'être long et étroit, comme chez le singe, le sillon parallèle ne dépasse pas la pointe de la scissure de Sylvius.

Sous la seconde circonvolution temporale, on rencontre un sillon interrompu par de nombreux plis de passage : son aspect est variable, ses divisions et ses complications sont très irrégulières. C'est le *sillon temporal médian*, ou mieux le *sillon temporal inférieur*.

Lobe de l'insula. — Profondément caché dans le fond de la fosse de Sylvius, le lobe de l'insula ne peut se voir que si l'on écarte les lèvres de la scissure sylvienne. Sa forme est triangulaire : le bord inférieur ou temporal forme l'hypoténuse du triangle, qui est rectangle; le bord supérieur ou fronto-pariétal est horizontal; le bord antérieur est vertical, chacun d'eux est séparé du lobe voisin par une fossette appelée *rigole ;* il y a trois rigoles, comme il y a trois bords : elles portent le même nom.

De l'avis de Broca, deux portions distinctes forment le lobe insulaire. La portion antérieure (*lobule de l'insula*) présente la forme d'un éventail rayonnant d'avant en arrière et de bas en haut, du lobe temporal vers le lobe fronto-pariétal; elle présente un sommet (*pôle de l'insula*), et des ailes (*rayons de l'insula*) : on la compare encore à *un trèfle à cinq folioles*. La portion postérieure, rectiligne dans le sens oblique, va du lobule pariétal inférieur à la première temporale (*pli de passage temporo-pariétal profond*).

Broca avait déjà remarqué que ces deux zones provenaient, au point de vue embryogénique, de deux plis différents; que la première se développait au troisième mois, tandis que la seconde n'apparaissait qu'au septième. Féré et Bernard, se basant sur ces faits, ont distrait de l'insula tout le segment postérieur, qu'ils considèrent comme l'analogue du pli courbe et du pli rétro-sylvien.

Les centres psycho-moteurs

Il est bien démontré aujourd'hui que cet ensemble de circonvolutions, « *cette partie intellectuelle du manteau* », comme dit Broca, n'est pas le centre diffus de la volonté, de l'intelligence, du mouvement commandé, des perceptions, mais qu'il est, au contraire, la réunion de centres séparés, solidarisés sans doute, mais chargés, chacun pour sa part, d'une fonction indépendante.

Quand on irrite successivement les différents points de la surface cérébrale, la plupart restent indifférents à l'excitation, mais d'autres y répondent par des mouvements des membres, de la tête, du cou, etc. La partie antérieure du lobe frontal et le lobe occipital tout entier restent muets sous l'instrument : ils constituent la *zone latente*. Le lobe pariétal et la partie postérieure du lobe frontal manifestent leur activité par des contractions musculaires : ils constituent la *zone motrice*.

Ce n'est pas tout. Dans cette zone motrice, la situation de l'aiguille électrique n'est pas indifférente au siège et à la nature du mouvement produit. Au gré de sa volonté, l'expérimentateur peut déterminer des contractions musculaires, ici dans le membre supérieur, là dans le membre inférieur, ailleurs dans la face. Ces contractions, ordinairement composées de deux périodes (tonique et clonique) peuvent, il est vrai, ne pas rester localisées; suivant l'intensité de l'excitation, on les voit se limiter à un groupe musculaire (monospasme), ou s'étendre à tous les muscles volontaires d'un côté (hémispasme), ou enfin se généraliser aux quatre membres (épilepsie généralisée). Mais toujours, pour un *même point central* excité, elles commencent par un *même point musculaire périphérique*.

On peut pousser plus loin encore la dissociation, et, à l'exemple déjà ancien de Ferrier, ou à celui plus récent de Horsley, on peut, dans une même zone (zone du membre inférieur, par exemple), trouver le point qui commande à l'adduction, à l'abduction, à la flexion, à l'extension, aux mouvements du pouce.

Certains districts, même, se prêtent si facilement à cette dissociation, qu'Albertoni a voulu décrire une *zone épileptogène*. Mais ce territoire épileptogène n'existe pas : c'est affaire, tout simplement, d'intensité dans l'excitation. La zone latente, elle-même, peut devenir épileptogène; seulement, dans ce cas, les accès convulsifs sont moins intenses, plus tardifs, et surtout n'ont pas un point de départ fixe.

Tout ce qu'on démontre par l'excitation et les contractions consécutives, on peut le prouver, à rebours, par la destruction et la paralysie. Ainsi les renseignements, qui concordent toujours, se complètent.

Mais à côté de la physiologie, la clinique, elle aussi, a fait ses expériences, et, grâce à elle, l'histoire des localisations a avancé d'un grand pas; vous me permettrez, en effet, de ne pas vous parler de deux tentatives malhonnêtes d'électrisation directe du cerveau humain pratiquées par Bartholow (un Américain) et Sciamana (un Italien); non plus que d'un essai inutile d'excitation électrique à travers les parois crâniennes tenté par Amidon (de NewYork).

Au résumé, l'expérience et l'observation nous ont appris que le manteau cérébral pouvait être divisé en trois zones : la première, frontale, est psychique; la seconde, fronto-pariétale, est motrice ; la troisième, temporo-occipitale, est sensitive. La première et la dernière constituent la zone latente ; la seconde, la zone excitable. Sur chacune de ces zones, on a localisé des centres; il reste beaucoup à trouver pour la zone antérieure, sur laquelle on ne connaît presque rien en dehors de l'aphasie, et sur la zone postérieure, à l'égard de laquelle il y a bien des incertitudes et bien des inconnues. La zone intermédiaire, qui, pour plusieurs raisons, se prête mieux à l'expérimentation et à l'observation, a été bien mieux explorée.

Voici les centres connus jusqu'à ce jour : suivez sur le schéma.

1° — Zone antérieure ou psychique.

Agraphie. — Pied de la seconde frontale gauche.

Aphémie. — Pied de la troisième frontale gauche.

2° — Zone motrice.

Membre supérieur. — Partie supérieure des deux circonvolutions ascendantes.

Membre inférieur. — Partie moyenne de la frontale ascendante, parties moyenne et inférieure de la pariétale ascendante.

Face. — Tiers inférieur de la frontale ascendante.

3° — Zone sensitive.

Cécité verbale. — Premier pli de passage temporo-pariétal et parties voisines, au bout de la scissure de Sylvius.

Surdité verbale. — Partie postérieure de la première circonvolution temporale.

Hémianopsie. — Lobule du pli courbe.

Voilà tout ce que l'on sait. En dehors de cela, l'expérimentation n'a pas toujours répondu de la même façon au physiologiste; la clinique

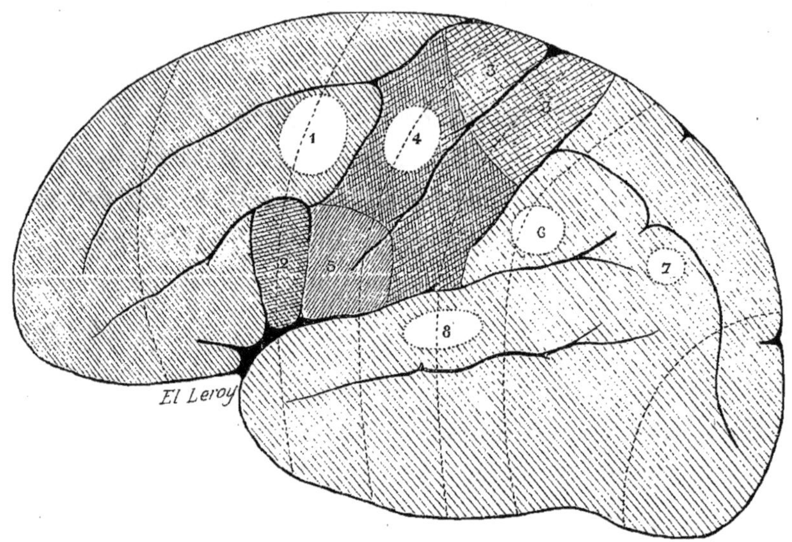

Fig. 9. — *Les centres psycho-moteurs* (d'après TESTUT)

1. Agraphie — 2, aphasie — 3, membre inférieur — 4, membre supérieur — 5, mouvements de la face — 6, cécité verbale — 7, hémianopsie — 8, surdité verbale.

n'a pas donné de faits que leur précision et leur invariabilité puissent faire regarder comme définitivement acquis à la science.

Vouloir pousser plus loin la doctrine des localisations cérébrales, c'est, de nos jours au moins, prêter le flanc à la critique; les résultats attendus viendront en leur temps.

Rappelez-vous seulement que cette systématisation n'appartient pas seulement au manteau cérébral et à la substance grise, mais qu'on la trouve encore dans les faisceaux blancs sous-jacents, dans le centre ovale, dans la capsule interne, dans les pédoncules, partout enfin, jusque dans la moelle.

La topographie crânio-cérébrale

Contrairement à ce que pensaient Gall et Spurzheim, il n'est aucune saillie, aucune dépression, rien enfin qui traduise au dehors l'existence de ces différents centres ; mais le chirurgien, grâce aux renseignements fournis par l'anatomie topographique, peut, à point nommé, appliquer sur l'un ou l'autre sa couronne de trépan.

Tous les centres sont groupés autour de la scissure de Rolando et de la scissure de Sylvius; c'est donc elles, avant tout, qu'il faut savoir chercher et trouver sous la boîte crânienne.

L'extrémité supérieure de la scissure de Rolando est située à cinq centimètres et demi chez l'homme, à cinq centimètres chez la femme, en arrière du bregma. Tendez, aussi droit que possible, un fil entre les deux conduits auditifs : sur le sommet du vertex, ce fil passe sur le bregma.

L'extrémité inférieure de la scissure se détermine ainsi : de l'apophyse orbitaire externe, tirez une ligne bien horizontale, qui chemine d'avant en arrière, et s'arrête à sept centimètres chez l'homme, à six centimètres et demi chez la femme, de son point d'origine. Sur la partie postérieure de cette ligne, faites tomber une perpendiculaire haute de trois centimètres; là s'arrête la scissure.

Réunissez les deux points par une droite; cette droite, c'est *la ligne rolandique*.

Voici maintenant la manière de tracer, sur les crânes, la scissure de Sylvius : de l'apophyse orbitaire externe, tirez une ligne horizontale, longue de cinq centimètres. A un centimètre au-dessus de ce point, naît la scissure, qui se dirige en arrière et suit la suture temporo-pariétale, facile à trouver chez l'enfant, plus effacée chez l'adulte.

La scissure perpendiculaire externe répond à la suture lambdoïde. Celle-ci est assez bien sentie par les doigts sous le cuir chevelu; du reste, le lambda et l'asterion, qui la terminent, sont faciles à déterminer sous les téguments.

Fort de ces notions, en somme élémentaires, le chirurgien peut facilement aborder les centres psycho-moteurs. « Pour délimiter les centres connus sur les circonvolutions frontales ou pariétales, on n'a qu'à mener deux parallèles à la ligne rolandique, l'une en avant, l'autre en arrière, chacune à quinze ou vingt millimètres d'elle. Puis, il suffira de se rappeler que les pieds de la première et de la troisième frontale sont aux extrémités correspondantes de la frontale ascendante; que celui de la seconde n'est pas au milieu, mais à la jonction du tiers inférieur et du tiers moyen, et qu'il fait quelque saillie en arrière. Dans le lobe pariétal, on saura que les deux-tiers supérieurs de la pariétale ascendante donnent naissance au large pied de la première pariétale, séparée, par un sillon oblique en haut et en arrière, de la seconde pariétale qui, étroite à son origine, s'élargit en arrière et se subdivise. » (BROCA et SEBILEAU.)

A un centimètre en avant et au-dessus de l'extrémité inférieure de la ligne crânienne rolandique, vous devez chercher le pied de la circonvolution de Broca, le centre du langage articulé.

A l'aide de la ligne sylvienne, vous trouverez facilement le lobule du pli courbe, que vous chercherez sous la bosse pariétale, et le pli courbe, qui est situé à un centimètre en avant de l'intersection de deux lignes; l'une, horizontale, passe par l'apophyse orbitaire externe, l'autre, verticale, par le bord postérieur de l'apophyse mastoïdienne.

Circulation des circonvolutions

Le domaine de la sylvienne. — La zone psycho-motrice est nourrie par *l'artère sylvienne.* Vous connaissez tous cette artère qui se détache de l'hexagone de Willis, pénètre dans la vallée de Sylvius, s'infléchit en arrière, croise le lobule insulaire, chemine dans la scissure sylvienne, et donne, chemin faisant, des branches aux circonvolutions fronto-pariétales. Si je vous en parle ici, c'est pour vous mettre en garde contre la systématisation trop absolue qu'on a voulu faire, autrefois, des départements vasculaires du cerveau. Duret, dont vous connaissez les admirables travaux sur la circulation des centres nerveux, avait divisé la surface du manteau cérébral en une foule de petits districts artériels parfaitement distincts les uns des autres. Il considérait comme rares les anastomoses entre deux troncs importants, comme plus rares encore les anastomoses entre petites branches. Chaque tronc, comme un fleuve, avait son bassin qu'il arrosait. Mieux encore, Duret avait établi une sorte d'irrigation physiologique, si je puis dire ; il appelait la sylvienne, l'*artère motrice corticale;* la cérébrale antérieure, l'*artère des régions intellectuelles;* la cérébrale postérieure, l'*artère des régions sensitives.*

Eh bien, tout cela est trop absolu : les artères cérébrales ne sont ni terminales ni fonctionnelles.

Elles ne sont pas terminales, parce qu'il y a entre leurs branches, grosses ou petites, un réseau pie-mérien délicat, qu'Heubner et Cadiat ont décrit depuis longtemps. Elles ne sont pas fonctionnelles non plus; voyez donc la sylvienne irriguer, en même temps que la zone psycho-motrice, une partie du lobe temporal et le pli courbe; songez aussi qu'en poussant une injection dans un seul tronc artériel émané de l'hexagone, comme l'ont fait Cadiat puis Testut, vous remplissez successivement le territoire des trois grandes artères cérébrales.

Sans doute, comme le dit Duret, chez le bœuf et le mouton, qui n'ont que deux orteils, dont les mouvements des membres sont simples, qui ne jouissent guère que du pouvoir de fléchir et d'étendre leurs articulations, qui n'ont ni variété ni délicatesse dans la mise en action des doigts, on trouve les circonvolutions rolandiques petites, et petite aussi l'artère sylvienne ; mais cela prouve simplement que celle-ci vascularise *surtout*, mais non *exclusivement*, la zone motrice.

Cependant, si les artères cérébrales ne sont point des artères terminales, il faut bien savoir (la pathologie, au reste, le prouve surabondamment), que le réseau artériel pie-mérien n'a pas la richesse et l'ampleur anastomotique du réseau veineux qui lui est accolé. C'est aller trop loin que de dire avec Cadiat : « L'hexagone de Willis représente le type de disposition de toutes les artères cérébrales ; des grosses aux petites, elles ont toutes pour caractère principal de s'anastomoser. »

Il y a au contraire dans leur distribution comme une apparence de localisation, de systématisation ; vous allez voir que les veines, au contraire, présentent le type parfait de la diffusion.

Les veines de la zone motrice. — Les veines de la zone motrice font partie des *veines cérébrales externes ;* la scissure de Sylvius partage celles-ci en deux groupes : celles qui naissent au-dessous débouchent dans un des sinus de la base ; celles qui naissent au-dessus se rendent au sinus longitudinal supérieur. Toutes ont comme caractères principaux : 1º d'être répandues, comme au hasard, sans qu'une règle fixe préside à leur distribution, sur la surface des circonvolutions, et d'être très richement anastomosées les unes avec les autres ; 2º de ramper à la surface des circonvolutions, sans jamais s'engager, le long de leur versant, dans les anfractuosités qui les séparent.

Ces veines, sujettes à de fréquentes anomalies, sont exclusivement fibreuses ; près de leur embouchure, elles perdent toute paroi propre et n'existent plus qu'à l'état de tunnel creusé dans l'épaisseur de la dure-mère. Elles sont indépendantes des artères.

Ainsi donc, presque toutes les veines de la zone motrice sont tributaires du sinus longitudinal supérieur ; les antérieures y débouchent verticalement ; celles qui sont situées en arrière de la scissure de Rolando, s'y terminent après s'être fortement infléchies, et avoir formé un arc assez prononcé, dont la concavité est antéro-inférieure. Cette curieuse disposition s'explique par le développement énorme que prend, d'avant en arrière, le lobe frontal entraînant avec lui les veines qui le sillonnent et qui le suivent dans sa progression ; seul, le segment terminal de ces veines, fixé au sinus, reste en place, ne pouvant reculer. De là vient que l'embouchure d'une veine rétro-rolandique est toujours située en avant de son origine et de son segment intermédiaire.

Parmi les veines de la zone motrice, il en est une que son volume et sa fixité ont permis de décrire à part ; c'est *la veine cérébrale supérieure de Cruveilhier, la veine de la zone motrice de Sperino.*

Trolard la considère comme le segment supérieur d'un grand canal de sûreté assurant la communication des sinus de la base avec ceux de la voûte ; aussi la décrit-on, plus ordinairement, sous le nom de *grande veine anastomotique antérieure.*

En arrière d'elle, chemine d'ailleurs, sur la surface des circonvolutions temporales, un autre tronc moins important, dont la disposition est moins fixe, moins régulière : on lui donne le nom de *grande veine anastomotique postérieure* ; elle a été décrite par Labbé.

Les deux grandes veines anastomotiques. — *La grande veine de Trolard* naît du sinus pétreux supérieur ou du sinus caverneux, près du tiers interne de la face antérieure du rocher, traverse d'arrière en avant et de dedans en dehors, à la façon d'un vrai sinus enfoncé dans une gouttière crânienne, la fosse temporo-sphénoïdale, et arrive à la base des apophyses d'Ingrassias. Dans cette PREMIÈRE PORTION de son trajet, elle porte le nom de *sinus sphéno-pariétal*, ou *sinus de Breschet*. Elle se dirige ensuite en haut, en dehors et en arrière, derrière les petites ailes du sphénoïde, vers la scissure de Sylvius, en formant une courbe à concavité postérieure et interne, au niveau de laquelle elle prend le nom de grande *veine centrale médiane de Browning* (2e PORTION) ; se porte d'avant en arrière, désormais appelée *veine sylvienne superficielle*, dans la scissure de Sylvius, superficiellement située ou profondément enfoncée (3e PORTION) ; se redresse, vers le tiers postérieur de cette scissure, en formant une crosse à concavité antérieure (4e PORTION), et enfin se dirige en haut et en arrière, en longeant le sillon pariétal parallèle, pour se jeter dans le sinus longitudinal supérieur (5e PORTION).

Le tiers supérieur de cette veine est en dehors des frontières de la région temporale.

La grande veine de Labbé n'appartient aussi que par une portion de son trajet à la zone temporale ; elle fait communiquer le sinus longitudinal supérieur et le sinus latéral, et offre une disposition variable. Ou bien elle forme un tronc qui, parti du sinus latéral, se dirige en avant et en haut, vers la partie postérieure de la scissure de Sylvius, d'où il se réfléchit, en haut et en arrière, vers le sinus longitudinal supérieur ; c'est le *premier type ;* ou bien elle va, directement, du sinus latéral à la grande anastomotique antérieure ; c'est le *deuxième type ;* ou bien enfin, elle débouche dans cette dernière par l'intermédiaire d'un rameau de communication ; c'est le *troisième type.*

Quoique je ne veuille point écrire un chapitre sur la circulation veineuse de l'encéphale, je dois cependant faire, à cette place, une remarque importante. Comme vous devez le voir maintenant, le système vasculaire sous-crânien se compose de deux nappes artérielles superposées ; la première, superficielle, sus-méningienne, irrigue le crâne et la dure-mère ; la seconde, profonde, sous-méningienne, vascularise le cerveau. Elles sont absolument indépendantes l'une de l'autre, et dépourvues de tout moyen de communication. Il n'en est pas de même du système vasculaire veineux ; entre la nappe superficielle (*veines méningées*) et la nappe profonde (*veines cérébrales*), s'interpose une nappe intermédiaire, intra-méningée (*sinus*), qui reçoit, d'une part, les veines corticales, et, de l'autre, les branches dure-mériennes. Ainsi est ouverte une large voie anastomotique entre les deux circulations ; et, comme si celle-ci ne suffisait pas encore pour assurer le facile écoulement du sang veineux cérébral, on voit quelques vaisseaux se dégager de la face externe des circonvolutions, perforer la dure-mère plus ou moins loin d'un sinus, et aller se jeter directement, sans aucun intermédiaire, dans les veines sus-méningiennes. La circulation artérielle peut avoir des départements limités ; la ciculation veineuse n'en a jamais.

RÉGION PAROTIDIENNE

SOMMAIRE :

D. — LE CONTENU DU CREUX PAROTIDIEN.

a) ESPACE GLANDULAIRE.

La parotide.
Le canal de Sténon.
La carotide externe.
La jugulaire externe et la faciale postérieure.
Les ganglions intra-parotidiens.
Le plexus cervical superficiel et le nerf auriculo-temporal.
Le nerf facial.

b) ESPACE SOUS-GLANDULAIRE.

1° ESPACE SOUS-GLANDULAIRE ANTÉRIEUR.

a). *Limites de l'espace sous-glandulaire antérieur.*
Le ptérygoïdien interne.
Le ptérygoïdien externe.

b). *Contenu de l'espace sous-glandulaire antérieur.*
La graisse sous-ptérygoïdienne.
L'artère maxillaire interne.
Les veines maxillaires internes.
L'artère palatine inférieure.
Le muscle péristaphylin externe.
Le nerf maxillaire inférieur et ses deux principales branches.
La trompe d'Eustache.
Le péristaphylin interne.

2° ESPACE SOUS-GLANDULAIRE POSTÉRIEUR.

a). *L'apophyse styloïde et le bouquet de Riolan.*
L'apophyse styloïde.
Le muscle stylo-hyoïdien.
Le muscle stylo-glosse.
Le muscle stylo-pharyngien.
Le ligament stylo-maxillaire.
Le ligament stylo-hyoïdien.

b). *Le paquet vasculo-nerveux.*
L'artère carotide interne.
L'artère pharyngienne inférieure.
La veine jugulaire interne.
Le plexus pharyngien.
Le nerf glosso-pharyngien.
Le nerf pneumo-gastrique.
Le nerf spinal.
Le nerf grand hypoglosse.
Le nerf grand sympathique.
Les ganglions profonds sous-parotidiens.

A. — EXPLORATION. — LIMITES. — FORMES EXTÉRIEURES

Sous le conduit auditif externe, enfoncez la pulpe de vos doigts : ils pénètrent dans une espèce de fente allongée et étroite ; cette fente conduit dans le *creux parotidien* (para, près de — ous-outos, oreille).

Disséquez maintenant : vous voyez le muscle sterno-mastoïdien s'insérer sur le côté externe de la face, et se continuer, pour ainsi dire, avec le masséter, par une aponévrose dense, forte, qui le bride et l'étale largement sur la région ; coupez cette gaine fibreuse, et regardez le muscle qui se rétrécit, se ramasse, et laisse alors apparaître, entre lui et la mâchoire, une cavité que remplissent des grains glanduleux grisâtres ; excisez-les : au fond, vous apercevrez alors deux ou trois petits fuseaux rouges, allongés, qui s'attachent à une longue épine osseuse, en même temps que deux trousseaux fibreux blancs, solides ; à côté d'eux, voyez cheminer deux gros canaux accolés et quelques cordons blancs, mats ; coupez et enlevez tous ces organes : il ne reste plus alors qu'une vaste excavation vide. Plongez-y votre doigt, profondément, et du même coup, de l'autre main, explorez la cavité buccale : vous sentez bien que sa paroi latérale se gonfle, s'invagine dans le pharynx ; une toile mince sépare vos deux doigts ; maintenant, dans le bas du creux, dirigez votre exploration vers le cou : vous êtes arrêtés aux confins de la région sus-hyoïdienne ; là, votre index refoule une lanière fibreuse qui se déprime, mais qui résiste ; explorez en haut : voilà une barrière osseuse.

Ce creux, dans lequel vous avez ainsi promené votre doigt, qui s'étend, dans le sens transversal, de la paroi pharyngienne latérale à l'aponévrose d'insertion faciale du sterno-mastoïdien ; dans le sens antéro-postérieur, du bord antérieur du sterno-mastoïdien .au bord postérieur de la mâchoire inférieure; dans le sens vertical, du conduit auditif externe et de la base du crâne à la bandelette sous-maxillo-parotidienne; ce creux, c'est l'*excavation parotidienne*. Elle est située, par conséquent, au-dessous de la région temporale, au-dessus de la région sus-hyoïdienne, en avant de la région sterno-mastoïdienne, en dehors de la région pharyngienne, en arrière de la région massétérine.

Plane chez la plupart des individus, elle se bombe légèrement chez les sujets gras; chez les personnes émaciées, elle se creuse en une gouttière qui se prolonge dans le cou, où elle se continue avec la dépression carotidienne (*lit du paquet vasculo-nerveux*). Cette fente quadrilatère augmente d'étendue dans le sens antéro-postérieur, quand la tête est rejetée en arrière dans l'extension, et aussi quand le maxillaire est projeté en avant dans un mouvement de propulsion en totalité. Lorsque, au contraire, la mâchoire s'abaisse, le diamètre antéro-postérieur de l'excavation augmente dans son segment supérieur, et diminue dans son segment inférieur; mais il y a là une sorte de compensation de capacité, et, au total, comme l'a démontré Bordeu, l'espace parotidien n'est pas rétréci.

La boîte est, chez l'enfant et le vieillard, plus large en bas que chez l'adulte; pour le premier, la raison en doit être cherchée dans l'obliquité de la branche montante de la mâchoire; pour le second, dans l'absence des dents, qui permet la rencontre du bord alvéolaire des deux maxillaires.

B. — DIVISION DE LA RÉGION

L'excavation parotidienne est une boîte à six faces; les deux premières sont antérieure et postérieure; les deux autres interne et externe. Chacune de ces faces a une double paroi, l'une extérieure, périphérique, alternativement osseuse, musculaire et cutanée; l'autre intérieure, centrale, de structure aponévrotique. Je vais étudier successivement le contenant et le contenu de cette boîte.

C. — LA BOITE PAROTIDIENNE

a). — SA PAROI PÉRIPHÉRIQUE

1° PAROI SUPÉRIEURE. LA VOUTE

La paroi supérieure de la région parotidienne est osseuse. Elle répond à une portion quadrilatère de la base du crâne dont voici les limites : en dehors, une ligne tirée de l'apophyse mastoïde au tubercule zygomatique; en dedans, une ligne allant du condyle occipital à la base de l'aile ptérygoïdienne; en avant, une ligne partant de la racine de l'apophyse ptérygoïde et allant au tubercule zygomatique; en arrière, une ligne se détachant de l'apophyse mastoïde et aboutissant au condyle occipital.

Ce quadrilatère, dont les côtés sont sensiblement égaux, a quatre angles; deux sont antérieurs, et deux postérieurs. L'angle antéro-externe est formé par le tubercule zygomatique; l'angle antéro-interne par la racine de l'apophyse ptérygoïde; l'angle postéro-externe par le mamelon mastoïdien; l'angle postéro-interne par le condyle occipital.

Ce carré osseux comprend : 1° l'os tympanal et la face inférieure du rocher, *au milieu;* 2° la partie la plus postérieure de la face inférieure des grandes ailes sphénoïdales, *en avant;* 3° la partie antérieure de la face inférieure de l'occipital, *en arrière.*

L'os tympanal et le rocher. — Entre la racine transverse et la racine longitudinale de l'apophyse zygomatique, que j'ai décrite à l'occasion de la région temporale, existe un creux, de forme semi-ovoïde, dont le grand axe est oblique en dedans et en arrière, et dont la petite extrémité répond au tubercule zygomatique. C'est la *glène temporale,* dont la profondeur paraît encore augmentée par la présence de deux apophyses qui semblent se détacher du bord inférieur de sa paroi interne (*apophyse styloïde* et *apophyse vaginale*). Une fente irrégulière, sinueuse (*fissure de Glasser*), divise la cavité glénoïde en deux

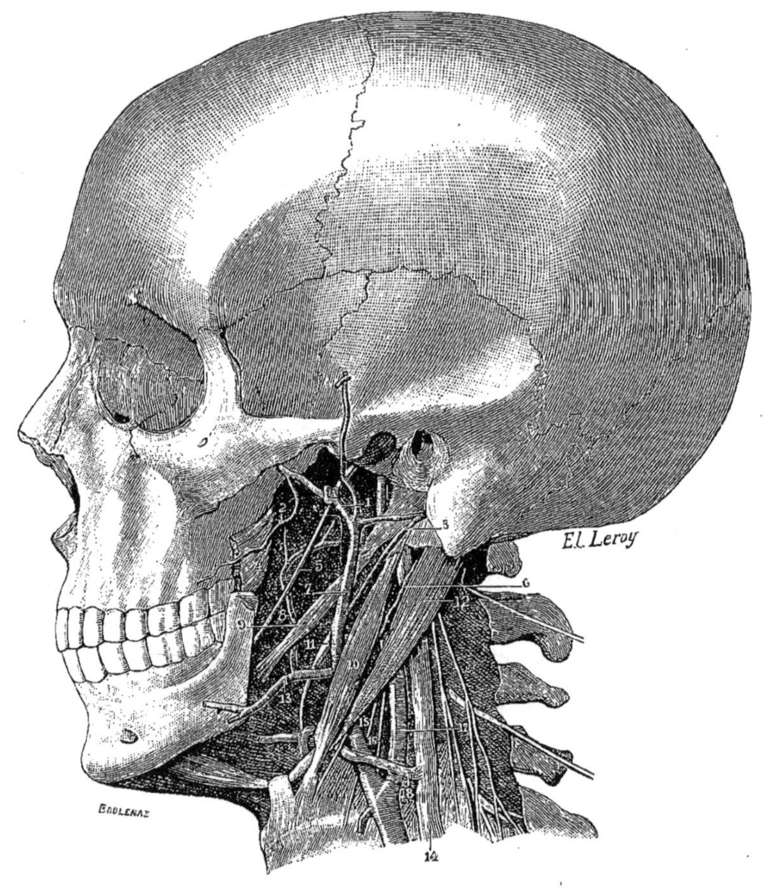

Fig. 10. — *La région parotidienne* (d'après nature)

1, Artère maxillaire interne — 2, artère buccale — 3, artère occipitale — 4, muscle buccinateur — 5, nerf lingual — 6, artère pharyngienne inférieure — 7, artère carotide externe — 8, artère palatine ascendante — 9, muscle stylo-pharyngien — 10, muscle stylo-hyoïdien — 11, appareil hyoïdien — 12, muscle digastrique — 13, artère faciale — 14, veine jugulaire interne — 15, nerf laryngé supérieur — 16, nerf laryngé externe — 17, artère carotide interne — 18, tronc veineux linguo-facial.

segments; l'un antérieur, de moindre surface, confine au processus zygomatique, et est habité par le condyle maxillaire; l'autre postérieur, plus étendu, rempli seulement par de la graisse, répond au conduit auditif externe, et n'est qu'une sorte de cavité de suppléance, où le condyle ne pénètre que chez les sujets dont les dents sont absentes.

Toute l'étendue de la paroi glénoïdale anté-jacente à la fente de Glasser appartient à la portion squameuse du temporal ; tout ce qui est en arrière appartient au cercle tympanal. Cette fissure elle-même (*scissure pétro-squameuse*) n'est que la trace de la séparation primitive des deux os ; on voit s'y insinuer une mince lamelle osseuse détachée de cette portion de la face antérieure de la pyramide pétreuse qui forme *le toit* ou *la voûte* du tympan.

L'os tympanal, qui, chez le nouveau-né, se présente comme un simple anneau osseux incomplet, entourant la membrane du tympan comme dans une faucille à concavité supérieure, se développe donc, chez l'adulte, en une large lame osseuse, recourbée sur elle-même ; celle-ci forme la paroi postérieure du conduit auditif externe, et en arrière de lui, s'unit au massif mastoïdien, dont la sépare une fissure peu marquée (*fente tympano-mastoïdienne*). L'os tympanal forme aussi la paroi inférieure et enfin la paroi antérieure du conduit auditif externe ; celle-ci, beaucoup plus étendue, verticale, légèrement concave, s'élargit vers son bord libre, y devient saillante, tranchante, et se contourne en demi-volute autour du processus styloïdien, dont elle engaine la base, en formant la *crête pétreuse* ou *apophyse vaginale*.

Le rocher s'enfonce, comme un coin, entre le sphénoïde et l'occipital ; il se rétrécit vers son sommet ; sa face inférieure est irrégulière, hérissée de saillies, criblée de trous, grands ou petits.

Comme le fait remarquer Fort, les différentes parties qu'elle offre à l'étude sont situées, les unes sur une ligne oblique tirée entre le sommet du rocher et l'apophyse mastoïde, les autres en arrière de cette ligne. Sur la ligne, et de dehors en dedans, l'on trouve : le *trou stylo-mastoïdien*, par lequel passent le nerf facial et l'artère stylo-mastoïdienne ; *l'apophyse styloïde*, d'où se détache le bouquet de Riolan ; *l'apophyse vaginale*, qui limite en arrière la cavité glénoïde, s'étend du trou stylo-mastoïdien à l'orifice carotidien, et engaine l'apophyse styloïde ; *l'orifice inférieur du canal carotidien*, qui s'infléchit en dedans, pour s'ouvrir au sommet du rocher, et laisse passer l'artère carotide interne ; une petite *surface rugueuse*, où s'attache le muscle péristaphylin interne.

En arrière de la ligne, l'on voit, derrière le trou stylo-mastoïdien, la *surface jugulaire*, rugueuse, qui s'articule avec la surface jugulaire de l'occipital ; derrière l'apophyse styloïde, et en dehors du canal carotidien, la *fosse jugulaire*, dépression à fond lisse, où se cache le golfe de la veine jugulaire interne ; le *conduit du rameau auriculaire du pneumogastrique*, petit orifice situé sur le côté externe de la fosse jugulaire ; *l'orifice inférieur de la pyramide*, placé à côté de l'apophyse styloïde. et par lequel se rend, dans l'oreille moyenne, le muscle de l'étrier,

Le sphénoïde. — Le sphénoïde livre au quadrilatère osseux de la région parotidienne la partie postérieure de la face inférieure des grandes ailes et la racine des apophyses ptérygoïdes.

Le long du bord postérieur des grandes ailes, tout près de la suture sphéno-pétreuse, voyez, en dedans, un orifice large : c'est le *trou ovale*, par où sort du crâne le nerf maxillaire inférieur, et en dehors, près du premier, un autre orifice plus petit : c'est le *trou petit rond :* il donne passage à l'artère méningée moyenne.

L'apophyse ptérygoïde se détache de la face inférieure du sphénoïde par deux racines ; l'une est interne, et forme *l'aile interne ;* l'autre externe, et forme *l'aile externe de l'apophyse ptérygoïde.* Entre les deux, existe une petite dépression ovale, située tout à fait en haut : c'est la *fossette scaphoïde ;* là, s'implante le muscle péristaphylin externe.

L'occipital. — Une portion étroite de la face inférieure de l'occipital répond à la région parotidienne. On y voit, bordant la partie antéro-latérale du trou rachidien, le *condyle occipital*, qui s'articule avec la glène de l'atlas ; à un demi-centimètre en dehors de lui, *l'apophyse jugulaire*, saillie bien marquée ; en avant du condyle, la *fossette condylienne antérieure*, dans le fond de laquelle vous pouvez voir un assez large orifice, le *trou condylien antérieur*, où s'engage le nerf grand hypoglosse.

Entre le bord antérieur de l'occipital et la face postérieure du rocher, existe une vaste perte de substance : c'est le *trou déchiré postérieur*. Le sinus latéral, la 9e, la 10e et la 11e paire le traversent.

2° PAROI ANTÉRIEURE

La paroi antérieure est de structure ostéo-musculaire ; elle est formée par la branche montante de la mâchoire inférieure, engainée par deux lames charnues épaisses, le masséter externe et le masséter interne.

Le maxillaire inférieur. — La *branche montante* est aplatie de dehors en dedans ; elle présente donc deux faces, l'une interne, l'autre externe ; deux bords, l'un antérieur, qui répond à la cavité buccale, l'autre postérieur, sur lequel s'applique la parotide ; une extrémité inférieure, qui se continue, sans ligne de démarcation, avec le corps de la mandibule ; une extrémité supérieure, enfin, qui se bifurque en deux apophyses ; l'antérieure *(apophyse temporale* ou *coronoïde)*, non articulaire, est faciale ; la postérieure, articulaire (*apophyse condyloïde*), est parotidienne.

Sur la *face externe*, en bas surtout, sont marquées quelques empreintes rugueuses où s'attache le masséter, et en avant desquelles l'artère faciale se creuse un sillon superficiel ; une crête rugueuse, étendue du bord externe de la dernière alvéole au coroné, fait, sur le bord antérieur de cette face, une saillie prononcée : c'est la *crête buccinatrice*.

Sur la *face interne*, il existe, vers le tiers inférieur de la branche montante, quelques rugosités où s'implantent les fibres du ptérygoïdien interne. Plus haut, est creusé un trou (*trou maxillaire*), dans lequel s'engagent l'artère et le nerf dentaires inférieurs, et auquel fait suite un petit sillon oblique en bas et en avant, au fond duquel cheminent les vaisseaux et le nerf mylo-hyoïdiens (*sillon mylo-hyoïdien*). Une petite lamelle osseuse borde le trou dentaire : c'est la *lingula*, ou l'*épine de Spix*.

Le *bord postérieur*, épais, arrondi, rectiligne chez certains sujets, contourné, chez d'autres, en *S* italique, est oblique en bas et en avant; il forme, avec le bord inférieur du corps mandibulaire, un angle (*gonion*), qui est très large chez l'enfant naissant (140°), se rétrécit chez l'adulte (120°) s'ouvre de nouveau chez le vieillard (130°), s'agrandit chez les races caucasiques (molaires petites), et diminue chez les nègres (molaires volumineuses).

Le *bord antérieur*, qui fait suite au bord alvéolaire du corps, est creusé d'une gouttière que limitent deux lèvres saillantes; celles-ci sont, pour ainsi pour dire, la queue de la ligne oblique externe et de la ligne oblique interne, visibles sur les deux faces du corps de la mâchoire.

En bas, la branche montante se continue, sans trace de séparation, avec le fer à cheval du maxillaire inférieur : en haut, elle est surmontée de deux apophyses, l'une antérieure, le *coroné*, l'autre postérieure, le *condyle*, séparées par une sorte de faucille osseuse mince et tranchante, qui est fortement échancrée pour laisser passer les vaisseaux et les nerfs massétérins (*échancrure sigmoïde, semi-lunaire*, ou *coronocondylienne*).

Le *coroné* est une apophyse de forme variable, ordinairement triangulaire, aplatie de dehors en dedans, projetée en avant, à base large, à sommet aigu, puissante et forte chez les animaux dont la fosse temporale est profonde et l'arcade zygomatique bien courbée, plus mince et plus effilée chez les autres. Sur l'homme, on la voit ordinairement s'avancer, verticale, vers le bord postérieur de l'os malaire, dont un intervalle d'un centimètre et demi la sépare, et ne pas dépasser le plan supérieur du condyle; mais, dans certains cas, elle aborde la pommette, pouvant ainsi gêner l'occlusion de la bouche, ou bien remonte en haut, vers la fosse temporale qu'elle envahit.

Le *condyle* est une saillie ellipsoïdale, oblongue, dirigée en dedans et en arrière; elle repose sur une portion rétrécie (*col condylien*); ce col est déjeté en dedans, pour que l'éminence qui le domine ne saille pas en dehors du plan extérieur de la branche montante; il est creusé, sur sa face interne, d'une dépression assez marquée (*fosse condylienne*), au fond de laquelle s'attache le ptérygoïdien externe.

L'articulation temporo-maxillaire. — a). *Les surfaces articulaires.*
— Le maxillaire supérieur s'unit, en haut, au temporal pour former
l'articulation temporo-maxillaire (1) ; j'ai déjà décrit les surfaces
articulaires de cette jointure.

Ce sont, sur le maxillaire inférieur, *l'éminence condyloidienne ;* sur
le temporal, le *segment préglassérien* de la cavité glénoïde et la *racine
transverse* du zygoma, fortement convexe d'avant en arrière, et légèrement concave dans le sens transversal. Comme on le voit, deux surfaces convexes roulent, ici, l'une sur l'autre. Chez les carnassiers, le condyle est enfermé dans une cavité de même rayon que le sien; leur articulation est une articulation simple, une vraie charnière de serrurier;
il y a plus de solidité et moins de mobilité. Chez l'homme, les surfaces
articulaires ne se touchent, suivant l'expression du professeur Farabeuf,
que par des points tangentiels; il y a simple contact polaire, *ce qui
favorise la mobilité, mais s'oppose à la solidité.*

Sur ces surfaces articulaires, comme l'a écrit Gosselin, mais comme
l'avait démontré avant lui Ferrein, il n'y a point de cartilage; toutes sont
revêtues d'un périoste qui, très vasculaire chez le fœtus, s'épaissit chez
l'adulte, y perd ses vaisseaux, devient fibreux, et se couvre, à sa face profonde, de nombreuses cellules de cartilage. Il est à remarquer que sur
la face postérieure du condyle et le segment rétro-glassérien de la cavité
glénoïde, ce fibro-cartilage est mince et presque exclusivement périostique; tandis que, sur les faces antérieure et postérieure de celui-ci,
comme sur la racine transverse du zygoma, il est très épais et fortement
cartilagineux; ce sont là en effet les vraies surfaces articulaires. Aussi
le condyle, qui paraît arrondi sur le squelette, présente-t-il, à l'état frais,
un point culminant, une arête saillante, qui établit une démarcation
très nette entre sa face postérieure et sa face antéro-supérieure.

---

(1) Ceux qui liront mes conférences trouveront, sans doute, que la description des
articulations y est sensiblement différente de celle des auteurs classiques. Une grande partie
des détails que je donne sont empruntés au cours du professeur Farabeuf : j'ai assisté, il y
a quelques années, aux remarquables leçons qu'il fit, à la Faculté, sur le système articulaire,
et je les ai prises en note. J'y ai ajouté ce que j'ai pu voir par moi-même, ou trouver
dans mes recherches bibliographiques. Si, en transcrivant ici les descriptions du professeur Farabeuf, j'ai commis quelque erreur, j'en revendique toute la responsabilité, et
m'en excuse d'avance auprès du savant professeur.

b). *Le ménisque.* — Entre le condyle et la racine transverse, est placée une lentille bi-concave, moulée sur les deux surfaces, épaisse à la périphérie, mince au centre, où elle est quelquefois percée d'un trou. C'est *le ménisque*, plus épais sur son bord postérieur que sur son bord antérieur, puisqu'il y a plus d'espace à combler, obliquement dirigé en bas et en avant, adhérent au ptérygoïdien externe en dedans, et au ligament latéral externe en dehors. En dedans et en dehors, ce ménisque est solidement fixé, par deux expansions, à l'extrémité interne et à l'extrémité externe du condyle; en avant et en arrière, deux expansions de même nature l'amarrent contre le temporal. Aussi peut-il, suivant l'heureuse expression du professeur Farabeuf, glisser dans le sens antéro-postérieur sur la surface du condyle, comme une calotte attachée aux deux oreilles glisserait sur la tête du front à l'occiput, tandis qu'il ne peut exécuter, sur le temporal, que des mouvements transversaux; telle une calotte, fixée au front et à l'occiput, pourrait osciller d'une oreille à l'autre. Je vous dirai bientôt la nature des liens qui maintiennent ainsi le condyle sur les surfaces articulaires avec lesquels il est en rapport.

c). *La capsule.* — Les surfaces articulaires sont maintenues en contact par une *capsule articulaire*, véritable manchon fibreux, qui se rétrécit en bas pour enserrer le col du condyle, et s'élargit en haut pour s'attacher : en avant, sur le bord antérieur de la racine transverse du zygoma; en arrière, au fond de la cavité glénoïde, près et en avant de la scissure de Glasser; en dehors, sur le tubercule zygomatique; en dedans, sur le côté externe de l'épine sphénoïdale. Cette capsule, qui affecte ainsi la forme d'un sac conoïde, est très épaisse en arrière, beaucoup plus lâche en avant; dans l'un et l'autre sens, du reste, elle se compose de deux ordres de fibres : les unes forment une *couche superficielle*, et sont tendues entre le col condylien et la partie correspondante du temporal; les autres, beaucoup plus courtes, s'étalent sous les précédentes en une *couche profonde*, et sont de deux espèces : les premières, *supérieures*, vont du temporal au bord supérieur du ménisque; ce sont les fibres *temporo-ménisquales ;* elles n'existent qu'en avant et en

arrière; les secondes, *inférieures*, partent du condyle, et s'attachent
au bord inférieur du ménisque; ce sont les fibres *condylo-ménisquales;*
elles n'existent qu'en dehors et en dedans. Comprenez-vous maintenant ce que je vous disais plus haut? et voyez-vous bien de quelle
façon différente le ménisque est attaché aux deux os qu'il sépare ?

d). *Les ligaments proches.*— En certains points, la capsule articulaire
se condense ; aux différents épaississements de ses fibres, on donne le
nom de *ligaments proches.* En arrière, c'est le *ligament de Sappey;*
il est plus marqué que les autres ; en avant, c'est le *ligament de
Pétrequin ;* il se distingue mal du reste de la capsule; Pétrequin voyait
un peu partout des ligaments ; en dedans, c'est le *ligament de Ferrein,*
très imparfaitement différencié, lui aussi, du manchon fibreux. Dans
l'espèce, Ferrein a fait comme Pétrequin : il a grossi les choses.

e). *Les ligaments périphériques.*— En dehors de la capsule, plusieurs
bandes ligamenteuses contribuent à amarrer le maxillaire inférieur
contre la glène temporale ; il y en a quatre ; deux peuvent être appelés
principaux : le *zygomato-maxillaire* et le *sphéno-maxillaire;* deux
méritent le nom d'*accessoires :* le *stylo-maxillaire* et le *ptérygo-
maxillaire.*

De tous les ligaments périphériques, le ligament latéral externe ou
zygomato-maxillaire est le seul qui ait avec la capsule des rapports de
contiguïté et de continuité; il est *fondamental;* les autres sont plus
éloignés du manchon fibreux et paraissent moins intimement liés à
la solidité de l'articulation ; ils sont *vicariants.*

Le ligament latéral externe. — Le ligament zygomato-maxillaire
(ou latéral externe) est composé de deux parties ; l'une postérieure,
étroite, forme un trousseau fibreux, arrondi, très épais et très solide,
étendu du tubercule zygomatique au flanc externe du condyle : c'est la
corde zygomato-maxillaire; l'autre, antérieure, beaucoup plus large,
s'étale en une lame aplatie, bien moins résistante, insérée en haut
à toute l'étendue du bord inférieur du zygoma, et plantée, en bas, sur

le segment de la face externe de la branche montante sous-jacent au col condyloïdien; c'est la *bandelette zygomato-maxillaire*.

LE LIGAMENT LATÉRAL INTERNE. — Le ligament sphéno-maxillaire (ou latéral interne) part de l'épine du sphénoïde et du fond de la scissure de Glasser, s'élargit notablement, se développe en bandelette, et se divise bientôt en trois faisceaux : le premier, *profond*, s'implante sur le flanc interne du col condylien; le second, *intermédiaire*, s'attache à la lingula; le troisième, *superficiel*, plus large, s'insère sur la face

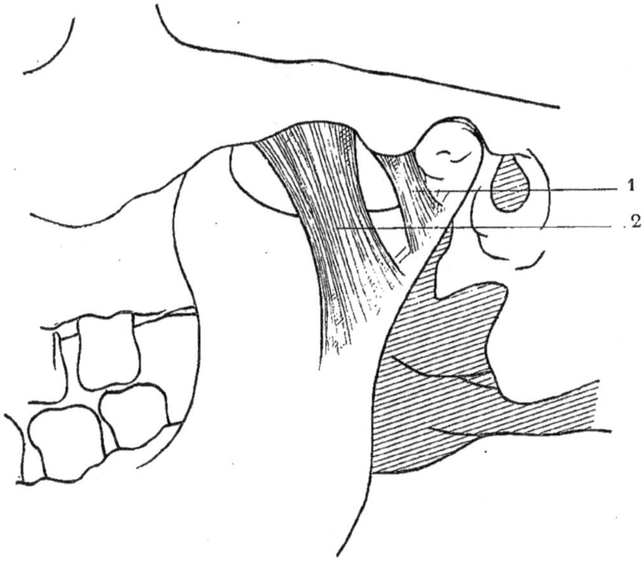

Fig. 11 — *Ligaments externes de l'articulation temporo-maxillaire* (d'après nature)
1. Ligament zygomato-maxillaire — 2, bandelette zygomato-maxillaire

interne de la branche montante, le long d'une ligne tirée du bord postérieur de la mâchoire au sillon mylo-hyoïdien. Ce ligament sphéno-maxillaire sépare les vaisseaux et nerfs dentaires inférieurs du muscle ptérygoïdien interne; entre sa couche moyenne et sa couche profonde, cheminent l'artère maxillaire interne, les veines maxillaires internes, anastomosées en plexus, et le nerf auriculo-temporal. L'artère dentaire inférieure s'engage dans le canal dentaire au milieu de l'espace qui sépare le faisceau moyen du faisceau superficiel. Ce ligament sphéno-maxillaire porte encore le nom de *ligament de Weitbrecht*.

LE LIGAMENT STYLO-MAXILLAIRE. — Le ligament stylo-maxillaire est
une bandelette étroite en haut, plus large en bas, qui naît du sommet
de l'apophyse styloïde, se dirige en bas en avant et dehors, et vient
s'attacher à la base de la mâchoire, tout près de son angle. Sur elle
vient se perdre, en confondant ses fibres avec les siennes, le tendon du
stylo-glosse, dont elle n'est, au résumé, que l'épanouissement.

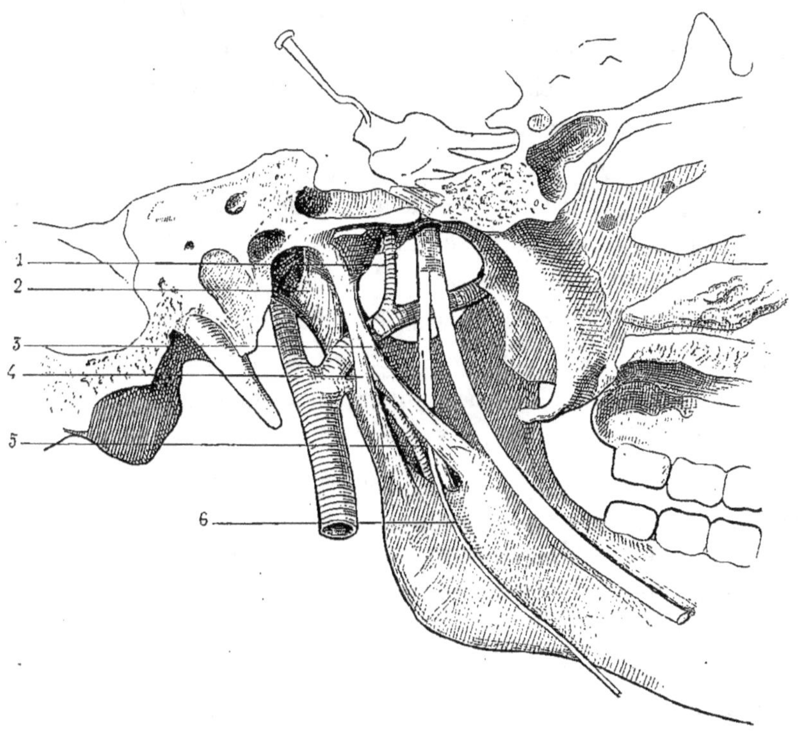

Fig. 12 — *Le ligament latéral interne de l'articulation temporo-maxillaire* (d'après nature)
1. Artère méningée moyenne — 2, Faisceau profond du ligament latéral interne — 3, son faisceau superficiel
4, son faisceau moyen — 5, artère dentaire inférieure — 6, nerf mylo-hyoïdien.

LE LIGAMENT PTÉRYGO-MAXILLAIRE.— Le ligament ptérygo-maxillaire
est une corde fibreuse étendue du crochet de l'aile interne de l'apophyse ptérygoïde à la base de la lingula. C'est sur le bord antérieur de
ce trousseau, qui n'est autre chose qu'un tendon aponévrotique, et
qu'on a, sans raison, appelé aponévrose *buccinato-pharyngienne*, que le

muscle buccinateur prend insertion, dans l'intervalle des deux bords alvéolaires, tandis que de son bord postérieur naissent les fibres inférieures du muscle constricteur supérieur du pharynx.

En résumé, voici la disposition du ligament latéral interne : 1º un faisceau péri-articulaire, condensation de la capsule, *ligament de Ferrein ;* 2º trois ligaments para-articulaires, prenant attache sur les trois apophyses osseuses qui sont voisines de l'articulation temporo-maxillaire : le premier sur l'épine du sphénoïde, *ligament sphéno-maxillaire ou de Weitbrecht ;* le second sur l'apophyse styloïde, *ligament stylo-maxillaire ;* le troisième sur les apophyses ptérygoïdes, *ligament ptérygo-maxillaire.*

Le muscle masséter. — Le long de la face externe de la branche montante est couché le muscle masséter, court, épais, quadrilatère.

La dissection décompose assez facilement ce muscle en trois faisceaux : l'un est antérieur (*masséter antérieur*) ; l'autre postérieur (*masséter postérieur*) ; le troisième interne, beaucoup plus petit (*masséter interne*).

Le *masséter antérieur* naît des deux tiers antérieurs du bord inférieur de l'arcade zygomatique et du tubercule sous-jugal du maxillaire supérieur, par une large et puissante aponévrose, se dirige obliquement en bas et en arrière, puis vient s'insérer à la face externe de l'angle de la mâchoire. Rappelez-vous cette insertion du masséter sur le maxillaire supérieur : je ne crois pas qu'elle soit signalée dans vos classiques. Elle représente la large et puissante attache que ce muscle prend, chez les rongeurs, sur la mâchoire supérieure.

Le *masséter postérieur* se détache du tiers postérieur du bord inférieur du zygoma et de toute l'étendue de sa face interne, descend verticalement, sous la forme d'un faisceau court, aplati, peu considérable, et vient s'implanter, en arrière du précédent, sur le tiers supérieur de la face externe de la branche montante.

Le *masséter interne* est une petite languette musculaire qui émane de la face interne de l'arcade zygomatique, se dirige en avant et en bas, et s'insère à la face externe de la coronoïde, au niveau de laquelle quelques-unes de ses fibres se jettent sur le tendon du crotaphyte.

Le ptérygoïdien interne. — Sur la face interne de la branche montante, comme sur l'externe, est appliqué un muscle que sa forme, sa disposition, ses insertions et sa structure ont fait, à juste raison, comparer au masséter : c'est le *muscle ptérygoïdien interne.* Il s'insère, par une aponévrose forte, sur toute l'étendue de la paroi externe de la fosse ptérygoïde, se développe en un faisceau charnu quadrilatère, se dirige en bas en dehors et en arrière, et vient s'attacher, par de solides trousseaux fibreux, aux rugosités de la face interne de l'angle de la mâchoire inférieure ; de la face profonde de ce muscle, se détache quelquefois un faisceau surnuméraire qui, sous le nom de *ptérygoïdien propre,* se rend à la crête temporale du sphénoïde.

3° PAROI POSTÉRIEURE

La paroi postérieure est formée de deux colonnes adjacentes : l'une interne, osseuse, vertébrale ; l'autre externe, ostéo-musculaire, crânio-mastoïdienne.

Le massif vertébral. — Je dirai peu de chose de la *colonne interne :* elle est représentée par les masses latérales de l'atlas, les apophyses transverses de l'axis et celles des vertèbres cervicales sous-jacentes. Sur cette charpente osseuse, s'étalent les muscles prévertébraux, le *grand droit antérieur,* le *petit droit antérieur* et le *long du cou.* La description de cette couche musculaire et celle des caractères distinctifs des osselets cervicaux sera mieux placée au chapitre de la région sus-clavière ; je vous y renvoie.

Le massif mastoïdien. — La *colonne externe* est constituée, en haut, par la saillie mastoïdienne de l'os temporal ; plus bas, par le muscle sterno-cléido-mastoïdien et le ventre postérieur du digastrique. La *portion mastoïdienne de l'os temporal* forme le segment postérieur et inférieur de cet os ; concave par sa face interne, où est creusée la *gouttière sigmoïde,* dans laquelle chemine le sinus latéral ; épaisse, irrégulière, dentelée et anguleuse par sa circonférence, qui s'articule en haut avec le pariétal et en arrière avec l'occipital, la portion mastoïdienne présente une surface externe convexe, développée en une sorte de mamelon saillant, rugueux et conique (*apophyse mastoïde*). Cette apophyse, creusée profondément de nombreuses petites cavités (*cellules mastoïdiennes*), est séparée de la demi-circonférence postérieure du conduit auditif externe par un détroit rétréci qu'on appelle la *fissure tympanico-mastoïdienne,* et au fond de laquelle se voient deux petits trous qui communiquent avec le canalicule mastoïdien.

Sur la face externe du processus mastoïdien, des rugosités servent à l'insertion de la plupart des muscles rotateurs de la tête (*sterno-mastoïdien, splénius, petit complexus*), et un ou plusieurs trous (*trous mastoïdiens*), laissent passer des veines qui sont des cananx anastomotiques entre la circulation veineuse intra et extra-crânienne. Vers son bord postérieur, s'observent deux rainures parallèles, que sépare une crête osseuse : l'une externe (*rainure mastoïdienne*), donne attache au muscle digastrique ; l'autre interne (*gouttière occipitale*), forme à l'artère occipitale un demi-canal osseux.

Le muscle digastrique. — Le muscle digastrique est composé de deux faisceaux charnus coniques, l'un antérieur, l'autre postérieur, réunis par un tendon intermédiaire, long et grêle. Il s'insère, en arrière, sur toute l'étendue de la rainure digastrique, se ramasse en un corps fusiforme appelé *ventre postérieur,* se dirige en bas, en dedans et en avant, se perd sur un petit tendon arrondi qui traverse le stylo-hyoïdien, puis s'engage sous un pont fibreux dont les piliers sont fixés à l'os hyoïde, et dont le cintre est doublé d'une synoviale ; quelques-unes de ses fibres échappent, pour ainsi dire, au tendon, et vont s'implanter directement sur l'os hyoïde. Quand il a doublé le cap hyoïdien, le muscle s'épanouit de nouveau pour former un autre faisceau charnu (*ventre antérieur*), plus court et plus mince que le précédent ; puis il se porte en haut, en avant et en dedans, et vient s'insérer, par de courtes attaches aponévrotiques, au-dessous des apophyses géni, à toute l'étendue de la fossette digastrique.

Entre les deux ventres antérieurs du digastrique, est tendue une toile fibreuse assez résistante, qui s'attache en bas à l'hyoïde, et en haut au bord inférieur de la mâchoire : c'est l'*aponévrose inter-digastrique.* — La disposition de cette aponévrose, reliant entre eux les deux ventres antérieurs du digastrique, permet de les comparer, dans leur ensemble, au mylo-hyoïdien. Cette ressemblance est bien plus frappante encore, quand on voit les fibres des deux digastriques irradier de chaque côté, sur la ligne médiane, où elles se réunissent en un raphé musculaire ; elles forment alors une couche charnue sous-cutanée, un véritable plancher *mylo-hyoïdien superficiel,* désigné sous le nom de muscle *mento-hyoïdien.*

C'est là une des raisons pour lesquelles quelques anatomistes, à l'exemple de Gegenbaur, considèrent le ventre antérieur du digastrique comme un muscle primitivement distinct et séparé.

De fait, plusieurs raisons plaident en faveur de cette opinion : c'est d'abord l'existence, relativement assez fréquente, de faisceaux surnuméraires allant du maxillaire inférieur au ventre antérieur du digastrique (on dit alors qu'il présente trois ou quatre ventres) ; c'est ensuite ce fait si important que toujours, chez les carnassiers, et quelquefois chez l'homme, le faisceau postérieur, isolé, s'attache à l'angle du maxillaire ; c'est, enfin, l'innervation différente des deux corps du muscle, sur laquelle j'aurai l'occasion de revenir à propos du nerf facial.

Le muscle sterno-mastoïdien. — Le muscle sterno-mastoïdien appartient à la région parotidienne par le tiers supérieur de son bord antérieur ; on le trouvera décrit à l'occasion de la région sus-claviculaire. Je dois seulement faire remarquer ici que si la glande est très lâchement unie à la paroi antérieure de la case parotidienne, au niveau de laquelle il existe une véritable bourse séreuse, elle adhère en revanche très fortement, par l'intermédiaire d'un tissu cellulaire dense, sec et serré, au conduit auditif qui forme sa paroi supérieure, et à la gaine du sterno-mastoïdien qui forme sa paroi postérieure. M. Tillaux a bien montré l'existence de cette masse de tissu conjonctif compacte rétro-parotidienne, où peuvent, de son avis, naître des tumeurs fibreuses.

4° PAROI INTERNE

La paroi interne est formée par le muscle *constricteur supérieur du pharynx*.

Le constricteur supérieur du pharynx et l'aponévrose intra-pha-ryngienne. — C'est une vaste et large sangle musculaire, dont les deux extrémités libres s'attachent à tout ce qu'elle rencontrent d'os-seux, de cartilagineux ou de fibreux en avant de la moitié supérieure du pharynx, et dont l'anse à convexité postérieure embrasse, en s'y insérant, la charpente pharyngienne. Elle se fixe en avant, et de haut en bas, à l'apophyse basilaire de l'occipital (*muscle basio-pharyngien*), à l'apophyse pétrée (*muscle pétro-pharyngien*), à la partie inférieure de l'aile interne de l'apophyse ptérygoïde (*muscle ptérygo-pharyngien*), à l'épine du sphénoïde (*muscle sphéno-pharyngien*), à l'aponévrose buccinato-pharyngienne (*muscle bucco-pharyngien*), à la partie posté-rieure de la ligne mylo-hyoïdienne (*muscle mylo-pharyngien*), à la por-tion cartilagineuse de la trompe d'Eustache (*muscle salpingo-pharyn-gien*), aux bords de l'aponévrose palatine (*muscle palato-pharyngien*), aux parties latérales de la base de la langue (*muscle linguo-pharyn-gien*); de ces différents points, les fibres musculaires se dirigent en arrière, se recourbent en arc, et viennent s'entrecroiser, celles de droite avec celles de gauche, pour s'implanter enfin sur le raphé fibreux médian du pharynx et la couche fibreuse qui en émane. Les faisceaux supérieurs du muscle forment un arc à concavité supérieure, dans le croissant duquel l'aponévrose céphalo-pharyngienne est à nu; les inférieurs sont obliques en bas et en dedans; quelques-uns d'entre eux se continuent et se confondent avec les fibres longitudinales de l'organe.

Des différents anneaux que je viens de vous décrire comme formant

la large ceinture appelée *constricteur supérieur,* les uns sont des
faisceaux normaux, fixes, les autres des faisceaux anormaux, irrégu-
liers; parmi les premiers, je vous signale le ptérygo-pharyngien, le
bucco-pharyngien, le mylo-pharyngien, le palato-pharyngien, le linguo-
pharyngien. Parmi les seconds, le basio-pharyngien, le pétro-pharyngien, le sphéno-pharyngien, le salpingo-pharyngien. C'est pour cela
qu'en réalité il existe toujours ou presque toujours, entre le bord supérieur du constricteur supérieur et la base du crâne, un segment du
pharynx où il n'y a pas de fibres charnues circulaires ; c'est là
qu'apparaît, à découvert, l'aponévrose *intra-pharyngienne.* Cette
aponévrose intra-pharyngienne, c'est la *charpente du pharynx ;* elle est
doublée en dedans par la muqueuse, capitonnée en dehors par l'étui
musculaire des constricteurs. J'ai souvent vu les élèves ne pas se faire
une idée bien juste de la nature de l'aponévrose intra-pharyngienne. Cela est, cependant, bien simple. Ne savez-vous pas que
tous les organes creux, tous les conduits, l'œsophage, l'estomac,
l'intestin, par exemple, présentent, entre la tunique musculaire et
la tunique muqueuse, une lame conjonctive lâche, qu'on appelle la
sous-muqueuse, et qui, du côté de la musculeuse, se condense,
sous le nom de *tunique celluleuse,* en une nappe dont la trame est
ordinairement assez serrée pour qu'elle se différencie assez bien de
l'atmosphère ambiante? Eh bien! l'aponévrose intra-pharyngienne
n'est pas autre chose; seulement sa texture est plus ferme, son
épaisseur plus grande. Les fibres lisses (celles de l'intestin par exemple)
n'ont pas d'insertion; elles se disposent en couches; elles sont cimen-
tées les unes contre les autres; elles n'ont pas de tendons. Les fibres
striées ont toujours des points d'attache, même quand elles s'étalent
pour former des nappes, comme au pharynx; elles ont toujours des
tendons, *l'aponévrose intra-pharyngienne est le tendon du pharynx ;*
c'est sur elle que se fixe la sangle musculaire de cet organe. En
haut, elle s'insère sur la base du crâne suivant un mode que je
vous indiquerai plus tard; en avant, elle s'attache à tout ce qu'elle
rencontre d'osseux, de cartilagineux et de fibreux en avant du pharynx
(l'aile interne ptérygoïdienne, la ligne mylo-hyoïdienne, l'aponévrose

buccinato-pharyngienne, l'os hyoïde, le thyroïde, le cricoïde) par une série de languettes entre lesquelles sont découpés comme autant de festons; de chacun de ces points, elle se recourbe en volute d'un côté à l'autre; en bas, elle s'amincit graduellement et se continue, sans ligne de démarcation, avec la tunique celluleuse de l'œsophage.

5° PAROI EXTERNE

La peau et sa doublure. — La paroi externe est formée par *la peau*, doublée du *fascia superficialis* et d'une couche peu épaisse de *tissu cellulaire*.

Cette peau est mince, très mobile, glabre chez l'enfant et la femme, velue chez l'homme adulte aux confins antérieurs de la région où s'implantent déjà les favoris.

Sous le fascia superficialis uni-lamelleux, s'étend une couche mince de tissu conjonctif peu adipeux, au milieu de laquelle cheminent des rameaux de la *branche auriculaire* et de *la branche mastoïdienne* du plexus cervical superficiel, que je décrirai plus loin; plus profondément, apparaissent déjà des fibres d'origine du *peaussier du cou;* là aussi viennent se perdre, quand il existe, les fibres du segment postérieur *du muscle risorius de Santorini*.

En avant et un peu au-dessus du tragus, il existe un ganglion lymphatique volumineux, que certains auteurs décrivent comme sus-aponévrotique, d'autres comme sous-aponévrotique, mais qui, dans tous les cas, est superficiel et extra-parotidien; c'est le *ganglion préau-riculaire* ou *prétragien;* il reçoit ses vaisseaux de la peau de la pommette et du segment externe des paupières.

6° PAROI INFÉRIEURE

La bandelette parotido-maxillaire. — En bas, le département parotidien confine à la loge sous-maxillaire et à la région carotidienne. Il est séparé de la première par une forte et solide bandelette, qui se détache du bord antérieur du sterno-mastoïdien, et s'implante sur l'angle du maxillaire inférieur. Cette bandelette, comme je le dirai plus loin, n'est autre chose qu'une portion condensée, fibreuse, épaissie de l'aponévrose d'insertion faciale du muscle sterno-mastoïdien.

Rien ne sépare la région parotidienne de la région carotidienne; le tissu cellulaire de l'une se continue, sans ligne de démarcation même artificielle, avec le tissu cellulaire de l'autre. Par lui, pénètrent, dans la première, les gros vaisseaux qui abandonnent la seconde, les carotides et la jugulaire

La loge de la glande parotide est donc, en bas, fermée superficiellement, mais ouverte profondément. Elle est indépendante du creux sus-hyoïdien latéral ; mais elle communique à plein canal avec la gouttière cervicale.

b). — LA PAROI PROFONDE DE LA BOITE PAROTIDIENNE

Il ne faut pas croire que la parotide soit entourée d'une forte enveloppe formant, entre elle et les organes voisins, une solide barrière. Sur une coupe transversale de la région, essayez d'isoler la glande : vous ne le pouvez que difficilement; elle se confond avec le tissu cellulaire ; n'était la différence de teinte et de consistance, vous ne sauriez les distinguer. Cette forte aponévrose n'existe, dit M. Richet, que dans l'imagination des auteurs ; c'est aller un peu loin. Il y en a une, mais elle est mince; c'est une toile celluleuse.

A mon avis, les descriptions données de l'aponévrose parotidiennne sont incomplètes, et cela tient, je crois, à ce que le creux parotidien n'a pas été envisagé comme il devait l'être. Il y a ici deux choses: 1° une excavation, 2° des organes qui la remplissent en partie.

Eh bien! l'excavation est limitée par des parois qui sont *toutes* tapissées par un feuillet cellulo-fibreux : ce feuillet, je l'appellerai volontiers *l'aponévrose de l'excavation, de la cage parotidienne*, ou, si l'on veut, *le sac parotidien, l'aponévrose péri-parotidienne.*

Les organes, à leur tour, sont entourés, chacun pour sa part, d'une poche conjonctive incluse dans la première; ce sont : 1° la glande, mal

enfermée dans une enveloppe que je nommerai la *gaine glandulaire* ;
2º le paquet des muscles styliens, enveloppés dans le fourreau celluleux qui constitue la *gaine stylienne ;* 3º enfin le paquet vasculo-
nerveux, cheminant au milieu d'une gangue conjonctive qui forme
la *gaine des gros vaisseaux du cou.*

Trois sacs emboîtés dans un sac plus grand : voilà le terme schématique.

1º *L'aponévrose de l'excavation.* — L'aponévrose péri-parotidienne, paroi intérieure, centrale, profonde de l'excavation, doit être
étudiée en dehors, en arrière, en dedans et en avant. Elle existe
partout; mais elle est plus mince sur les faces antérieure et interne
de la région. En dehors, elle est formée par *l'aponévrose cervicale
superficielle,* fixée en haut au bord inférieur de l'arcade zygomatique,
tendue, comme un pont, entre le bord postérieur du masséter et le
bord antérieur du sterno-mastoïdien, et percée de trous qui livrent
passage, de la parotide vers la peau, à des vaisseaux et à des nerfs; en
arrière et en dehors, elle est formée par la même *aponévrose cervicale
superficielle,* qui se dédouble pour engainer le muscle sterno-mastoïdien
et le ventre postérieur du digastrique; en arrière et en dedans, elle est
représentée par *l'aponévrose cervicale profonde,* qui tapisse la face
antérieure des muscles prévertébraux; en dedans, elle n'est autre
chose que le feuillet de *la gaine des gros vaisseaux* qui, ici comme
dans la région cervicale, s'étale sur le pharynx pour lui former une
enveloppe celluleuse ; en avant, elle est formée par *l'aponévrose
cervicale superficielle,* qui enferme entre les deux feuillets de
son dédoublement le muscle masséter et se prolonge derrière la
branche montante de la mâchoire, pour constituer l'enveloppe du
ptérygoïdien interne.

Au niveau de l'angle de la mâchoire, l'aponévrose cervicale superficielle acquiert une résistance et une épaisseur remarquables : elle
forme en ce point, entre la loge parotidienne et la loge sous-maxillaire,
une puissante bandelette qui les sépare ; je vous en ai déjà parlé.

Comme cette aponévrose cervicale superficielle se perd en haut, avec le sterno-mastoïdien, sur l'apophyse mastoïde et le pavillon de l'oreille, et que, d'autre part, la lame celluleuse qui entoure le pharynx se prolonge, comme lui, jusqu'à la base du crâne, il est évident que la grande excavation parotidienne est largement ouverte en haut pour livrer au cerveau l'artère qu'elle lui porte, et recevoir de lui la veine et les nerfs qu'il lui abandonne; enbas, elle communique à plein canal avec le tissu cellulaire du cou.

Le pus qui s'y développe passe donc tout naturellement vers la région cervicale, à moins que, chemin faisant, il trouve assez peu de résistance pour se collecter sous la paroi pharyngienne latérale, la faire bomber et la détruire.

2º L'aponévrose de la glande. — L'aponévrose parotidienne proprement dite n'est pas autre chose qu'une toile celluleuse délicate, qui se détache de la face profonde de la lame inter-massétéro-mastoïdienne, et vient former à la glande une enveloppe à peine différenciée, vers la région profonde, du tissu cellulaire voisin.

A tel point qu'à ce niveau on a décrit au feuillet une interruption de continuité, un trou, par lequel plongerait, vers le pharynx, un prolongement profond de la glande. C'est là un artifice de dissection ; tout le tissu glandulaire est engainé dans un sac à parois minces et très fragiles, mais non perforées; ces parois sont celluleuses et délicates dans la partie supérieure, près de l'oreille, plus épaisses en bas, sur les confins de l'angle mandibulaire. Le pus qui se forme au sein de la glande parotide chemine vers les lieux de moindre résistance; ordinairement il tend vers le pharynx, perfore le segment profond de la capsule glandulaire, et s'épand dans le tissu cellulaire sous-parotidien de l'excavation.

3º La gaine des gros vaisseaux. — Pour étudier dans son ensemble la gaine des gros vaisseaux du cou, reportez-vous à la description que j'ai donnée, il y a quelques années, des aponévroses cervicales, dans un travail publié par les bulletins de la Société anatomique. Cette gaine, que j'ai nommée *aponévrose cervicale transverse*, est une sorte

de cloison celluleuse, de diaphragme transversal et vertical, tendu
entre le paquet vasculo-nerveux et le pharynx qu'il aborde par sa
paroi latérale. Arrivée sur lui, cette aponévrose s'épanouit et s'étale,
pour ainsi dire, sur les flancs de l'organe, en se dédoublant sur sa
musculature, dont elle tapisse la face latérale et la face postérieure,
pour former l'*aponévrose péri-pharyngienne*. Ne confondez pas l'*aponévrose péri-pharyngienne* avec l'*aponévrose intra-pharyngienne;* elle
n'ont rien de commun.

Cette gaine des gros vaisseaux se prolonge en haut jusqu'à la base
du crâne; en arrière et sur les côtés elle enveloppe le pharynx, et se
perd en avant au niveau des insertions antérieures des muscles
constricteurs. C'est elle que Drobnick a prise pour un dédoublement
de l'aponévrose prévertébrale. Pour cet auteur, en effet, l'aponévrose
prévertébrale est formée de deux feuillets, l'un antérieur, l'autre
postérieur, limitant entre eux un espace libre où se trouvent compris
les vaisseaux et nerfs de la base du crâne, ainsi que le ganglion cervical supérieur du grand sympathique. C'est là une erreur.

4º *La gaine des muscles styliens.* — La gaine des muscles
styliens est une sorte de cône celluleux mince, qui enveloppe
le bouquet de Riolan à sa naissance; quand les fleurs de celui-ci se détachent les unes des autres, un prolongement aponévrotique accompagne chacune d'elles, en sorte que le fourreau primitif se divise en
plusieurs fourreaux secondaires, qui suivent les faisceaux musculaires
jusqu'à leur terminaison, et se confondent avec les trousseaux ligamenteux.

La coupe antéro-postérieure de la région parotidienne montre, mieux
que toute description, comment peut s'établir, dans le creux étroit où
ils sont enserrés, la continuité de ces différents feuillets les uns avec
les autres.

D. — LE CONTENU DU CREUX PAROTIDIEN

Le creux parotidien peut se diviser en deux régions: l'une superficielle, que je nomme l'*espace glandulaire;* l'autre profonde, que j'appelle l'*espace sous-glandulaire*. Et comme la parotide émet quelquefois un prolongement en pointe qui va jusqu'à la paroi pharyngienne, ce lobule accessoire divise le département sous-glandulaire en deux zones : la première, située en avant, *espace sous-glandulaire antérieur;* la seconde, située en arrière, *espace sous-glandulaire postérieur*. Celui-là s'étend entre le pharynx et le ptérygoïdien interne: c'est l'*espace maxillo-pharyngien;* celui-ci, limité en dedans par le pharynx et en arrière par le corps vertébral des premières vertèbres, est bordé en dehors par l'apophyse mastoïde et le ventre postérieur du digastrique : c'est l'*espace stylo-vasculaire.*

L'apophyse styloïde est plantée, comme un jalon, sur les confins des deux régions; lorsque le prolongement profond de la parotide n'existe pas, elle établit seule entre elles deux une démarcation bien suffisante.

Vous n'aurez pas de peine à voir, je pense, que cette description diffère sensiblement de celle que vous trouverez dans vos livres classiques. C'est qu'en effet il convient, à mon avis, d'étudier plus anatomiquement que cela n'a été fait jusqu'à présent, l'espace celluleux qui sépare le pharynx des organes voisins. Décorer ce creux, sans plus amples détails, du nom d'*espace maxillo-pharyngien,* puis y faire simplement passer tous les organes que je désignerai plus tard, la carotide interne, la jugulaire interne et le gros faisceau nerveux adjacent, c'est, à mon sens au moins, faire une description trop schématique et capable d'induire en erreur ceux qui n'ont pas disséqué avec soin cette région. En fait, et pour répéter les choses sous une autre forme, la gangue conjonctivo-adipeuse qui double la paroi latérale pharyngienne, peut être divisée en deux segments différents : l'un *antérieur, étage maxillaire* ou *pré-parotidien* sépare la mâchoire du pharynx; c'est le

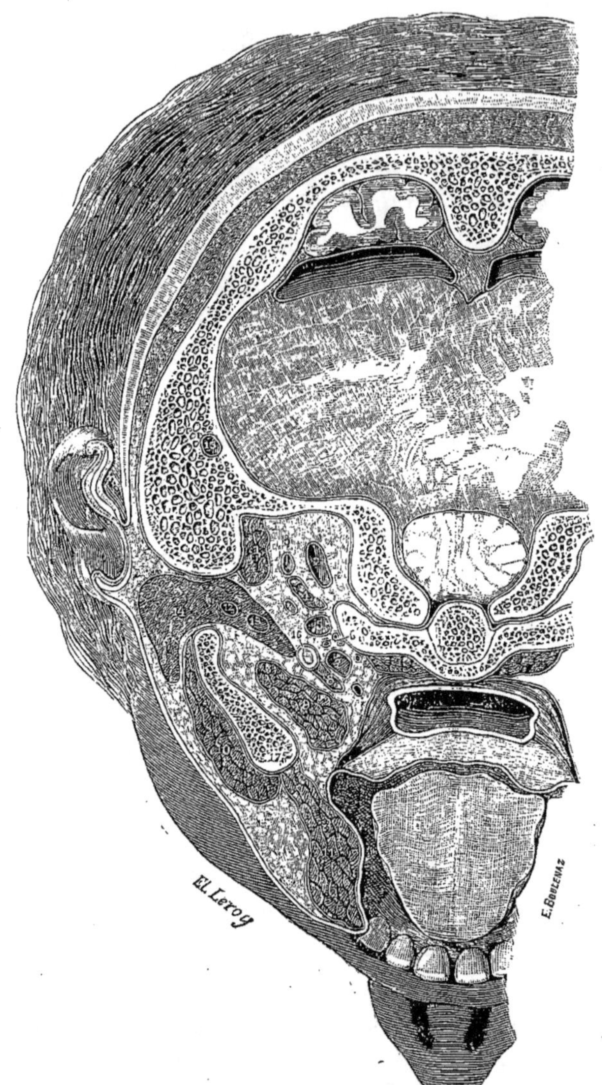

Fig. 13 — *Coupe transversale de la région parotidienne* (d'après nature sur une tête congelée)

1, muscle digastrique — 2, veine occipitale coupée obliquement — 3, artère occipitale — 4, muscle oblique supérieur — 5, veine jugulaire interne — 6, le faisceau des nerfs crâniens postérieurs — 7, artère carotide interne — 8, un muscle du bouquet de Riolan — 9, muscle ptérygoïdien interne — 10, masséter — 11, buccinateur — 12, veine faciale postérieure — 13, artère carotide externe — 14, parotide — 15, veine mastoïdienne — 16, apophise styloïde — 17, section du maxillaire inférieur.

creux *maxillo-pharyngien,* et ce creux maxillo-pharyngien ne contient ni les vaisseaux ni les nerfs qu'on y décrit d'ordinaire; l'autre *postérieur, étage vertébral* ou *rétro-parotidien* sépare les vertèbres cervicales du pharynx; c'est, proprement, l'espace *vertébro-pharyngien* et c'est dans ce creux vertébro-pharyngien qu'est logé le gros paquet vasculo-nerveux.

a). — L'ESPACE GLANDULAIRE

L'*espace glandulaire* renferme la parotide et plusieurs autres organes, vaisseaux ou nerfs, qui se fraient une voie entre les grains glanduleux au milieu desquels ils cheminent comme dans une sorte de tunnel.

La parotide. — La parotide est, de toutes les glandes salivaires, la plus volumineuse et la plus éloignée de la cavité buccale. J'ai dit plus haut que la mince lamelle de tissu qui l'entoure ne saurait être considérée comme une vraie membrane d'enveloppe ; aussi ses lobules, au lieu de s'agglomérer en une masse régulière, s'isolent-ils, se dispersent-ils au pourtour de la région, ce qui ne permet pas à la glande de répondre à une forme géométrique déterminée.

Bordée en dehors par des tissus extensibles, elle se développe et s'étale aisément sous la peau (*portion superficielle*) ; en dedans, elle s'insinue dans l'étroit défilé de l'excavation parotidienne, se rétrécit pour s'y engager, et se forme à l'image du moule anfractueux que celle-ci lui offre (*portion profonde*). Aussi, dans son ensemble, la glande peut elle être, sous bénéfice de schéma, comparée à une pyramide triangulaire munie d'une face externe, d'une face antérieure, d'une face postérieure et d'arêtes limitantes.

De la face externe, large, irrégulièrement découpée en festons, se détache un groupe de lobules qui accompagnent le canal excréteur sur la face externe du masséter. C'est le *prolongement antéro-externe, la glande parotide accessoire.* Entre elle et le masséter se développe un plexus veineux important, le *plexus massétérin*, qui s'étend jusque sous le muscle, entre lui et la mâchoire, et entoure l'articulation temporo-maxillaire de ses importantes ramifications.

La face antérieure, séparée de la branche montante de la mandibule par un tissu cellulaire lâche que le frottement convertit quelquefois en une véritable bourse séreuse (*bourse de Cruveilhier*), s'excave en une gouttière dont la lèvre externe, saillante, se continue avec la parotide accessoire, et dont la lèvre interne, moins marquée, donne naissance à une petite agglomération de lobules. Celle-ci, d'après certains auteurs (Bourgery, Paulet), s'insinuerait entre la mâchoire et le ptérygoïdien interne, en dehors du ligament stylo-maxillaire, et s'engagerait pour d'autres (Sappey), entre les deux ptérygoïdiens. C'est *le prolongement antéro-interne*. Je n'ai jamais vu cette languette glandulaire, mais je ne saurais souscrire à l'opinion de mon maître, le Pr Tillaux, qui nie l'existence des glandules sous-mandibulaires pour la raison que le ptérygoïdien interne adhère à la branche montante. Le muscle et l'os sont lâchement, très lâchement unis l'un à l'autre par du tissu cellulaire très peu condensé ; on les sépare sans le moindre effort, et on récline le muscle avec la plus grande aisance. Je ne vois rien d'impossible à ce que la parotide envoie dans cette sorte de cavité séro-conjonctive quelques lobules erratiques.

La face postérieure entre en connexion intime avec l'apophyse mastoïde, le bord antérieur du sterno-mastoïdien, et le ventre postérieur du digastrique ; elle adhère solidement au périoste de la première et à l'enveloppe fibreuse des seconds. C'est bien par là que la glande, mobile en avant pour obéir aux mouvements de la mâchoire, est fixée et suspendue dans l'excavation.

Du bord antérieur et du *bord postérieur* je n'ai rien à dire.

La disposition *du bord interne* est plus intéressante ; mes dissections m'ont démontré qu'elle était très variable ; chez quelques sujets, ce bord s'enfonce peu dans l'excavation ; il est alors large, à la façon d'une véritable face ; chez d'autres, il se prolonge jusqu'au niveau de l'apophyse styloïde, sur laquelle il vient, pour ainsi dire, s'émousser ; quelquefois enfin, plus rarement il est vrai, il envahit l'espace sous-parotidien et franchit la saillie styloïdienne, en avant de laquelle il s'engage jusqu'au niveau de la paroi pharyngienne latérale. On donne alors à cette masse aberrante, qu'un pédicule quelquefois très mince réunit au corps glandulaire, le nom de *prolongement interne* ou *prolongement pharyngien.*

L'extrémité supérieure ou *sommet* de la parotide est mince, sinueuse, découpée en dentelures ; elle s'avance jusqu'au niveau du tubercule zygomatique, matelasse en dehors l'articulation temporo-maxillaire, contourne la portion cartilagineuse et la portion osseuse du conduit auditif externe auxquelles elle adhère peu, et remonte, en arrière de la conque auriculaire, jusqu'à l'apophyse mastoïdienne.

L'extrémité inférieure ou *base,* volumineuse et arrondie, confine à la bandelette inter-glandulaire, qui la sépare de la région sous-maxillaire. Comme le fait remarquer judicieusement Bourgery, cette extrémité inférieure de la parotide, à laquelle semble faire suite, dans le cou, la chaîne des ganglions jugulaires, recouvre et concourt à protéger, concurremment avec le rebord mandibulaire, le sterno-mastoïdien, le digastrique et le faisceau stylien, les vaisseaux et les nerfs de la gouttière cervicale supérieure.

Le canal de Sténon. — A la glande fait suite le *canal de Sténon,* son tube d'excrétion. Il naît, à une hauteur variable, du bord antérieur de la parotide, au milieu même du prolongement antérieur de la glande qui l'accompagne et le dissimule, et se dirige en haut et en avant, à un ou deux centimètres au-dessous de l'arcade zygomatique, sur la face externe du masséter ; là, il est côtoyé, sur son flanc supérieur, par une division importante du facial et l'artère transversale de la face. Bientôt, le canal de Sténon se dégage de la parotide accessoire, se coude légèrement vers le bas, contourne le bord antérieur du masséter, aborde le buccinateur en se portant en avant et en dedans, franchit, à son niveau, la boule graisseuse de Bichat et quelques glandes molaires, chemine sur la face externe du muscle, le traverse obliquement, arrive

sous la muqueuse buccale, la perfore comme les uretères perforent la paroi vésicale, et s'ouvre enfin, par une petite fente allongée, à la face profonde de la joue, au niveau du collet de la première
ou de la seconde grosse molaire. Le Pr Tillaux représente schématiquement ce trajet du canal de Sténon par deux parallèles coupées
par une sécante oblique.

La direction de cet organe paraît plus irrégulière encore et plus
tortueuse, quand on l'étudie après avoir injecté dans sa cavité une
substance solidifiable. Il se contourne alors, et s'éloigne de sa ligne
normale de découverte, étendue du tragus à la commissure labiale.
Mais à l'état naturel, il est soutenu, comme le buccinateur, par la
boule de Bichat ; celle-ci leur forme à tous les deux comme un
tampon qui les empêche de s'affaisser. Cette boule de Bichat est
elle-même fixée par un prolongement qui, au dire de Ranke,
plonge vers la muqueuse buccale. En repoussant ainsi le buccinateur,
elle favorise beaucoup la succion ; aussi est-elle plus développée chez
l'enfant ; on s'explique ainsi pourquoi la joue est toujours moins creuse
chez celui-ci que chez l'adulte.

La lumière du canal de Sténon est étroite, mais ses parois sont
très épaisses ; il est facile de le distinguer des organes voisins ; il
roule sous le doigt explorateur à peu près comme le canal déférent.

Entre les grains glanduleux de la parotide, comme je l'ai dit plus haut,
cheminent des vaisseaux et des nerfs, et s'étale un appareil lymphatique assez important.

La carotide externe. — Le vaisseau principal est *l'artère carotide
externe* ; quand elle arrive au niveau de l'angle de la mâchoire,
cette artère, dont j'étudierai le segment inférieur avec le département
sterno-mastoïdien, s'engage dans l'excavation parotidienne ; elle
pénètre sous la glande, chemine le long de son bord interne, et atteint
ainsi la moitié de sa hauteur à peu près. De ce point, elle continue son
trajet ascendant vers le col de la mâchoire et, selon les sujets, peut
suivre une triple route : ou bien (*cas exceptionnels*), elle monte en
dedans de la parotide, près du pharynx, complètement séparée des

lobules glandulaires par une nappe de tissu cellulaire lâche ; ou bien elle flanque son bord interne, qui s'excave et se creuse en demi-tunnel pour la recevoir (*cas rares*) ; ou bien enfin (*cas ordinaires*), elle pénètre en pleine glande, y parcourt le reste de son chemin et s'y bifurque, tout en restant, disons-le bien, plus rapprochée du bord interne que de la face externe.

De la carotide externe naissent, au sein de la parotide, plusieurs rameaux collatéraux et deux branches terminales.

L'artère auriculaire postérieure se détache de la partie postérieure et interne de la carotide externe, se dirige en haut et en arrière, gagne le bord antérieur de l'apophyse mastoïde, passe entre elle et la glande parotide en arrière du conduit auditif externe, et se divise, à la hauteur de celui-ci, en deux branches terminales, l'une postérieure ou *myo-mastoïdienne*, l'autre antérieure ou *temporale*. La première contourne la saillie mastoïdienne entre la peau et les insertions du sterno-mastoïdien, et s'épuise en rameaux cutanés, musculaires et périostiques. La seconde, qui semble être le prolongement de l'artère mère, monte, entre l'hélix et la conque, vers la région pariétale; là, elle se divise en s'anastomosant avec la temporale en avant et l'occipitale en arrière.

Du tronc de l'auriculaire postérieure se détachent plusieurs rameaux collatéraux qui sont : a) le *rameau stylo-mastoïdien*, qui pénètre, en compagnie du nerf facial, dans le canal de Fallope, y donne plusieurs petites branches destinées aux cavités voisines, et en sort par le trou auditif interne, au niveau duquel il se perd dans la dure-mère; b) *plusieurs rameaux auriculaires*, qui se distribuent à la face postérieure de l'oreille externe; c) *quelques artérioles musculaires* pour le digastrique et les muscles styliens; d) enfin, *plusieurs petites ramifications parotidiennes*.

Au-dessus de l'artère auriculaire postérieure, naissent de la carotide externe, dans la parotide, des *branches glandulaires, massétérines* et *ptérygoïdiennes*, qui sont nombreuses et de petit calibre.

Enfin, au niveau du col du condyle, le tronc carotidien, très diminué de volume en raison des nombreuses collatérales qu'il a engendrées, se bifurque en deux branches terminales, la *temporale superficielle* et la *maxillaire interne;* l'une et l'autre abandonnent bientôt le district parotidien; la première, se porte verticalement en haut, vers la région temporale, où je l'ai déjà décrite; la seconde se recourbe pour s'enfoncer sous le col du condyle et pénétrer dans la fosse zygomato-maxillaire.

Tortueuse dès sa naissance, l'*artère maxillaire interne* monte d'abord vers la tubérosité maxillaire, sur laquelle elle décrit ensuite un grand arc à convexité antérieure qui la porte au fond de la fosse ptérygo-maxillaire, jusqu'au trou sphéno-palatin où elle se termine. Accolée, dès sa naissance, à la face interne du col condylien, elle passe quelquefois un peu plus loin, entre le ptérygoïdien externe et le temporal, mais remonte le plus souvent entre les deux ptérygoïdiens, croise la face externe du lingual et du dentaire inférieur qui lui sont contigus, puis enfin, pour s'enfoncer dans la fente ptérygo-maxillaire, s'engage entre les deux chefs d'insertion supérieure du muscle ptérygoïdien externe.

Cette artère est à peine longue de quatre centimètres, et quatorze branches naissent d'elle pendant ce court trajet; intermédiaire, comme situation, entre la face et le crâne, elle vascularise l'un et l'autre; à l'une, elle donne la *buccale* et la *sous-orbitaire;* à l'autre, la *méningée moyenne* et la *petite méningée.* Entourée des organes de la mastication, de la déglutition, de l'odorat et de l'ouïe, elle se partage entre tous; aux premiers, elle envoie la *dentaire inférieure et l'alvéolaire* (rameaux osseux) la *massétérine,* la *temporale profonde antérieure,* la *temporale profonde postérieure,* les *ptérygoïdiennes* (branches musculaires); aux seconds, elle réserve la *palatine inférieure,* la *vidienne* et la *pharyngienne supérieure;* aux troisièmes, la *sphéno-palatine;* aux quatrièmes, la *tympanique.*

Au total quatorze branches : cinq ascendantes, cinq descendantes, deux antérieures, deux postérieures, et une branche terminale, la sphéno-palatine. Il suffit, pour classer en bon lieu chacun des rameaux de la maxillaire interne, de se rappeler sa destination et de la comparer à la situation du tronc d'origine.

La jugulaire externe et la faciale postérieure. — La parotide
est traversée, dit-on, par deux veines principales : la *jugulaire externe*
et la *faciale postérieure;* mais ceci demande explication. Je dois vous
dire, en effet, que ces vaisseaux, comme toutes les veines du cou, ont
reçu des anatomistes des descriptions différentes. Je vais essayer
d'éclaircir un peu cette question devant vous. Chez le fœtus, tous les
sinus du crâne convergent vers deux veines : l'une, *postérieure*, sort
de la boîte osseuse par le trou mastoïdien; l'autre, *antérieure*, par
un canal (*canal temporal*) qui est creusé à la base du zygoma, et
dont l'orifice inférieur s'appelle le *faux trou jugulaire*. Ces deux veines s'unissent et forment un gros tronc qui, sous le nom de *veine
jugulaire externe* ou *veine cardinale antérieure*, descend le long du col,
reçoit toutes les veines qui naissent sur son parcours, et va se jeter,
en bas, près du cœur, dans un canal collecteur dit *canal de Cuvier*.
Mais plus tard, de ce même canal de Cuvier, on voit se détacher une
autre veine; celle-ci monte de bas en haut vers le trou déchiré postérieur : c'est la *jugulaire interne*. Peu à peu, cette veine grossit, et à
mesure qu'elle grossit, l'autre, la jugulaire externe, diminue; alors, le
canal temporal, au moins chez l'homme, se comble et s'oblitère. Les
veines de la face et du cou changent à ce moment de destination; elles
abandonnent la jugulaire externe et se jettent dans la jugulaire interne.

En fait, cette atrophie du tronc originel n'est jamais absolue;
il ne disparaît jamais complètement. De son segment supérieur,
il ne reste plus rien; mais son segment inférieur persiste, se développe, devient veine cave, tronc brachio-céphalique et jugulaire
externe; cette jugulaire externe se réduit alors à un gros canal de
sûreté, étendu de l'angle de la mâchoire à la base du creux sus-claviculaire.

Voici comment, chez l'adulte, se présentent les veines qui traversent
la parotide.

Les *veines temporales* s'unissent aux veines *maxillaires internes* pour
former un tronc, la *veine faciale postérieure* ou *tronc temporo-maxillaire,* qui s'enfonce dans l'épaisseur de la glande parotide, derrière le
col du condyle, chemine de haut en bas, au sein des éléments glandu-

laires, reçoit les *veines parotidiennes*, les *veines transversales de la face*, la *veine auriculaire antérieure*, et, vers l'angle de la mâchoire, se

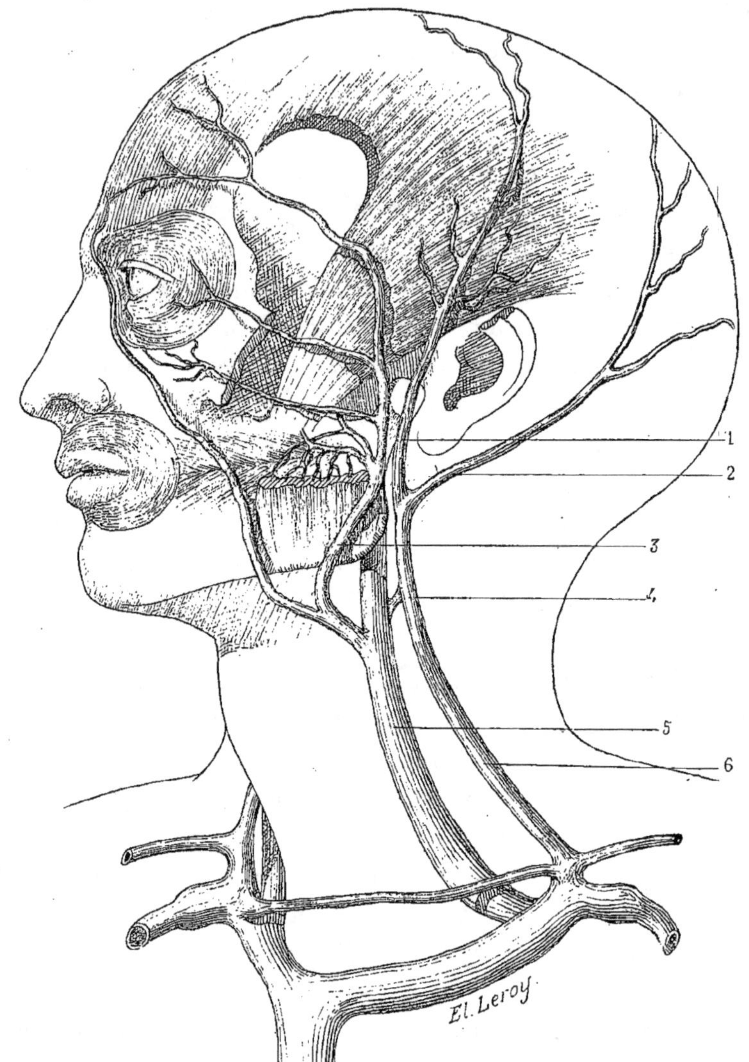

Fig. 14 — *Les veines parotidiennes* (demi-schématique).

1. Veines auriculaires — 2, veines occipitales — 3, veine faciale postérieure — 4, embouchure du tronc occipito-auriculaire dans la jugulaire interne — 5, veine jugulaire interne — 6, veine jugulaire externe.

confond avec la veine faciale antérieure, pour déboucher avec elle dans la jugulaire interne.

C'est donc la veine faciale postérieure, et non pas la jugulaire externe,
qui forme le gros tronc que vous voyez cheminer au milieu de la parotide. La *veine jugulaire externe*, elle, naît, ou plutôt paraît naître au

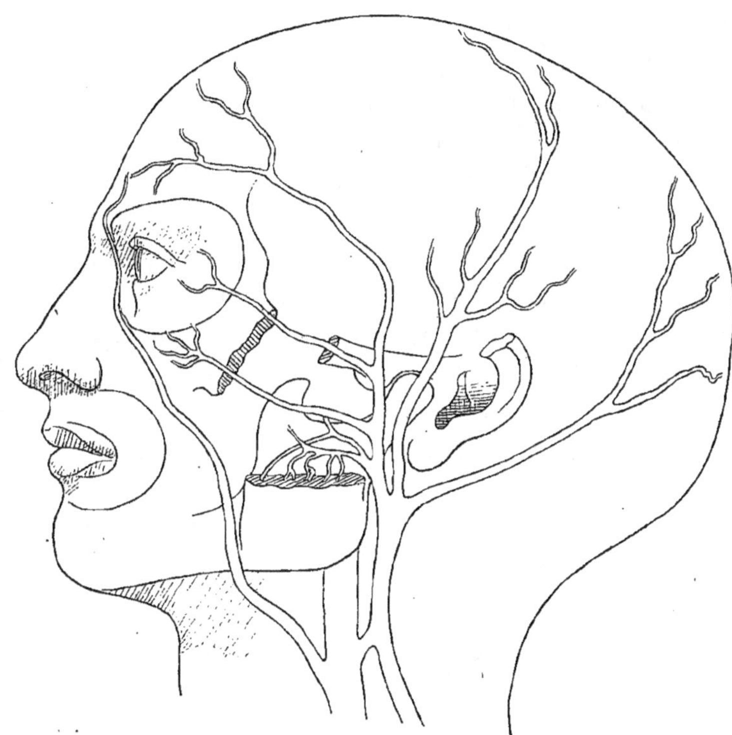

Fig. 15 — *Les veines parotidiennes* (demi-schématique)

milieu de la glande, derrière la précédente, du point où confluent les
veines auriculaires postérieures et les veines occipitales ; puis, on la
voit émerger de l'excavation parotidienne, et, sur la face externe du
sterno-mastoïdien, parcourir de haut en bas la région cervicale, pour
aller, à la base du cou, se jeter dans le tronc de la sous-clavière.

Mais ce n'est là qu'une apparence ; en réalité, voici comment il faut
comprendre les choses : il y a, dans la parotide, une veine régulière, fixe,
qui va toujours se jeter dans la jugulaire interne ; cette veine, c'est la *faciale postérieure* ; quelques auteurs l'appellent *jugulaire externe* ; toute
la confusion vient de là. Quand elle est seule, elle reçoit le sang de tous

les vaisseaux veineux correspondant aux branches supérieures de la carotide externe (*maxillaire interne, temporale superficielle, auriculaire, occipitale*); elle résume alors en elle tout le bassin veineux de cette carotide depuis son entrée dans la glande. Quand elle est accompagnée d'un autre tronc, ce tronc est petit; il reçoit les veines occipitales et auriculaires, et s'appelle lui aussi *jugulaire externe;* mais c'est là un terme vicieux. Ce tronc n'est, en effet, que la veine commune des régions occipitale et auriculaire qui a échappé, passez-moi cette expression, à la main-mise de la faciale postérieure, et qui, de ce fait, est, obligée d'aller se jeter dans la jugulaire interne, à l'angle de la mâchoire, toute seule, en ce point même où une grosse veine anastomotique superficielle, venue des régions inférieures du cou, vient y verser son sang.

On dirait alors que le tronc auriculo-occipital est la continuation, dans la glande parotide, de cette veine superficielle; mais cela n'est pas. Cette veine superficielle, c'est, cette fois, la *jugulaire externe,* la vraie jugulaire externe, qui ne dépasse pas l'angle de la mâchoire. Et ne croyez pas qu'elle soit un tronc collecteur; ce rôle appartient exclusivement à la jugulaire interne, au profit de laquelle elle s'est complètement dépouillée de ses anciennes fonctions. A la jugulaire interne afflue tout le *sang viscéral* venu du cerveau, de la langue, des mâchoires, du pharynx, du corps thyroïde; la jugulaire externe n'a plus qu'un rôle de suppléance. C'est un grand canal anastomotique entre la sous-clavière et la jugulaire interne, un énorme vaisseau de sûreté qui reçoit accessoirement, dans son parcours, le sang des quelques veines superficielles qu'il rencontre sur son passage.

Vous pouvez vous expliquer, maintenant, les différentes descriptions qui sont données, par les auteurs, de la veine qui traverse la parotide; cette veine, vous savez qu'on la nomme (à tort du reste) la jugulaire externe; eh bien ! donc, quand les occipitales et les auriculaires postérieures vont se jeter dans la jugulaire interne, sans se confondre avec la veine faciale postérieure, on dit qu'il y a, dans la parotide, *deux veines jugulaires externes;* quand les occipitales et les auriculaires forment avec les temporales un seul tronc, on dit qu'il n'y a qu'*une seule veine jugulaire externe;* quand enfin ce tronc com-

mun se jette par deux branches dans la jugulaire interne, on dit qu'il
y a *une jugulaire externe bifurquée;* une des branches se rend à la
jugulaire interne, et l'autre se continue avec la jugulaire externe du
cou. Les figures schématiques ci-jointes graveront dans votre esprit
ces différentes dispositions.

Je le répète, ce sont là des interprétations erronées; la jugulaire

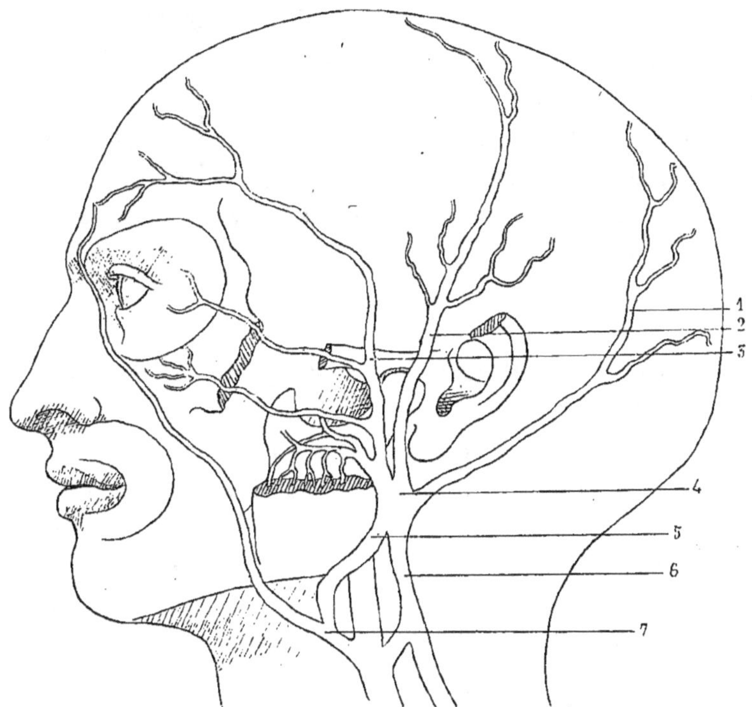

Fig, 16 — *Les veines parotidiennes* (demi-schématique).

1. Veines occipitales — 2, veines auriculaires — 3, veines temporales — 4, veine faciale postérieure —
5, division antérieure de la veine faciale postérieure — 6. division postérieure de la faciale postérieure —
7, veine faciale antérieure.

externe ne pénètre pas dans la parotide; toute l'erreur vient de ce que,
pour aborder la jugulaire interne, elle emprunte quelquefois le
segment terminal de la faciale postérieure ou de l'occipito-auriculaire
qu'elle paraît alors prolonger.

Les ganglions intra-parotidiens. — Les *ganglions intra-paroti-*

diens (n'oubliez pas que cela veut dire, situés dans l'épaisseur de la parotide, et non pas, dans l'intérieur de l'excavation parotidienne), forment quatre groupes assez distincts; tous sont petits et il est difficile de les séparer des grains glanduleux dont ils se distinguent seulement par leur couleur rouge. *Le groupe supérieur* se compose de deux ou trois petites glandes situées dans le segment le plus élevé de la parotide; il reçoit des vaisseaux temporaux. *Le groupe antérieur*, situé en avant et au-dessous du précédent, est formé de plusieurs ganglions minuscules, auxquels aboutissent les absorbants des districts sourcilier, malaire et parotidien. *Le groupe postérieur* comprend trois ou quatre glandes où confluent les vaisseaux nés sur la face interne du pavillon de l'oreille. *Le groupe interne* constitue une masse lymphatique délicate, accolée à la carotide externe, et formée de deux ou trois ganglions qui sont l'aboutissant de vaisseaux venus de la cavité nasale et du voile palatin.

Le plexus cervical et le nerf auriculo-temporal. — Au sein de la parotide cheminent des nerfs qu'au point de vue de l'anatomie chirurgicale on peut diviser en *superficiels* et *profonds*.

Les nerfs superficiels forment plusieurs filets qui émanent tous du *plexus cervical superficiel;* il en est d'*antérieurs*, qui se détachent du *rameau auriculaire,* et de *postérieurs*, qui viennent du *rameau mastoïdien*.

Tous sont des ramifications déliées, parce qu'ils sont presque arrivés à destination.

La *branche mastoïdienne* naît au milieu du cou, monte le long du bord postérieur du sterno-mastoïdien, atteint l'apophyse mastoïde et, là, se divise en rameaux antérieurs, qui s'épanouissent sur la peau de la région mastoïdienne, et rameaux postérieurs, qui vont, sur la paroi postéro-latérale du crâne, jusqu'au sommet de la tête.

La *branche auriculaire*, venue aussi du plexus cervical superficiel, se réfléchit sur le bord postérieur du sterno-mastoïdien, et se dirige en haut et en avant sur la face externe du muscle. Au niveau de l'angle de la mâchoire, elle abandonne quelques filets parotidiens qui se perdent dans la glande ou bien la traversent, pour aller, après s'être anastomosés avec les rameaux du facial, s'épuiser dans la peau de la région parotidienne. Au-dessus de l'angle de la mâchoire, la branche auriculaire se divise. Le rameau auriculaire interne va s'anastomoser, sur la face crânienne du pavillon, avec les filets de la branche mastoïdienne; le rameau auriculaire externe se perd sur les téguments de la conque, de l'hélix et de l'anthélix.

Entre la branche auriculaire et la branche mastoïdienne, l'on voit, quelquefois, une branche grêle, la *petite mastoïdienne*, dont les rameaux se terminent dans la peau qui recouvre les insertions supérieures du sterno-mastoïdien.

Les nerfs profonds de la parotide sont formés par deux troncs importants; l'un, supérieur, abandonne la glande après y avoir décrit un court trajet : c'est le *nerf auriculo-temporal;* l'autre, inférieur, traverse obliquement la glande d'arrière en avant et de dedans en dehors, en s'y creusant un long tunnel : c'est le *nerf facial.*

Tous deux sont des branches importantes, parce qu'ils sont encore tout près de leur point d'origine.

Relisez la description que j'ai donnée de la région temporale; vous y trouverez celle du nerf auriculo-temporal; c'est là qu'il se distribue.

Le nerf facial. — Le nerf facial, lui, par son volume, le long parcours qu'il décrit au milieu de la glande et l'importance de ses fonctions, doit être considéré comme un des organes les plus intéressants de la région parotidienne. Né de la fossette sus-olivaire du bulbe, le facial se dirige en avant, en haut et en dehors, couché dans une sorte de gouttière que lui forme, en dehors et en bas, le nerf acoustique (*major minorem amplectitur*), et au fond de laquelle se trouve le nerf de Wrisberg; il gagne ainsi le trou auditif interne, s'engage dans le canal de Fallope, y chemine d'abord perpendiculairement à l'axe du rocher (trajet de 4 millim.), s'infléchit pour lui devenir parallèle (trajet de 10 millim.), et enfin se recourbe pour parcourir verticalement le dernier segment de son canal osseux, d'où il émerge par le trou stylo-mastoïdien, à la racine du processus styloïde. Là finit ce qu'on appelle la *portion intra-crânienne du facial;* il appartient désormais à la région parotidienne.

Quelques mots seulement sur le facial intra-pierreux. Quand, d'antéro-postérieur qu'il était, le facial devient transversal, il se renfle en une petite masse (*intumescence gangliforme, ganglion géniculé*). Schématiquement, ce ganglion a la forme d'un triangle qui repose par sa base sur le tronc du nerf, reçoit par son angle postérieur *le filet de Wrisberg,* donne origine par son sommet au *petit nerf pétreux superficiel,* tandis que de son angle antérieur se détache le *grand nerf pétreux superficiel.* L'un et l'autre de ces deux nerfs pétreux abandonnent l'aqueduc de Fallope ; puis ils sortent de la cavité crânienne ; le premier par le trou innominé, pour se rendre au ganglion d'Arnold, le second par le trou déchiré antérieur, pour se jeter, sous le nom de *nerf vidien,* dans le ganglion de Meckel, après avoir parcouru le canal ptérygoïdien.

Enfin, avant de sortir de son tunnel osseux, le facial envoie au lingual *la corde du tympan,* qui sort par la fente de Glasser, un petit filet très grêle au *muscle de l'étrier,* et un rameau d'*anastomose* au nerf pneumogastrique, sur lequel j'aurai l'occasion de revenir.

Les élèves retiennent ordinairement assez bien le nom et le nombre des branches du facial, mais je ne sais pourquoi, en les énumérant, ils ne savent ordinairement pas distinguer celles qui naissent dans le rocher de celles qui naissent en dehors de lui. Toutes les premières (cela est nécessaire) ont un canal creusé dans l'os. Rappelez-vous donc avoir appris en ostéologie l'hiatus de Fallope (grand et petit pétreux), la scissure de Glasser (corde du tympan), le trou de la fosse jugulaire (rameau d'anastomose) ; et devinez (cela n'est pas difficile) que le rameau qui se rend au muscle de l'étrier, logé lui-même dans le rocher, ne peut guère naître en dehors de l'os ; voilà les branches d'origine intra-pierreuse.

A peine le facial a-t-il émergé du trou stylo-mastoïdien, qu'il s'infléchit, se dirige en avant et en dehors, pénètre dans l'épaisseur de la glande parotide, au travers de laquelle il chemine, et atteint enfin le bord parotidien de la mâchoire, au niveau duquel il se divise en deux

branches terminales. Plus il s'éloigne du trou stylo-mastoïdien, plus
il devient superficiel, et au point où il se bifurque, il n'y a plus
qu'une mince couche de lobules glandulaires qui le sépare de la
peau ; il est à *peu près impossible*, je crois qu'il faudrait dire *complètement impossible,* de pratiquer l'extirpation d'une tumeur de la
parotide, si superficiellement qu'elle paraisse implantée, sans observer une paralysie faciale consécutive.

Dans son trajet intra-parotidien, le facial est situé *en dehors* et *non
en dedans* (comme l'écrivent quelques auteurs) de la carotide externe
et de la faciale postérieure. Très exceptionnellement, on voit le facial
rester profondément engagé dans la région et croiser le bord interne
de la glande ; en tout cas, il tend toujours vers la peau, et ses branches
de division deviennent, au sein même de la parotide, rapidement superficielles.

Ainsi donc, quelques millimètres en arrière du bord parotidien de
la mâchoire, le facial se bifurque.

Sa division supérieure, appelée *temporo-faciale,* se dirige en haut
et en avant vers le col du condyle, sur la face externe duquel elle reçoit
des rameaux venus de l'auriculo-temporal, puis elle se partage en plusieurs branches qui s'anastomosent entre elles pour former le *plexus
parotidien supérieur ;* de celui-ci, émanent de nombreux filets qui se
rendent aux muscles de la face, et qu'on désigne, suivant leur destination,
sous le nom de *temporaux, frontaux, palpébraux, nasaux et buccaux.*

La division inférieure du facial se dirige en bas, en avant et en dedans, s'anastomose en pleine parotide avec la branche auriculaire du
plexus cervical, et se partage, au niveau de l'angle mandibulaire, en
plusieurs branches qui s'unissent les unes aux autres pour constituer
le *plexus parotidien inférieur,* duquel se détachent des ramifications
buccales, mentonnières et *cervicales.*

Tous les filets du facial sont moteurs ; tous se distribuent à des
muscles, mais chaque fois qu'ils rencontrent des rameaux venus du
trijumeau ou des racines cervicales, ils s'anastomosent, chemin faisant,
avec eux, et de la sorte, entourent la face tout entière et une partie du
cou d'un vaste plexus nerveux formé de filets très grêles, qu'on peut

décomposer en plusieurs centres principaux (*plexus sous-orbitaire*, *plexus buccal*, *plexus mentonnier*, *plexus hyoïdien*), et qui jouent un rôle considérable dans les phénomènes de la sensibilité récurrente.

En passant, je vous rappelle cette loi qu'il ne faut pas oublier : Tous les muscles de la face (hors le groupe masticateur) sont animés par le facial, et rien que par le facial.

Cinq rameaux naissent du facial extra-crânien ; mais les uns et les autres se détachent de lui tout près du trou stylo-mastoïdien, avant qu'il pénètre la parotide ; dès qu'il est entré dans la glande, il marche, sans se bifurquer, vers ses branches terminales pour lesquelles il se réserve tout entier. Voici le nom et la distribution de ses cinq rameaux collatéraux :

1o Le *Rameau anastomotique* au glosso-pharyngien se porte en dedans et en arrière, et vient se jeter, en formant une arcade qui embrasse la face antérieure de la jugulaire interne, dans le nerf glosso-pharyngien, au-dessous du ganglion d'Andersh.

2o Le *Rameau auriculo-occipital* se dirige en bas vers l'apophyse mastoïde, la contourne, appliqué sur l'os, en passant en avant et en dehors d'elle, s'anastomose, à son niveau, avec un filet de la branche auriculaire du plexus cervical, puis se divise en deux ordres de branches; les unes, *antérieures*, ascendantes, se rendent dans les muscles auriculaires postérieur et supérieur ; les autres, *postérieures*, transversales, se perdent dans le muscle occipital.

3o Le *Rameau digastrique* se dirige en bas et en avant pour aborder la partie moyenne du ventre postérieur du digastrique dans lequel il se perd, mais à l'intérieur duquel il s'anastomose souvent avec un filet venu du glosso-pharyngien.

4o Le *Rameau stylo-hyoïdien*, qui naît souvent d'un tronc commun avec le précédent, se porte en bas, en avant et en dedans, côtoie, très grêle, le bord supérieur du muscle stylo-hyoïdien, et s'épuise au milieu de ses fibres.

5o Le *Rameau stylo-glosse et glosso-staphylin*, qu'on appelle encore *Rameau lingual*, naît en arrière de l'apophyse styloïde, se porte en bas et en dedans, le long de la face externe du stylo-pharyngien, aborde les côtés du pharynx, reçoit un ou deux filets du glosso-pharyngien, s'engage dans le sillon qui sépare l'amygdale du pilier antérieur du voile du palais, atteint la base de la langue, s'anastomose avec les ramifications terminales du glosso-pharyngien, et se divise en plusieurs petites branches dont les unes, *musculaires*, sont destinées au stylo-glosse et au glosso-staphylin, et les autres, *muqueuses*, à la partie correspondante du revêtement lingual.

Notez ceci : tous les muscles styliens (auxquels vous pouvez ajouter le digastrique) reçoivent la même innervation, et cette innervation qui est double, leur vient du facial et du glosso-pharyngien. Le stylo-glosse, comme tous les muscles de la langue, est animé par le grand hypo-glosse; il a donc, lui, une triple source d'innervation.

Je viens de dire : « Tous les muscles styliens, y compris le digastrique ». Cela demande une explication. Je n'entends, en effet, par là que le ventre postérieur du muscle; le ventre antérieur, lui, est innervé par le filet mylo-hyoïdien du dentaire inférieur. Il y a là, vous le voyez, une raison nouvelle de considérer le digastrique, ainsi que je le disais plus haut, comme formé de deux muscles absolument distincts, l'un postérieur, qu'on peut associer au groupe des styliens, l'autre antérieur, qui est une dépendance du muscle mylo-hyoïdien.

b). — L'ESPACE SOUS-GLANDULAIRE

1° Espace sous-glandulaire antérieur

Pour bien comprendre l'espace sous-glandulaire antérieur, il importe de se rappeler les insertions du ptérygoïdien interne et du contricteur supérieur du pharynx. Le premier s'attache à la fosse ptérygoïde; le second au bord postérieur de l'aile interne de l'apophyse ptérygoïde. Ils se confondent donc, pour ainsi dire, en ce point; de là ils vont en divergeant; le ptérygoïdien interne se porte en bas en arrière et en dehors; le constricteur supérieur en arrière et en dedans. Entre eux deux se développe, par conséquent, une cavité angulaire, rétrécie et fermée en avant, large et ouverte en arrière, où elle communique avec la loge parotidienne.

Limites de l'espace sous-glandulaire antérieur

Cette cavité c'est *l'espace maxillo-pharyngien.* Voici ses parois : en dedans, c'est le corps étalé et aplati du constricteur supérieur, que je vous ai déjà décrit; en haut, cette portion de la face inférieure du sphénoïde qui confine au rocher; en bas, la loge est ouverte et communique, au niveau de l'angle mandibulaire, avec la région cervicale; en arrière, elle se confond avec le creux parotidien proprement dit ; sa paroi externe, plus compliquée, ne saurait être bien comprise qu'après quelques explications.

Le ptérygoïdien interne. — Je vous ai déjà décrit le *ptérygoïdien interne;* je vous ai dit qu'inséré en haut dans la fosse ptérygoïde, il se dirigeait en bas et en arrière, pour aller s'implanter sur la face interne de l'angle de la mâchoire. Or, regardez maintenant la branche montante du maxillaire : ne voyez-vous pas qu'elle est oblique en bas et en avant? De cette obliquité en sens inverse du muscle et de l'os qui se rejoignent au niveau de leur segment inférieur, concluez qu'en haut l'os se dégage du muscle, se place en arrière de lui, et apparaît, quand on regarde la région par dedans, après désinsertion du constricteur, tout à fait nu, déshabillé de sa doublure charnue. Nu : cela n'est pas vrai. Car en effet, au point où la mâchoire, toujours étudiée par sa face interne, émerge en arrière et en dehors du ptérygoïdien interne, voici qu'apparaît un nouvaau muscle situé en dehors du précédent, mais toujours en dedans de la mandibule; ce muscle, c'est le *ptérygoïdien externe.*

Le ptérygoïdien externe. — Celui-ci pourtant, ne vous cache pas tout l'os, et en arrière de lui vous pouvez voir se diriger en bas et en avant, collé contre la face interne de la branche montante, le large

ligament latéral interne de l'articulation temporo-maxillaire, qui masque
à vos yeux tout ce que le ptérygoïdien externe laissait à nu.

Voyons un peu ce *ptérygoïdien externe*. Il est épais, taillé en
cône ; à l'inverse du ptérygoïdien interne, dont le grand axe se rapproche de la verticale, il se porte presque directement en dehors. Il

Fig. 17. — *La paroi externe de l'espace maxillo-pharyngien* (d'après nature)

1. Muscle ptérygoïdien externe — 2, nerf lingual — 3, nerf dentaire inférieur — 4, artère maxillaire interne
5, muscle ptérygoïdien interne — 6, artère carotide externe.

s'implante, par une solide lame fibreuse, sur toute l'étendue de la face
extérieure de l'aile externe de l'apophyse ptérygoïde et sur l'arête
osseuse qui sépare la fosse temporale de la fosse zygomatique ; il se
porte ensuite en dehors et en arrière, formé d'abord de deux ventres
musculaires parfaitement séparés l'un de l'autre, entre lesquels
passe toujours le nerf temporal profond moyen et souvent l'artère
maxillaire interne. Peu à peu, le muscle se rétrécit, car les deux
ventres convergent, s'unissent en confondant leurs fibres, se ramas-

sent, et vont s'attacher dans la fossette située sur la partie antéro-interne du col condylien, ainsi que sur le flanc correspondant du cartilage inter-articulaire, par des fibres aponévrotiques trop courtes pour former un véritable tendon. Vous voilà à même, maintenant, de bien comprendre, je crois, la paroi externe de l'espace maxillo-pharyngien. En bas c'est la branche montante doublée du ptérygoïdien interne; en haut, c'est en avant le ptérygoïdien externe, et en arrière la face interne de la machoire tapissée du ligament sphéno-maxillaire.

Contenu de l'espace sous-glandulaire antérieur

La graisse sous-ptérygoïdienne. — Remplissant cette fosse maxillo-pharyngienne, qui est aplatie de dehors en dedans, voyez une graisse jaune, molle, lobulée, que le scalpel détache avec la plus grande facilité des organes voisins, et dont le tissu ressemble beaucoup à celui de cette petite sphère adipeuse que Bichat a découverte et décrite sur la face externe du buccinateur, sous le bord antérieur du masséter, ou encore à cette masse graisseuse que vous rencontrez, pas bien loin delà, entre le tendon du temporal et le zygoma.

C'est la *lame graisseuse sous-ptérygoïdienne;* elle s'étale, en effet, entre la face profonde du ptérygoïdien interne et la face externe du pharynx; deux minces lamelles de tissu conjonctif l'entourent; l'une la sépare du muscle, l'autre du canal alimentaire.

Dans l'espace maxillo-pharyngien l'on rencontre le premier segment de l'artère maxillaire interne, le plexus veineux ptérygoïdien, et le nerf maxillaire inférieur.

L'artère maxillaire interne. — L'artère maxillaire interne, si bien décrite par Cruveilhier, naît de là partie antérieure de la carotide externe, dont elle est une branche terminale, au niveau du col condylien, sur la face interne duquel elle se place, protégée par le ligament sphéno-maxillaire. Cette artère, dont je vous ai déjà dit quelques mots, est d'abord légèrement ascendante, puis elle se dirige horizontalement en avant et légèrement en dedans, en décrivant quelques sinuosités, jusqu'à la tubérosité maxillaire. Là, elle semble se réfléchir de bas en haut et monte presque verticalement, en se portant un peu en avant et en dedans, sur la face postérieure du maxillaire supérieur, jusqu'à ce qu'elle ait atteint le trou sphéno-palatin. Elle traverse donc horizontalement la partie supérieure de l'espace maxillo-pharyngien ou fosse zygomato-maxillaire, loin du pharynx (paroi interne), tout près de la mâchoire (paroi externe), puis parcourt verticalement la fosse ptérygo-maxillaire.

Dans la seconde partie de son trajet, elle a des rapports fixes ; elle est appliquée derrière la tubérosité de la mâchoire supérieure, dont la séparent les insertions fixes du ptérygoïdien externe ; mais comme elle est obligée de gagner le fond de la fosse zygomato-maxillaire, il lui faut, pour devenir profonde, s'engager entre les deux faisceaux d'insertion de ce muscle. Cela est constant.

Dans son premier segment au contraire, la maxillaire interne est soumise à quelques variétés de parcours et de rapports. Son trajet présente là deux types différents ; dans certains cas, les plus fréquents, l'artère passe entre le ptérygoïdien interne et le ptérygoïdien externe ; elle poursuit alors directement son trajet, occupe la portion supérieure de l'espace maxillo-pharyngien, et croise la face externe des nerfs lingual et dentaire inférieur, à la direction desquels elle est perpendiculaire ; ailleurs, au contraire, la maxillaire interne s'infléchit sous le muscle ptérygoïdien externe, décrit à cet effet, une anse peu marquée à concavité supérieure qui embrasse et soutient le bord inférieur du muscle, abandonne ainsi la fosse zygomato-maxillaire, et pénètre dans le tiers inférieur de la région temporale, où elle reprend sa direction première, entre le ptérygoïdien externe qui est en dedans, et le tendon du muscle crotaphyte qui est en dehors.

Dans le premier cas, je le répète, l'artère parcourt la fente maxillo-pharyngienne ; dans le second, elle appartient à la fosse temporale profonde.

Plusieurs branches se détachent d'elle à ce niveau. Ce sont les artères des méninges et les artères de la mastication. Pourquoi les

artères des méninges? Rappelez-vous que les trous ovale et petit rond
sont les orifices par où s'engagent ces vaisseaux, et qu'ils occupent la
voûte de la région maxillo-pharyngienne. Pourquoi les artères de la
mastication? Parce que c'est autour de la branche montante, sur
laquelle est collée la maxillaire interne, que sont groupés tous les agents
de cette fonction.

Les artères des méninges sont : 1º la *méningée moyenne* ; 2º la
petite méningée.

La *méningée moyenne* se porte verticalement en haut, très profonde,
en arrière du col du condyle et des insertions maxillaires du ptérygoïdien externe; elle gagne ainsi le trou petit rond, le traverse, puis se
divise en plusieurs branches que j'ai déjà étudiées.

La *petite méningée*, qui est assez peu fixe, se dirige de bas en
haut, entre les deux ptérygoïdiens, fournit, chemin faisant, quelques
rameaux antérieurs pour le voile du palais, aborde le trou ovale
qu'elle traverse avec le nerf maxillaire inférieur, et, à peine entrée
dans la boîte du crâne, s'épuise en quelques rameaux dure-mériens.

Les artères de la mastication sont : la *dentaire inférieure*, la *tympanique*, les *artères du muscle temporal*, l'*artère du masséter*, les
artères des muscles ptérygoïdiens. L'appareil de la mastication se
compose, en effet, de la mandibule, de l'articulation mandibulaire,
et des quatre muscles qui la mettent en mouvement.

La *dentaire inférieure* naît de la maxillaire interne au point où
celle-ci est appliquée par le ligament sphéno-maxillaire contre la face
interne de la branche montante; elle se porte en bas, cachée elle aussi
par la bande ligamenteuse, s'engage sous la lingula, dans l'orifice
dentaire supérieur, parcourt toute la longueur du tunnel osseux qui
lui fait suite, fournit, sous le nom de *rameau incisif*, une branche d'où
se détachent une série de grêles vaisseaux ascendants pour la racine
des dents, et enfin, sous le nom d'*artère mentonnière*, émerge de son
canal osseux par le trou mentonnier, près de la symphyse mandibulaire.
Chemin faisant, elle donne, avant d'avoir doublé l'épine de Spix, l'*artère mylo-hyoïdienne*, qui chemine dans le sillon mylo-hyoïdien et se

perd dans le muscle du même nom; puis, en passant dans le tunnel, plusieurs *branches dentaires* et *diploïques.*

L'artère tympanique est une toute petite artère qui se porte en haut et en arrière, donne plusieurs rameaux à l'articulation temporo-maxillaire, et pénètre ensuite dans la fissure de Glasser qui la conduit dans la caisse où elle s'épuise.

Des deux *artères temporales profondes*, je n'ai rien à dire, les ayant déjà décrites; elles gagnent l'une et l'autre la fosse temporale en remontant vers elle, entre le crotaphyte qui est en dehors, et le ptérygoïdien externe qui est en dedans.

L'artère massétérine se porte, à peine détachée du tronc d'origine, directement en dehors, au-devant du condyle, en arrière du coroné; elle franchit donc la cavité sigmoïde, se réfléchit sur elle de haut en bas, et se perd, comme le nerf masséterin, dans la face profonde du muscle.

Les *artères ptérygoïdiennes* sont de nombre et d'importance variables; elles se dirigent, au hasard de leur naissance, vers les deux muscles ptérygoïdiens, au sein desquels elles s'épuisent.

Je ne vous décris pas les autres branches de la maxillaire interne. Retenez qu'elles forment deux autres groupes; l'un, que j'appellerai le *groupe facio-maxillaire,* est formé de rameaux qui naissent tous du second segment du tronc mère, c'est-à-dire au voisinage de la tubérosité maxillaire; l'autre, qu'on pourrait nommer le *groupe naso-palato-pharyngien,* prend origine sur le dernier tiers de l'artère maxillaire interne, au sommet de la fosse zygomatique, dans le fond du creux ptérygo-maxillaire.

Le premier comprend : l'*alvéolaire,* la *buccale,* la *sous-orbitaire.* Le second : la *vidienne,* la *ptérygo-palatine,* la *palatine supérieure* et la *sphéno-palatine.*

Au total, vous voyez que toutes les branches de la maxillaire interne peuvent être mises en faisceaux sous trois étiquettes distinctes:

Premier faisceau. — Né du segment postérieur de l'artère. — *Faisceau méningo-mandibulaire.*

Deuxième faisceau. — Né du segment moyen de l'artère. — *Faisceau facio-maxillaire.*

TROISIÈME FAISCEAU. — Né du segment antérieur de l'artère. — *Faisceau naso-palato-pharyngien.*

Il suffit, pour savoir la direction de chaque rameau, de se rappeler la situation, par rapport au tronc mère, de l'organe auquel il est destiné.

Les veines maxillaires internes. — Toutes les veines qui correspondent aux branches artérielles du premier groupe vont déboucher dans le *plexus alvéolaire.* Celui-ci est situé sur la tubérosité maxillaire; il n'appartient pas à l'espace maxillo-pharyngien; il est tributaire de la *faciale antérieure.*

Toutes celles qui correspondent aux branches artérielles du second et du troisième groupes se rendent au plexus *ptérygoïdien.* Celui-ci forme deux lacs veineux principaux : l'un externe, situé entre le ptérygoïdien externe et le temporal; l'autre interne, étalé entre les deux ptérygoïdiens. Ces deux lacs communiquent largement ensemble; par des branches antéro-postérieures, ils se mettent en relation avec le plexus alvéolaire, et par des branches transversales qui traversent l'échancrure de la mandibule, ils reçoivent le sang du plexus massétérin, formé, comme on le sait, par les anastomoses des veines auriculaires antérieures, parotidiennes et transversales de la face.

Le plexus ptérygoïdien est situé dans l'espace maxillo-pharyngien; il est tributaire de la *faciale postérieure* dont il forme la vraie branche d'origine.

L'artère palatine inférieure. — Dans l'espace maxillo-pharyngien monte l'*artère palatine inférieure* ou *ascendante.* Cette branche naît de la première portion de la faciale, se porte presque verticalement en haut, sous le muscle stylo-pharyngien, et glisse le long de la paroi du pharynx, dans laquelle elle finit par s'épuiser, après avoir couvert l'amygdale de ses ramifications et donné de nombreux rameaux au voile du palais, à ses piliers, à la trompe d'Eustache et à ses deux muscles.

Le nerf maxillaire inférieur. — C'est aussi dans le haut de l'espace maxillo-pharyngien, et protégés, en quelque sorte, par le coussinet veineux ptérygoïdien, que se voient, descendant de la base du crâne, les deux grosses branches terminales du nerf maxillaire inférieur, le *lingual* et le *dentaire inférieur*.

Ce *nerf maxillaire inférieur* naît, vous le savez, au niveau du ganglion de Gasser, de l'union de deux branches ; l'une inférieure, non plexiforme, vient directement de la moelle allongée ; l'autre supérieure, plexiforme, émane du ganglion. Toutes les deux traversent le trou ovale et s'unissent au point de ne pouvoir être séparées par la dissociation que sur une pièce ayant subi une macération prolongée.

Au point où il débouche de son orifice de sortie, le maxillaire inférieur est situé sous la voûte de l'espace maxillo-pharyngien. En dehors de lui, voyez le ptérygoïdien externe ; en dedans, tout à fait au fond de la fosse, regardez la paroi pharyngienne ; mais du bec de votre sonde cannelée, réclinez en dedans cette paroi pharyngienne, et vous allez voir s'interposer, entre elle et le gros nerf, un muscle de petites dimensions qui descend, large par le haut, étroit par le bas, derrière l'aile interne ptérygoïdienne. Ce muscle c'est le *péristaphylin externe*.

Le muscle péristaphylin externe. — Ce muscle s'implante en haut sur la petite fossette *(fossette scaphoïdienne)* qui surmonte l'aile ptérygoïdienne interne, sur le segment tout voisin de la grande aile sphénoïdale, et sur la face antérieure de la portion fibreuse de la trompe d'Eustache ; puis aplati et mince il se dirige verticalement en bas, vers le crochet de l'aile interne ; là, il se transforme en un large tendon qui se ramasse sur lui-même en se tassant, puis se réfléchit sur cette poulie osseuse à laquelle il est attaché par un petit ligament, et sur laquelle il glisse à l'aide d'une synoviale ; ce cap doublé, le tendon s'épanouit et se confond avec l'aponévrose du voile du palais.

Les deux principales branches du nerf maxillaire inférieur. — Mais revenons au *nerf maxillaire inférieur*. En dehors, ai-je dit, le ptérygoïdien externe ; en dedans, l'origine du péristaphylin externe, puis le pharynx ; en avant, le plan osseux des ptérygoïdes ; en arrière, l'artère méningée moyenne, qui monte.

Ainsi donc, c'est dans cet espace qu'arrive, de haut en bas, le nerf maxillaire inférieur ; mais il y est à peine entré, qu'on le voit, au point où il allait s'engager entre les deux ptérygoïdiens, se diviser en deux grosses branches terminales, qui conservent tout d'abord ses rapports et sa direction ; ce sont le *lingual* et le *dentaire inférieur*.

Tous les deux s'insinuent entre le ptérygoïdien interne et la face interne de la branche montante mandibulaire ; mais l'un se dégage de cet espace au niveau du bord antérieur du muscle, c'est *le lingual,* qui le long de la mâchoire, se dirige vers la région sous-maxillaire ; l'autre, au contraire, s'enfonce profondément dans l'os, sous la lingula, c'est le *dentaire inférieur*.

Le premier chemine en avant et au-dessus du second. Cela ne vous semble-t-il pas tout naturel, quand vous songez que le lingual aboutit au tiers antérieur du dôme lingual, tandis que le dentaire inférieur se creuse un tunnel dans la mâchoire, où il entre par la partie postérieure ?

Avant de se séparer, ils s'envoient un filet anastomotique simple ou double.

Je vous décrirai plus tard le lingual ; du dentaire inférieur je ne vous dis rien ; sa disposition est calquée sur celle de l'artère homonyme.

Avant de fournir ces deux gros troncs, qui sont en quelque sorte son épanouissement, le maxillaire inférieur donne plusieurs filets collatéraux.

Il y en a trois qui sont externes ; un d'entre eux monte, le *temporal profond moyen*, intermédiaire dans le sens antéro-postérieur à ses deux congénères ; les deux autres descendent ; l'un en avant, *le buccal,* se porte vers le buccinateur, au niveau duquel il s'épanouit en nombreux filets cutanés, muqueux et musculaires sensitifs, après avoir, chemin faisant, donné le *nerf du ptérygoïdien externe* et le *temporal profond antérieur ;* l'autre en arrière, *le massétérin,* traverse l'échancrure sigmoïde et se perd, comme l'artère, dans la face profonde du masséter, après avoir fourni le *nerf temporal profond posterieur*.

Ces trois nerfs n'émergent pas de la même façon de l'espace maxillo-pharyngien ; le temporal moyen et le massetérin s'en dégagent en croisant le bord supérieur du ptérygoïdien externe ; le buccal en franchissant l'espace qui sépare ses deux faisceaux. Pourquoi? Les deux faisceaux du muscle sont très larges et très distincts ici en avant, où est le buccal, et tendent à se confondre en arrière en une seule masse musculo-tendineuse étroite, là-bas, près du condyle, où sont le temporal et le masséterin.

Un rameau du maxillaire inférieur est postérieur ; c'est le *nerf auriculo-temporal*. Il se porte en arrière et en bas, vers le col du condyle, le contourne en traversant la parotide, et se dirige verticalement en haut vers la région temporale, où je l'ai déjà suivi et où il se perd.

Enfin, du maxillaire inférieur se détache un rameau interne ; c'est le *filet du ptérygoïdien interne ;* celui-ci, court et grêle, se porte en bas et en dedans, vers le muscle dont il porte le nom, et dans le sein duquel il s'épuise après avoir donné naissance à un grêle ramuscule qui se rend au péristaphylin interne.

Annexé au nerf maxillaire inférieur et accoté contre lui, se trouve, dans l'espace maxillo-pharyngien, un petit ganglion appelé *ganglion d'Arnold*. Il est plaqué contre la face interne du nerf, un peu au-dessus du point où celui-ci se bifurque; ses rapports se déduisent facilement de ceux du maxillaire inférieur.

Ce ganglion a trois racines, comme tous les ganglions annexés aux nerfs crâniens; la première, sensitive, vient du glosso-pharyngien ; la seconde, motrice, vient du facial ; toutes les deux se réunissent pour sortir du crâne, sous le nom de *petit nerf pétreux superficiel*, par le trou de Vésale ; la troisième, enfin, sympathique, émane du plexus péri-maxillaire interne.

De ce ganglion partent *deux branches motrices*, l'une antérieure, pour le péristaphylin externe, l'autre postérieure, pour le muscle interne du marteau, et des *branches sensitives*, dont il est difficile de

savoir exactement la destination, puisqu'elles vont s'accoler au nerf
auriculo-temporal et se confondre avec lui, mais dont plusieurs, qui
vont se perdre dans la parotide, jouent sans doute vis-à-vis de cette
glande, le rôle important de la corde du tympan vis-à-vis de la glande
sous-maxillaire.

Le nerf maxillaire inférieur est bien le nerf de la mastication; il n'a

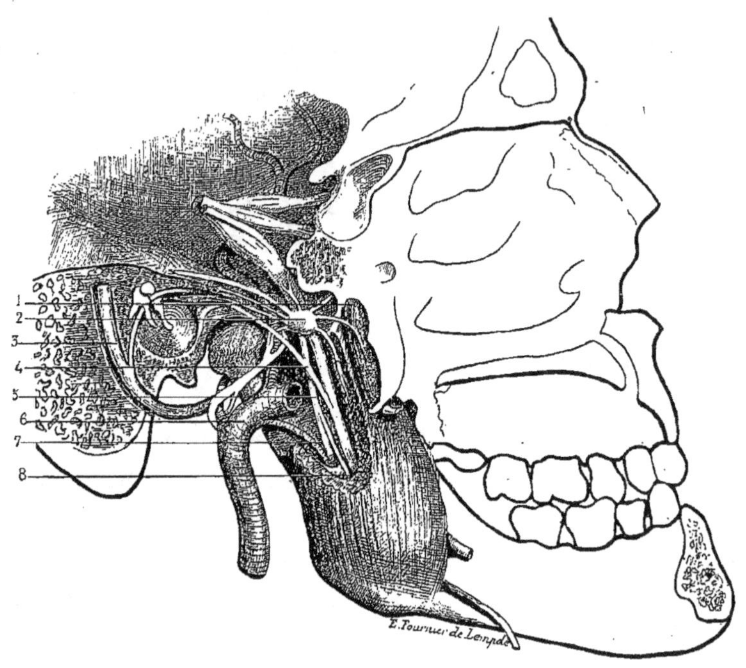

Fig. 18. — *L'espace sous-parotidien antérieur.*

1. Muscle péristaphylin externe — 2, ganglion otique — 3, nerf facial — 4, corde du tympan — 5, nerf
dentaire inférieur — 6, artère carotide externe — 7, artère dentaire inférieure — 8, nerf mylo-hyoïdien.

point usurpé son nom. L'os masticateur, innervé par lui; les muscles
masticateurs, innervés par lui; la jointure de la mastication, innervée
par lui; la glande salivaire de la mastication, innervée par lui. Il n'est
pas enfin jusqu'à la peau ou jusqu'à la muqueuse des régions qui con-
tiennent les organes masticateurs, qui ne reçoivent leurs filets sensitifs
du nerf maxillaire inférieur ; tels, les téguments de la région temporale, ceux de la région massétérine et prémassétérine, ceux du menton, la muqueuse de la joue.

Me voici maintenant obligé de revenir sur la paroi interne de l'espace maxillo-pharyngien, que je vous ai pourtant déjà décrite. Si, en effet, vous introduisez une sonde dans la trompe d'Eustache (ce conduit cartilagino-membraneux qui s'étend du pharynx à l'oreille moyenne), et que vous placiez votre doigt en exploration tout là-haut, sous la voûte crânienne, il vous semble que cette trompe traverse, pour se rendre à la caisse du tympan, l'espace maxillo-pharyngien. Cela est vrai, elle le traverse à l'œil; mais n'est vrai qu'en partie, elle ne le traverse pas au scalpel.

Je vais essayer de vous expliquer cela; mais d'abord, qu'est-ce au iuste que la trompe?

La trompe d'Eustache. — C'est un canal rectiligne, de quatre centimètres environ, qui émerge de la paroi antérieure de la caisse, se porte en bas, en dedans et en avant, dans l'intérieur du rocher (c'est donc alors un *conduit osseux*), puis se dégage de l'apophyse pétrée, et va, se dilatant peu à peu, se terminer sur la paroi latéro-supérieure du pharynx par une extrémité fortement évasée qu'on appelle le pavillon de la trompe (c'est donc ici un *conduit fibro-cartilagineux;* le cartilage forme un demi-arc supérieur ; le tissu fibreux un demi-arc inférieur).

C'est cette trompe qui traverse, sans le traverser, l'espace maxillo-pharyngien. Je m'explique.

Le constricteur supérieur ne remonte pas jusqu'à la base du crâne; il est, dans une petite étendue, remplacé par l'aponévrose du pharynx, la couche fibreuse, la charpente de cet organe. Or celle-ci se compose de trois segments : l'un transversal (*aponévrose céphalo-pharyngienne*), est postérieur et s'insère sur la face inférieure de l'apophyse basilaire ; les deux autres, de direction antéro-postérieure, sont latéraux; ils s'attachent sur le rocher, en dedans de l'orifice carotidien, et viennent, presque à angle droit, tomber sur le premier (*aponévrose pétro-pharyngienne*). Ce feuillet latéral irait bien en avant, comme le constricteur supérieur dont il n'est au résumé que la continuation, s'insérer sur le bord postérieur de l'aile interne ptérygoïdienne; mais il en est empêché par le peristaphylin externe qui descend en la longeant et la cache. Aussi la lame pétro-pharyngienne, éloignée de l'os qu'elle voudrait atteindre par le muscle péristaphylin externe, s'implante-t-elle tout simplement sur l'aponévrose de ce muscle.

C'est le long des attaches de l'aponévrose pétro-pharyngienne sur le

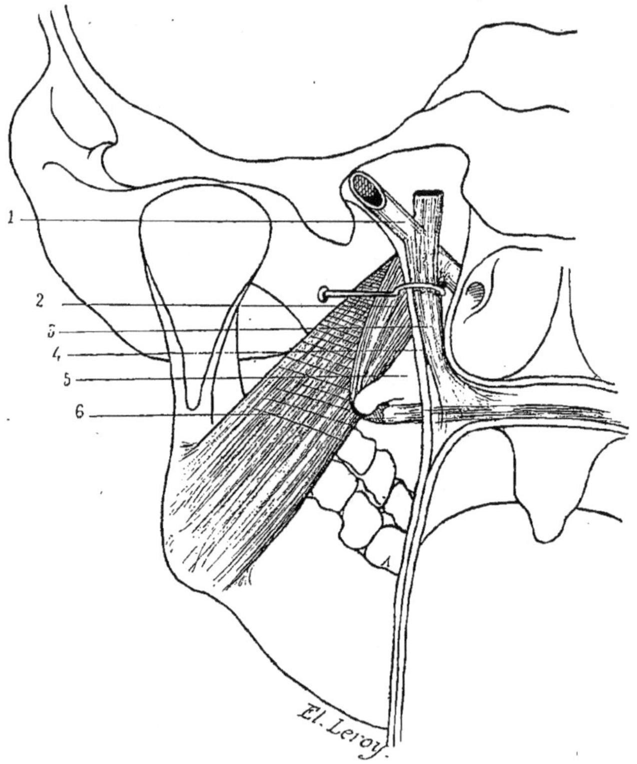

Fig. 19 — *Les péristaphylins et la trompe d'Eustache* (demi-schématique)

1. Trompe d'Eustache — 2, péristaphylin externe — 3, péristaphylin interne — 4, aponévrose pharyngienne — 5, apophyse ptérygoïde — 6, ptérygoïdien interne.

rocher que chemine la trompe. C'est la trompe, en quelque sorte, qui imprime la direction et commande le contour des attaches de ce feuillet fibreux à la base du crâne; elle lui fournit même de nombreux points d'insertion.

La trompe, pour aller du pharynx au rocher, ne perfore donc pas la paroi pharyngienne; collée contre la base du crâne, elle suit cette paroi. Ou plutôt, c'est la paroi qui suit la trompe.

L'on pourrait dire, sous une autre forme, que l'aponévrose latérale se dédouble au niveau du bord inférieur de la trompe; qu'elle l'embrasse, se confond avec elle, et la porte, dans une sorte de gouttière à concavité supérieure, de son orifice pharyngien jusque dans le rocher; ou si vous aimez mieux, qu'elle la maintient collée contre la base du crâne en la soutenant dans l'angle d'une véritable fourche.

Mais, autre chose : je vous ai dit que l'aponévrose céphalo-pharyngienne et l'aponévrose pétro-pharyngienne se rencontraient presque à angle droit; cet angle, comme vous le comprenez, a son sinus ouvert en dedans et en avant. Or, la muqueuse du pharynx ne s'enfonce pas dans ce sinus; regardez-la sur une coupe de l'organe, et voyez comme ses contours sont arrondis; rien d'anguleux, pas de cul-de-sac. Ne résulte-t-il pas de cela qu'il y a une sorte de cavité, d'espace libre, sur chaque côté du pharynx, entre sa charpente et sa muqueuse?

Le péristaphylin interne. — C'est ce creux angulaire, limité en dehors par l'aponévrose pétro-pharyngienne, en arrière par l'aponévrose céphalo-pharyngienne, en dedans par la muqueuse, c'est ce creux, dis-je, qui est comblé par une lame de tissu cellulaire et un muscle important, le *péristaphylin interne.*

Ce muscle péristaphylin interne, qui est destiné au voile du palais, s'attache en haut, arrondi et trapu, à la face inférieure du rocher, près du sommet, et à la face postéro-interne du cartilage de la trompe d'Eustache par de petits faisceaux nacrés. Puis il se dirige en bas et en dedans, atteint le bord externe du voile, devient horizontal, et s'épanouit en une large lame musculaire qui s'implante sur toute l'étendue de la charpente fibreuse palatine.

Comprenez bien les rapports de la trompe et du péristaphylin interne. Celui-ci, vous ai-je dit, s'attache en arrière et en dedans de la trompe. Mais regardez une cavité pharyngienne, et vous verrez que l'orifice inférieur de cette trompe est situé plus haut que le voile du palais; il faudrait donc, si le péristaphylin restait tout le temps en dedans de cette trompe, qu'il écartât à un moment donné ses faisceaux pour la laisser passer et aboutir au pharynx.

Eh bien, non ! il recule et devient postérieur; il cède la place à la trompe qui le croise par devant, le dépasse, devient interne, et débouche dans la cavité le long de son bord antérieur pendant que lui continue à descendre sous la muqueuse pharyngienne jusqu'au voile du palais.

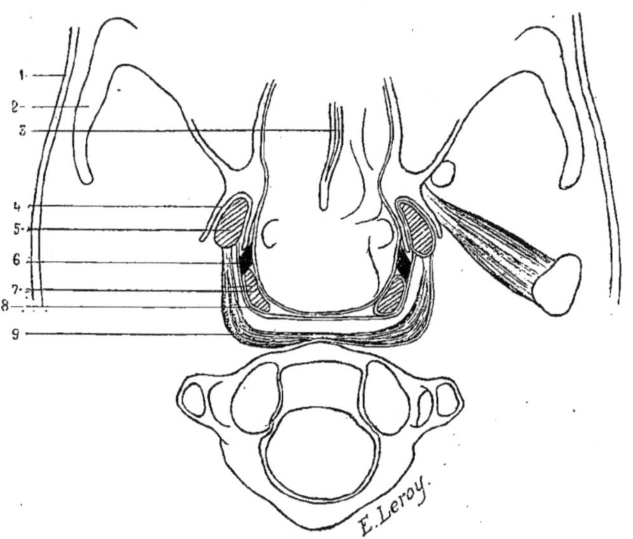

Fig. 20. — *Rapports des péristaphylins avec le constricteur supérieur et la trompe*
(Coupe transversale demi-schématique)

1. Peau — 2, os malaire — 3, cloison des fosses nasales — 4, aile externe de l'apophyse ptérygoïde — 5, péristaphylin externe — 6, trompe d'Eustache — 7, péristaphylin interne — 8, aponévrose du pharynx — 9, muscle contricteur supérieur du pharynx.

En haut, le péristaphylin interne est donc situé en dedans et en arrière de la trompe, sur sa face postéro-interne; le péristaphylin externe, lui, est en avant et en dehors, le long de la face antéro-externe : à eux deux, ils forment une espèce de boutonnière allongée verticalement dans laquelle s'engage le canal d'Eustache.

Le péristaphylin interne est intra-pharyngien par son trajet, palatin par sa destination. Le péristaphylin externe est palatin par sa destina-tion, mais extra-pharyngien par son trajet. L'un, l'interne, est tapissé

en dedans, dans son tiers supérieur, par la muqueuse du pharynx ;
l'autre, l'externe, est en rapport en dedans avec l'aponévrose de cet
organe. L'un, pour tendre le voile du palais, avait besoin d'être en
dehors, c'est l'externe ; l'autre, pour le soulever, avait simplement
besoin de s'attacher plus haut que lui, c'est l'interne. Celui-là, qui
tend le voile, peut prendre insertion fixe sur lui, et en se contractant,
dilater la trompe ; celui-ci, qui le tire par en haut, ne peut y prendre
qu'une attache mobile et ne saurait dilater la trompe, parce que,
quand il se contracte, le voile palatin cède et se soulève.

2° Espace sous-glandulaire postérieur

Dans l'espace *sous-glandulaire postérieur* ou *stylo-vasculaire* sont
situés l'*apophyse styloïde*, sur laquelle s'attache le *bouquet de Riolan*,
et le *faisceau vasculo-nerveux* dont l'*artère carotide interne* et la *veine
jugulaire interne* forment les deux éléments principaux; à côté d'eux,
l'on voit quelques *ganglions lymphatiques* et plusieurs gros *troncs
nerveux*.

L'Apophyse styloïde et le bouquet de Riolan. — De la face inférieure de la pyramide pétreuse, en avant de la rainure digastrique et
du trou stylo-mastoïdien, se détache une apophyse qui est engainée
par la crête vaginale, et que sa ressemblance avec un poinçon a permis
d'appeler le *processus styloïde*.

A l'apophyse styloïde s'attache la queue *du bouquet de Riolan*. On
donne, d'une manière peut-être un peu trop pittoresque, le nom de
bouquet de Riolan à un faisceau musculo-ligamenteux, composé de
trois muscles (*fleurs rouges*) et de deux trousseaux fibreux (*fleurs
blanches*). Les trois fleurs rouges du bouquet sont les *muscles stylo-
hyoïdien, stylo-glosse, stylo-pharyngien*. Les deux fleurs blanches
sont le *ligament stylo-maxillaire* et le *ligament stylo-hyoïdien*.

L'apophyse styloïde. — Cette apophyse, qui naît du deuxième arc
branchial, est tout d'abord indépendante de l'os temporal, et ne se

soude à lui que secondairement, après avoir subi l'ossification. Sa longueur est extrêmement variable; quelquefois elle descend jusqu'à l'os hyoïde, et dans d'autres cas fait absolument défaut. Entre ces deux types extrêmes, se placent de nombreux états intermédiaires, ceux par exemple où le processus, se détachant à peine du rocher, est représenté seulement par son segment intra-pétreux et n'émerge pas du fourreau que lui forme l'apophyse vaginale; on la voit quelquefois divisée en deux parties qui s'unissent l'une à l'autre par une articulation mobile.

Le muscle stylo-hyoïdien. — Le stylo-hyoïdien est un petit muscle cylindrique, allongé, qui s'attache en haut, par un tendon grêle et conique, à la face postérieure de la base de l'apophyse styloïde, se dirige en bas, en dedans et en avant, sous le ventre postérieur du digastrique qui le recouvre, se divise, près l'os hyoïde, en deux languettes fibreuses formant une boutonnière où s'engage le tendon du digastrique, et vient s'implanter sur le corps de l'os hyoïde, près de la ligne médiane, à une petite distance de la base de la grande corne.

Le long du stylo-hyoïdien descendent quelquefois, de la base du crâne vers l'os hyoïde, quelques languettes charnues accessoires : ce sont le *petit stylo-hyoïdien,* qui s'étend du sommet de l'apophyse styloïde à la petite corne de l'os hyoïde, le *pétro-hyoïdien* et le *sphéno-hyoïdien,* qui se détachent de la face inférieure du rocher et de l'épine du sphénoïde, enfin *l'occipito-hyoïdien* qui émane de l'insertion trapézienne de l'occipital.

Le muscle stylo-glosse. — Le muscle stylo-glosse est grêle et allongé; arrondi en haut, il s'aplatit, se rubanne et s'amincit en bas; il s'insère au tiers supérieur de la face antérieure et de la face externe de l'apophyse styloïde, détache quelques-unes de ses fibres vers le ligament stylo-maxillaire où elles s'implantent, se dirige en bas et en avant, se contourne sur lui-même, atteint, au niveau du pilier antérieur du voile du palais, le bord de la langue, pénètre dans son épaisseur, et s'y divise en deux faisceaux : l'un inférieur et externe longe le bord correspondant de l'organe jusqu'à la pointe (fibres antéro-postérieures); l'autre, supérieur et interne, change de direction, s'engage entre les deux portions de l'hyo-glosse et s'épanouit en un véritable éventail musculaire dans le tiers postérieur de la langue (fibres antéro-postérieures, fibres obliques, fibres transversales).

Le muscle stylo-pharyngien. — Le muscle stylo-pharyngien petit, long et cylindrique dans son tiers supérieur, aplati dans son tiers inférieur, se détache, par de courtes fibres aponévrotiques du processus styloïdien, se dirige en bas et en dedans, s'accole à la face externe du constricteur supérieur, s'enfonce sous le bord supérieur du constricteur moyen, s'élargit et s'amincit pour s'épanouir en nombreux faisceaux qui vont se fixer, après s'être pour la plupart entrecroisés avec les fibres du muscle pharyngo-glosse, les plus internes au prolongement latéral de l'épiglotte, les moyens au bord supérieur du cartilage thyroïde, les plus externes au bord postérieur du même cartilage.

Les fleurs rouges du bouquet de Riolan sont contiguës : des trois muscles, le stylo-hyoïdien est en dehors, le stylo-pharyngien en dedans, entre eux deux descend le stylo-glosse.

Je signale pour mémoire seulement le petit *muscle stylo-auriculaire* qui a été décrit par Hyrtl et que Tataroff a retrouvé.

Le ligament stylo-maxillaire. — J'ai déjà décrit le *ligament stylo-maxillaire* au sujet de l'articulation temporo-mandibulaire. C'est un renforcement de la gaine des muscles styliens, qui s'épaissit pour leur former des points d'attache complémentaires. C'est une sorte de tendon accessoire. On le voit remplacé quelquefois par un petit faisceau musculaire qui se rend de la styloïde à l'angle de la mâchoire. C'est le *muscle stylo-maxillaire.*

Le ligament stylo-hyoïdien. — Le ligament stylo-hyoïdien est un cordon fibreux qui se détache de la pointe de l'apophyse styloïde du temporal, et s'attache au sommet des petites cornes hyoïdiennes.

Court et volumineux chez l'enfant naissant, ce ligament, qui est de structure élastique, s'allonge, s'amincit, s'atrophie chez l'adulte, devient fibreux et s'ossifie même quelquefois en totalité ou en partie chez le vieillard. Il est le vestige d'un appareil qui, destiné à permettre la respiration aquatique, est très développé chez les animaux à branchies (poissons, batraciens), et en partie détruit chez ceux qui ont des poumons ; mais il n'est pas également dégradé chez toutes les espèces qui respirent à l'air libre, et on en trouve sur les grands quadrupèdes (cheval, bœuf) des restes importants. Cet appareil porte le nom d'*appareil hyoïdien ;* il atteint chez l'homme son maximum d'atrophie. A la façon de l'arc vertébro-costal, il a la forme d'un fer à cheval, et se compose d'une *pièce médiane* (os hyoïde), qui représente *le sternum,* de deux *pièces latérales* (chaîne hyoïdienne) qui représentent *les côtes*, et qui viennent s'articuler en arrière avec *le temporal,* image des *vertèbres.*

Le corps de l'os hyoïde représente le *basi-hyal* ou *basi-branchial ;* la petite corne hyoïdienne forme l'*hypo-hyal* ou *hypo-branchial ;* le ligament stylo-hyoïdien est l'homologue du *cérato-hyal* ou *cérato-branchial ;* la moitié inférieure du processus syloïde correspond à l'*épi-hyal* ou *épi-branchial ;* son segment supérieur est l'image du *styl-hial* ou *pharyngo-branchial.* On sait que celui-ci s'unit à une petite apophyse (*prolongement hyoïdien du temporal*) par une articulation mobile dont le fibro-cartilage s'ossifie et se soude au crâne vers l'âge de 40 ans. On constate souvent, chez l'homme, l'existence d'un véritable cérato-hyal qui se développe dans la portion supérieure du ligament stylo-hyoïdien, et qui vers la soixantième année, s'unit à l'épi-hyal ; l'apophyse styloïde est alors très longue, bosselée et tortueuse.

Les fleurs blanches du bouquet de Riolan sont internes par rapport aux fleurs rouges.

LE PAQUET VASCULO-NERVEUX. — Le paquet vasculo-nerveux est formé, comme je l'ai déjà dit, par deux gros vaisseaux, l'*artère carotide interne* et la *veine jugulaire interne,* entourés d'un véritable faisceau de nerfs.

Voici les rapports généraux de ce paquet vasculo-nerveux ; en arrière,

il est appliqué le long de la colonne vertébrale, sur les muscles prévertébraux recouverts de leur aponévrose ; en avant, le prolongement profond de la parotide le sépare de l'espace sous-parotidien
antérieur; en dedans, s'étale la partie postérieure de la paroi pharyngienne latérale, doublée de l'amygdale qui est ordinairement assez
éloignée de l'artère, mais qui, dans certains cas, confine à elle par son
angle postérieur, lorsque le vaisseau, très tortueux, décrit une courbe
à son niveau ; en dehors, l'on voit enfin la styloïdienne et la tige commune du bouquet de Riolan. Dans le tiers supérieur de la région, le
paquet vasculo-nerveux, situé profondément dans l'étroit défilé qui
sépare le rocher de l'occipital, est directement recouvert par l'apophyse
styloïde ; mais plus bas, les muscles styliens se dirigent en bas et en
avant et croisent en écharpe la face externe du paquet vasculaire, qui
se dégage alors très nettement, vers le tiers inférieur de la loge, en
arrière du bouquet de Riolan.

Étudions maintenant les rapports qu'affectent entre eux les différents
éléments de ce paquet vasculo-nerveux. Et pour ne pas nous égarer,
voyons : 1o les relations des vaisseaux entre eux ; 2o les relations des
vaisseaux et des nerfs ; 3o les relations des nerfs les uns avec les autres.

1o — Et d'abord, comment se comportent, l'une par rapport à
l'autre, l'artère et la veine ?

Le canal carotidien est, vous le savez, par rapport au trou
déchiré postérieur, antérieur et interne ; l'artère carotide interne,
qui aborde le premier, est donc située en dedans et en avant de la
veine, qui aborde le second.

2o — Quels rapports existent, maintenant, entre les vaisseaux et les
nerfs ?

Ces nerfs sont, vous le savez, le *glosso-pharyngien*, le *pneumogastrique*, le *spinal*, le *grand hypoglosse* et le *grand sympathique*.
Pour voir où ils sont, par rapport aux vaisseaux, à leur sortie du crâne,
rappelez-vous encore la situation respective des trous par où sortent les
uns et les autres.

Tous sont placés derrière la carotide interne. Pourquoi ? Parce que le canal où s'engage celle-ci est, exception faite pour le sympathique, en avant de tous ceux que traversent les cordons nerveux ; ces cordons nerveux sont également en dehors de l'artère pour la même raison.

Tous sont en avant de la veine jugulaire interne et en dedans d'elle. Pourquoi ? Pour le grand sympathique, qui parcourt le tunnel carotidien, et le grand hypoglosse, qui traverse le trou condylien antérieur, le fait est évident et facile à comprendre. Ces deux orifices sont, en effet, en avant et en dedans du trou déchiré postérieur. Mais, pour le glosso-pharyngien, le pneumogastrique et le spinal, qui franchissent, comme la veine, le trou déchiré postérieur, la chose est en apparence plus difficile. Songez que cet orifice est, pour ainsi dire, la terminaison de la gouttière latérale, qui commence à la protubérance occipitale interne et dans laquelle est inclus le sinus latéral. Celui-ci sort du crâne dès qu'il le peut, dès qu'il trouve un trou ; or il vient de derrière et rencontre un orifice trop large pour lui ; il passe donc dans la partie postérieure de cet orifice. Pourquoi aurait-il laissé derrière lui de la place pour quelque chose? et comment, si d'aventure les nerfs avaient voulu franchir l'orifice en arrière de lui, auraient-ils pu le faire? En s'insinuant sous lui, sans doute, car je ne vois pas d'autre moyen. Mais comment se glisser sous ce sinus qui est inclus dans l'os, renfermé dans une vraie rigole? Donc, la neuvième, la dixième et la onzième paire sont placées en avant de la veine; pour mieux marquer cette séparation, le trou déchiré postérieur est divisé en deux loges par un petit pont fibreux ; la loge postérieure est large pour la veine; la loge antérieure est étroite pour les nerfs.

Examinez maintenant avec plus d'attention le trou déchiré postérieur; vous verrez qu'il est creusé comme obliquement, en diagonale, dans la fissure occipito-pétreuse, de telle sorte que sa partie antérieure est plus interne que sa partie postérieure. Eh bien! les nerfs qui passent dans cet orifice en avant de la veine seront aussi en dedans d'elle.

Laissez maintenant descendre tous ces cordons nerveux dans l'espace sous-parotidien postérieur et voyez ce qu'ils deviennent.

Ils occupent bientôt un espace prismatique et triangulaire, limité en arrière par le grand droit antérieur (base du triangle), latérale-

ment par l'artère carotide interne (côté interne du triangle) et la veine
jugulaire interne (côté externe du triangle).

Plus bas enfin, tous se dirigent en dehors. Voici comment :

Deux descendent presque verticalement le long du cou, derrière le
faisceau vasculaire, pour aborder la région sterno-mastoïdienne. L'un
est dedans, derrière la carotide interne, c'est le *sympathique ;* l'autre en
dehors, entre l'artère et la veine, c'est le *pneumogastrique.* Au niveau
de l'extrémité supérieure de la trachée, tous les deux changeront
de place et s'entrecroiseront pour occuper, l'un par rapport à l'autre,
une situation absolument opposée, qu'ils n'abandonneront désormais
plus. Rappelez-vous que le pneumogastrique, couché dans le sillon qui
sépare l'artère de la veine et collé contre elles, ne bouge pas ; c'est
le sympathique qui vient à sa rencontre, l'aborde et le croise en passant derrière lui ; comment passerait-il en avant puisque les vaisseaux
et le pneumogastrique ne font qu'un ?

Deux autres cordons se portent en bas et en avant, contournent
l'artère carotide interne, s'insinuent entre elle et la veine, et dessinent
ainsi le premier segment de la courbe qui les portera l'un et l'autre
dans la région cervicale; ce sont le glosso-pharyngien et le grand hypoglosse. Le *glosso-pharyngien,* qui est situé derrière l'artère, le long du
pneumo-gastrique et un peu en dedans de lui, n'a qu'à se porter légèrement en dehors pour pénétrer dans l'espace inter-vasculaire ; mais le
grand hypoglosse, qui est plus interne, est forcé d'obliquer fortement
en dehors pour aborder cet espace ; dans cette course vers la veine, il
coupe successivement en écharpe le grand sympathique et le pneumogastrique. Le glosso-pharyngien franchit le détroit vasculaire en tournant la face interne du pneumogastrique; le grand hypoglosse le
franchit en tournant sa face externe ; plus bas, le premier s'infléchit
en arc entre les deux carotides; le second décrit sa courbe en dehors
d'elles d'eux.

Un dernier élément du faisceau nerveux sous-parotidien se dirige
en bas et en dehors, contre la face antérieure de la veine qu'il croise
très obliquement, derrière la carotide interne; c'est le *spinal.* Il contourne ensuite, sous le ventre mastoïdien du digastrique, la partie

postérieure de la glande parotide, aborde le sterno-mastoïdien par sa face profonde, le traverse, parcourt obliquement le sommet du creux sus-claviculaire, et se perd dans le trapèze.

3º — Rappelez-vous maintenant les rapports de tous ces cordons nerveux dans la région parotidienne les uns vis-à-vis des autres par la

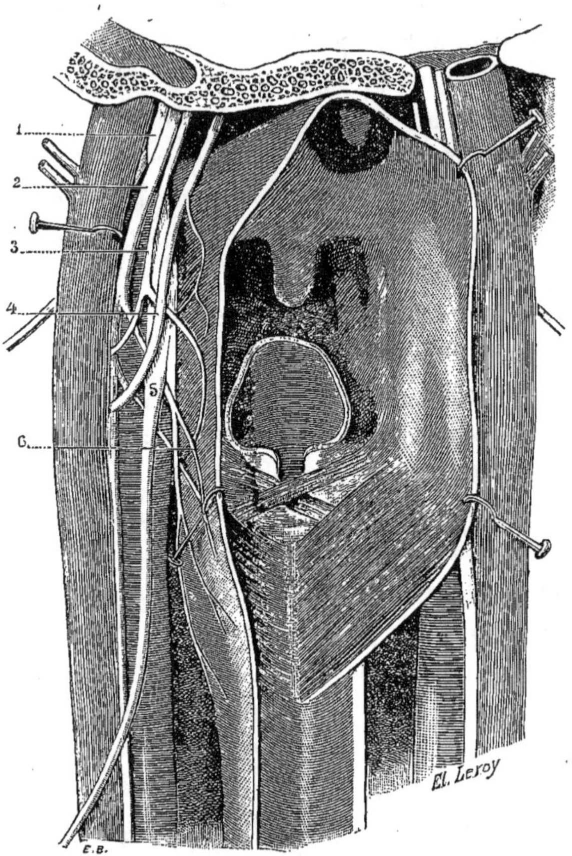

Fig. 21 — *Rapports des nerfs crâniens à leur sortie du crâne*
(d'après TESTUT avec modification sur nature)

1. Nerf spinal — 2, pneumogastrique — 3, glosso-pharyngien — 4, grand hypoglosse — 5, grand sympathique — 6, branches du plexus pharyngien.

situation réciproque des trous qu'ils franchissent. Ceux-ci forment un triangle ainsi disposé : l'angle antérieur, ou sommet, est représenté par l'orifice carotidien ; l'angle postéro-interne est formé par le trou condylien antérieur; l'angle postéro-externe correspond au segment postérieur ou nerveux du trou déchiré postérieur.

Mais les deux angles postérieurs (trou condylien et portion nerveuse du trou déchiré postérieur) sont internes par rapport à l'angle antérieur (orifice carotidien); à sa sortie du crâne le grand sympathique (orifice carotidien) est donc situé en avant et en dehors de tous les autres. L'angle postéro-interne (trou condylien antérieur) est un peu en arrière de l'angle postéro-externe (portion nerveuse du trou déchiré postérieur); le grand hypoglosse, qui passe par le premier est donc en dedans et un peu en arrière du glosso-pharyngien, du pneumogastrique et du spinal qui passent par la seconde. Mais vous savez que le trou déchiré postérieur est creusé obliquement, en diagonale, dans la fissure occipito-pétreuse, et que sa partie antérieure est plus interne que sa partie postérieure; vous savez aussi que les paires nerveuses sont comptées d'avant en arrière et traversent la paroi du crâne dans l'ordre indiqué par leur chiffre. La neuvième paire (glosso-pharyngien) est donc située en avant c'est-à-dire en dedans de la dixième paire (pneumogastrique), qui elle-même occupera le côté antérieur et par conséquent interne de la onzième (spinal).

Avouez que rien n'est plus facile; plus bas, les rapports changent un peu; vous verrez comment.

L'artère carotide interne. — Égale le plus souvent en volume à la carotide externe, quelquefois cependant de calibre plus considérable qu'elle, la *carotide interne* naît, comme elle, de la carotide primitive, au niveau du bord supérieur du cartilage thyroïde. Elle se coude légèrement pour se placer en arrière et en dehors de la carotide externe, puis monte parallèlement à elle, le long de sa face postérieure; elle la croise ensuite, au moment où elles s'engagent toutes deux sous le ventre postérieur du digastrique. Elle est alors et restera désormais interne, franchira verticalement la loge parotidienne jusqu'à la base du crâne, sans donner une seule branche, en arrière et en dedans de la carotide externe, dont la séparent deux fleurs rouges du bouquet de Riolan, le stylo-glosse et le stylo-pharyngien.

Au-dessous du canal carotidien, l'artère s'infléchit en dedans et se contourne en un ou deux méandres dont la convexité confine à l'amygdale ; puis elle s'engage dans le canal inflexe et le parcourt. Elle émerge de celui-ci au niveau du trou déchiré antérieur, et désormais intra-crânienne, chemine, en dehors de la selle turcique, dans la gouttière du sinus caverneux jusqu'à l'apophyse clinoïde antérieure, où elle se continue, après avoir fourni les trois artères cérébrales, avec l'artère ophtalmique sa branche terminale.

Je viens de vous dire que la carotide interne, en un point de son parcours, confinait à l'amygdale ; c'est au moins ce que vous verrez décrit dans vos livres classiques. Pour ma part, je n'ai jamais vu que ce rapport fût intime. Il m'a toujours semblé qu'il y avait, entre les deux organes, assez d'espace pour qu'à l'état normal la blessure de la carotide interne dans l'incision d'un phlegmon amygdalien me paraisse bien peu à craindre.

A son origine, la carotide interne présente une dilatation qui porte quelquefois sur elle seule, et dans d'autres cas, en même temps sur la carotide externe et la carotide primitive. Cette espèce de sinus carotidien n'existe point dans les premières années de la vie ; il se développe donc sous l'influence de la pression circulatoire. La situation verticale de l'artère, la courbe qu'elle décrit à son origine et qui la rend presque perpendiculaire à la carotide primitive, enfin la naissance à angle droit, sur la carotide externe, de l'artère thyroïdienne supérieure, expliquent suffisamment, d'après Brinswanger, comment se développe ce sinus artériel, et comment il appartient quelquefois en même temps à l'origine des deux gros vaisseaux du cou.

La carotide interne parcourt toute la région cervicale sans donner une seule branche ; dans le canal carotidien et le sinus caverneux, elle fournit quelques ramuscules sans importance à la caisse du tympan et au corps pituitaire. J'ai montré, en décrivant la région temporale, qu'elle vascularisait les zones principales du manteau cérébral et l'appareil ganglionnaire de la base ; elle se termine par une branche assez volumineuse, l'*ophtalmique,* qui nourrit l'œil, sorte d'épanouissement antérieur du cerveau, et ses organes annexes.

Je reviendrai plus tard sur la disposition des carotides quand je vous décrirai la région sterno-mastoïdienne ; pour le moment, remarquez que la carotide interne est la véritable continuation du tronc de la carotide primitive. Celle-ci peut être considérée comme allant tout droit du médiastin au cerveau ; son segment inférieur s'appelle *carotide primitive ;* son segment supérieur *carotide interne ;* mais je pense que la conception et la dénomination classiques sont mauvaises. Je vous le répète ; il y a une seule carotide, comme il y a une seule vraie jugulaire. La carotide externe n'est que le .tronc commun des principales branches de cette grosse artère cervicale. Que de fois voyez-vous plusieurs branches collatérales se réunir pour naître ensemble par un gros canal sur l'artère-mère, au lieu de prendre chacune sur elle une racine séparée ?

Voyez aussi comment est assurée la circulation du cerveau. Deux troncs s'y rendent, et tous les deux sont gros : l'un est l'artère principale, la carotide interne ; l'autre est l'artère accessoire, la vertébrale. La première va droit au but, sans rien perdre de son sang, par le chemin le plus court ; c'est la *nourrice en pied ;* elle n'a qu'un but, vite aller au cerveau lui porter l'aliment dont il a besoin. La seconde, c'est la *nourrice de suppléance ;* tous ses efforts tendent précisément à assurer ce rôle de suppléance pour le jour où il deviendra nécessaire. Aussi voyez comme elle se cache, pour se bien protéger, dans le canal vertébral, et comme elle s'anastomose de son mieux ; elle donne de son sang pour en recevoir au jour voulu. Elle s'unit, par ses rameaux périphériques, à la carotide externe ; en effet, sa branche méningée postérieure s'anastomose avec les artères méningées de la carotide externe ; elle s'unit aussi, durant tout son parcours, avec la cervicale profonde par des vaisseaux qui vont directement de l'une à l'autre, en formant-une série d'arcades superposées, et par des vaisseaux musculaires que l'une et l'autre donnent aux scalènes, aux splénius, aux complexus. Cette artère cervicale profonde est un vrai canal de sûreté de la vertébrale ; envisagé dans son ensemble, il forme un organe de suppléance de la vertébrale par la sous-clavière ; envisagé dans les différentes parties de son parcours, il est un organe de suppléance entre les divers segments de la vertébrale.

Sous une autre forme, on pourrait dire que la circulation cérébrale est assurée par quatre troncs étagés d'avant en arrière dans la région cervicale : la carotide externe, la carotide interne, la vertébrale et la cervicale profonde. La carotide interne est le tronc principal, la vertébrale est le tronc accessoire. La carotide externe et la cervicale profonde sont des vaisseaux vicariants ; ils ne peuvent irriguer l'encéphale que par l'intermédiaire du canal accessoire.

Rudinger a fait remarquer, dans un travail intéressant, que les artères qui sont incluses durant une partie de leur trajet dans des canaux osseux, sont, à la façon des artères nourricières des os, entourées d'un plexus veineux qui remplit au moins la moitié du tunnel où elles cheminent. Telles, par exemple, la carotide interne et la vertébrale. Ainsi, artère et veine faciliteraient réciproquement leur circulation respective. La veine, dont le sang se laisse facilement chasser, forme à l'artère une sorte de coussinet mou et mobile, et lui permet ainsi, ce que ne pourraient faire les bords rigides d'un orifice osseux, de se dilater à l'aise pendant la diastole ; l'artère d'autre part, par une sorte de poussée latérale, favorise, grâce à ses mouvements systo-diastoliques, la propulsion du sang veineux.

Des études récentes m'ont montré que l'existence d'une collerette veineuse périartérielle n'appartenait pas seulement aux vaisseaux intra-osseux ; l'artère spermatique du cheval et du bélier, celle de l'homme probablement, présentent une disposition identique. Mon maître Quénu, directeur de notre école de Clamart, m'a dit l'avoir consta-tée sur plusieurs artères ; l'existence du *collier veineux périartériel* est, selon lui, un des plus puissants agents de la circulation en retour dans les membres.

L'artère pharyngienne inférieure. — Dans l'espace sous-paro-tidien postérieur, à côté de l'artère carotide, l'on voit la *pharyn-gienne inférieure.* Celle-ci se détache de la carotide externe, se porte verticalement en haut, entre les deux troncs carotidiens, le long du pharynx, en arrière du ptérygoïdien interne, abandonne à ce muscle quelques rameaux, et se divise en deux branches : l'une postérieure, *méningée*, se place derrière la carotide interne, et après avoir vascularisé le segment supérieur des nerfs pneumogastrique, grand sympathique, glosso-pharyngien et hypoglosse, pénètre dans le crâne par le trou déchiré postérieur, et s'y épuise en filets dure-mériens ; l'autre, antérieure, *pharyngienne*, remonte le long du pharynx en avant de la carotide interne, gagne la face inférieure du rocher et s'y termine en fournissant de nombreux rameaux aux muscles et à la trompe d'Eustache. De ces deux branches, la seconde est donc située dans l'espace sous-parotidien antérieur, et la première dans l'espace sous-parotidien postérieur ; c'est là qu'on lui voit souvent donner un *rameau prévertébral*, qui s'accole à la face antérieure du muscle long du cou et le suit de bas en haut, jusqu'à la base du crâne.

La veine jugulaire interne et le plexus pharyngien. — La veine jugulaire interne naît, à la base du crâne, au niveau de la fosse jugulaire, à l'orifice extérieur du trou déchiré postérieur dans l'intérieur duquel elle se prolonge pour former le sinus latéral. Elle se dilate en ce point, pour former une ampoule arrondie qu'on appelle le *golfe* ou le *bulbe de la veine jugulaire.* Il ne faut pas confondre cette dilatation avec celle qui se développe, chez les anciens dyspnéiques, au confluent de cette veine avec la sous-clavière, et qu'on nomme le *sinus de la jugulaire interne.* Du trou déchiré postérieur, la veine descend vers le cou, se dirige obliquement en bas, en avant et en dehors, accolée d'abord à la face postérieure de la carotide interne qu'elle contourne un peu plus bas pour se placer à son côté externe. Dans la région parotidienne, la veine jugulaire interne reçoit les *veines du pharynx ;* celles-ci forment deux riches plexus, l'un postérieur, de forme losangique, l'autre latéral, très irrégulier, collés tous les deux contre la face extérieure de la paroi pharyngienne ; elles vont, les unes et les autres, se jeter dans un gros tronc qui est tributaire de la jugulaire interne, et qui ne l'aborde ordinairement qu'après s'être confondu avec la veine thyro-linguo-faciale, ou avoir reçu d'elle une anastomose importante. On voit souvent un ou plusieurs petits vaisseaux descendre verticalement le long du pharynx, près de l'artère pharyngienne inférieure ; ce sont des sortes de canaux de communication qui unissent entre elles les différentes branches transversales du plexus pharyngien, et se jettent en bas dans le tronc collecteur commun de ce plexus. J'ai vu plusieurs fois le plexus pharyngien postérieur se continuer en haut avec une veine verticale qui pénétrait dans la cavité crânienne, et en bas avec une veine descendante, verticale aussi, qui se perdait sur la face postérieure de l'œsophage. Je considère ces anastomoses du plexus pharyngien avec les sinus d'une part, et avec les vaisseaux œsophagiens d'autre part, comme un nouvel appareil de drainage de la circulation encéphalique.

La *jugulaire interne* est le tronc collecteur général de toutes les veines viscérales du cou, de toutes les veines cérébrales, et de toutes les veines cutanées de la face et du crâne ; son système résume tout le système carotidien. Mais elle ne pouvait remplir seule, sans danger pour nous, ce rôle considérable ; aussi voyez, parallèlement à elle, descendre des vaisseaux vicariants, chargés d'assurer toujours le facile écoulement du sang cérébral et de détourner le cours du liquide au profit des régions superficielles, le jour où il serait gêné dans la profondeur. Ces vaisseaux, ce sont les jugulaires sous-cutanées ; celles-ci constituent un véritable appareil de dérivation encéphalique ; elles sont comme autant de soupapes de sûreté ; elles prennent, en passant, le sang des veines superficielles qu'elles trouvent sur leur chemin, mais ce n'est là qu'un rôle très accessoire pour elles; elles sont, avant tout, de longues et grosses anastomoses.

Le glosso-pharyngien. — Au moment où, leur trajet intra-pariétal fini, ils abordent la région parotidienne, le glosso-pharyngien, le pneumogastrique et le spinal sont, pour ainsi dire, accolés les uns aux autres au-devant de la veine jugulaire qui, dans le trou déchiré postérieur, est séparée d'eux par une cloison fibreuse. Des trois, c'est le glosso-pharyngien qui est le plus en avant ; un petit pont conjonctif, dans sa portion intra-osseuse, lui forme un tunnel à part ; en arrière, le pneumogastrique et le spinal cheminent côte à côte, le premier en dedans, le second en dehors ; ils traversent tous les deux l'occipital dans la même gangue fibreuse.

Au point où il émerge du trou déchiré postérieur, le *nerf glosso-pha-ryngien* se renfle et forme, hors du crâne, un ganglion qu'on nomme le *ganglion pétreux,* ou *ganglion d'Andersh ;* celui-ci est caché dans le fond de la *fossette pétreuse,* qu'on appelle encore la *dépression*

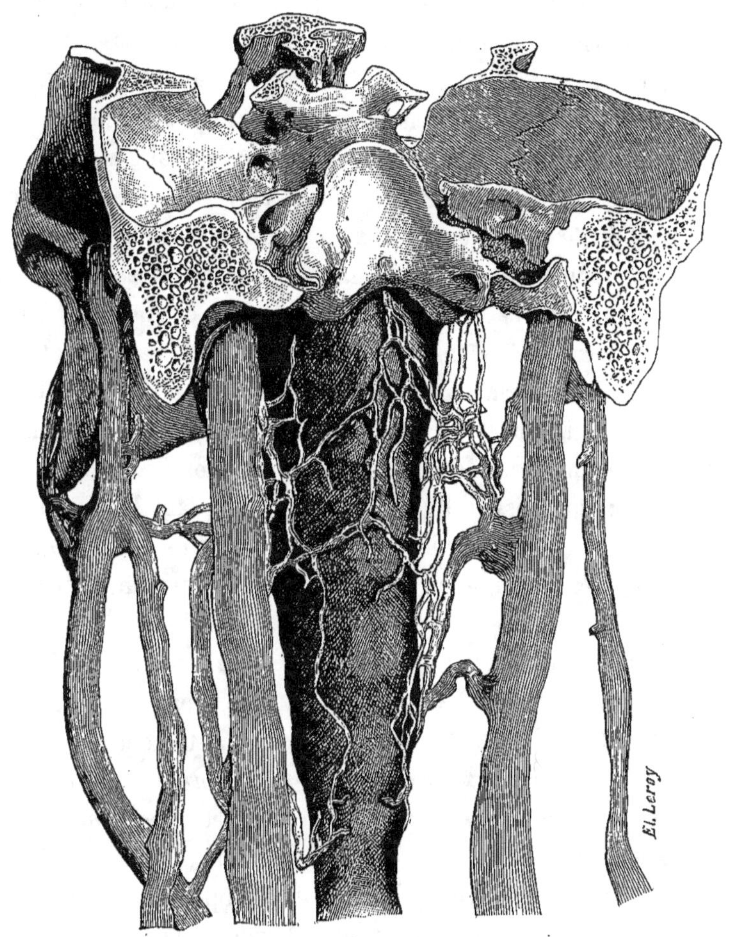

Fig. 22. — *Plexus pharyngien*

d'*Andersh,* ou le *receptaculum ganglii petrosi.* En passant, j'ouvre une parenthèse pour faire remarquer que le nerf glosso-pharyngien, avant de sortir du crâne, présente plusieurs renflements ganglionnaires. On trouve, tout d'abord, quelques cellules sur ses racines (*ganglions de*

Bidder) ; d'autres se développent sur le nerf un peu avant qu'il pénètre dans le trou déchiré (*ganglion* d'*Ehrenritter* ou de *Muller*) ; dans l'intérieur du canal, il existe un nouveau renflement (*ganglion jugulaire*). Celui d'Andersh est le quatrième. Parti de la fossette pétreuse, le glosso-pharyngien se dirige en bas et en avant, en décrivant une grande courbe à concavité supérieure parallèle à celle du grand hypoglosse qui lui est d'abord postérieur et interne, et lui devient plus bas inférieur et externe. Dans l'arc qu'il décrit ainsi, le glosso-pharyngien s'engage d'abord, flanqué du pneumogastrique et du spinal en dehors, du grand hypoglosse en arrière et en dedans, entre la veine jugulaire et l'artère carotide, le long et en dedans du stylo-pharyngien ; il contourne bientôt l'artère pour se placer sur sa face antérieure, et le stylo-pharyngien pour croiser d'abord son bord postérieur et cheminer ensuite sur sa face externe, en dedans du stylo-glosse et de la carotide externe ; il s'applique alors sur la paroi pharyngienne latérale, contre la face extérieure de l'amygdale, et après un trajet légèrement ascendant, s'engage sous la muqueuse de la base de la langue où il s'épuise.

Les rameaux qui naissent du glosso-pharyngien dans la région parotidienne sont de deux ordres: les uns se détachent du segment supérieur du nerf, tout près du ganglion d'Andersh ; les autres émanent de son segment inférieur.

Les rameaux supérieurs sont : 1º le *nerf de Jacobson* qui, abandonnant le district parotidien, pénètre dans le rocher par un petit orifice adjacent à celui de l'aqueduc du limaçon et caché dans le fond de la fossette pétreuse ; 2º trois *filets anastomotiques* dont voici la distribution : le premier, très court, se rend directement au tronc du pneumogastrique ; le second, destiné au sympathique, aborde la branche carotidienne du ganglion cervical supérieur ; le troisième, plus long, chemine entre le processus styloïde et la veine jugulaire, vers le nerf facial qu'il atteint à la sortie du canal inflexe.

Les rameaux qui naissent au-dessous du ganglion d'Andersh sont, de haut en bas : 1º le *filet du digastrique*, qui se dirige en bas et en avant, passe en arrière du stylo-pharyngien et en dehors du stylo-hyoïdien, fournit un ramuscule à celui-ci et vient s'épuiser dans le ventre postérieur du digastrique ; 2° le *filet du stylo-glosse et du glosso-staphylin,* qui traverse le muscle stylo-pharyngien et vient, pour former avec lui un seul tronc, s'unir à un petit rameau du facial que j'ai déjà décrit comme allant, après un assez long trajet, animer le glosso-staphylin et le stylo-glosse ; 3° *des filets carotidiens,* qui se dirigent verticalement en bas vers la carotide primitive, dans la bifurcation de laquelle ils forment, avec des rameaux pneumogastriques et sympathiques, le *plexus intercarotidien* ; 4° des *filets pharyngiens,* qui, au nombre de deux ou trois comme les précédents, vont, en s'étalant sur la paroi pharyngienne latérale où ils se confondent avec des ramuscules du sympathique, du spinal et du pneumogastrique, constituer le *plexus pharyngien.*

Les filets *tonsillaires et linguaux* du glosso-pharyngien naissent en dehors de la région parotidienne.

Le nerf pneumogastrique. — Sorti du trou déchiré postérieur, au niveau duquel il présente un petit renflement appelé *ganglion jugulaire,* le nerf pneumogastrique se constitue en un plexus nommé *plexus gangliforme de Willis et de Vieussens, ganglion olivaire de Fallope.* Ce ganglion est allongé, piriforme, réticulé d'apparence, long de deux centimètres, situé en avant du spinal, en arrière du glosso-pharyngien et du ganglion sympathique supérieur, en dehors du grand hypoglosse, qui d'abord postérieur et interne, le contourne en dehors et lui devient antérieur. Au-dessous de cette masse ganglionnaire, le pneumogastrique descend verticalement, couché dans le lit que forment en s'unissant l'artère carotide et la veine jugulaire interne, et chemine ainsi, cordon volumineux, le long de la masse prévertébrale, sur le flanc du pharynx, vers la région sterno-mastoïdienne où nous le retrouverons plus tard.

Dans la région parotidienne, le nerf pneumogastrique reçoit la branche interne du nerf spinal et donne ensuite deux ordres de rameaux : les uns sont *anastomotiques,* les autres *viscéraux.*

Parmi les premiers, on trouve : 1° le filet que le pneumogastrique envoie à travers l'aqueduc de Fallope au nerf facial, en échange de celui qu'il reçoit de lui. On sait en effet que ce rameau, appelé *rameau de la fosse jugulaire*, est formé de deux petits cordons qui se rendent, au travers d'un canal osseux dont l'orifice inférieur est situé dans la fosse jugulaire, l'un du facial au ganglion jugulaire, l'autre du ganglion jugulaire au facial; 2° deux ou trois ramuscules qui, émanés du plexus gangliforme, vont se jeter dans le tronc du grand hypoglosse ; 3° plusieurs petits filets qui s'étendent du ganglion olivaire à l'arcade des deux premiers nerfs cervicaux ; 4° plusieurs autres enfin qui, venus du même point, se rendent au ganglion cervical supérieur.

Parmi les seconds, je vois à signaler seulement : *a*) le *rameau pharyngien*, qui descend en dehors de la carotide interne, et va, après avoir fourni quelques branches au plexus inter-carotidien, former le long de la paroi latérale du pharynx le *plexus pharyngien*, d'où émane le *nerf laryngé moyen d'Exner ; b*) le *nerf laryngé supérieur* que je décrirai plus loin, à l'occasion de la région sterno-mastoïdienne; *c*) enfin quelques *filets cardiaques* rares, car la plupart de ceux que la dixième paire fournit au cœur naissent plus bas, soit à la partie inférieure du cou, soit dans le médiastin.

Le nerf spinal. — Lorsqu'il abandonne le canal déchiré postérieur, le *nerf spinal* se divise en deux branches ; l'une interne, s'unit au ganglion olivaire du pneumogastrique, et comme telle, contribue à la formation des mêmes plexus que lui ; l'autre externe, descend d'abord obliquement entre l'artère carotide et la veine jugulaire interne, croise celle-ci par devant et l'artère occipitale par derrière, puis côtoie l'extrémité inférieure de la parotide. Le spinal aborde alors la face profonde du muscle sterno-mastoïdien qu'il traverse de dedans en dehors, et gagne la région sus-claviculaire au niveau de laquelle il s'anastomose avec les 2ᵉ, 3ᵉ et 4ᵉ nerfs cervicaux.

Le nerf grand hypoglosse. — On trouvera décrit plus loin, dans le département sus-hyoïdien, le trajet du *nerf grand hypoglosse* qui appartient à la région parotidienne par sa portion verticale, dès le moment qu'il sort du trou condylien. Il est couché là, dans l'angle inter-carotido-jugulaire, bordé en dedans par la paroi pharyngienne et en dehors par le glosso-pharyngien. Des *filets anastomotiques* l'unissent au

ganglion olivaire du pneumogastrique, à l'anse des deux premiers
nerfs cervicaux, et au ganglion cervical supérieur.

Le nerf grand sympathique. — Le nerf grand sympathique naît à
la base du crâne, en dedans de la carotide interne, le long de laquelle il descend ; vers le bord inférieur du constricteur moyen du
pharynx, il se place nettement en arrière de l'artère qu'il croise obliquement, aborde la face postérieure de la veine jugulaire interne, se place
par conséquent en dehors du pneumogastrique derrière lequel il chemine, et appartient désormais à la région du cou, où nous le retrouverons plus tard. Dans la loge sous-parotidienne, il se renfle en un faisceau
volumineux, allongé, gris rougeâtre, appliqué sur la face antéro-latérale
des deuxième et troisième vertèbres cervicales, contre l'aponévrose prévertébrale ; c'est le *ganglion cervical supérieur.* Ce ganglion cervical
donne deux sortes de rameaux : les uns *anastomotiques*, les autres
terminaux.

Parmi les premiers, on trouve : 1° le *filet carotidien* ou *crânien
antérieur*, qui accompagne la carotide, et forme successivement autour d'elle, le *plexus carotidien* et *le plexus artério-veineux de Walther ;* de ceux-ci se détachent de nombreuses branches vasculaires, des
branches dure-mériennes et de nombreux vaisseaux anastomotiques
destinés à la 3ᵉ, 4ᵉ, 5ᵉ et 6ᵉ paires; 2° *le filet crânien postérieur*, qui
pénètre dans le crâne par le trou déchiré postérieur, et s'épanouit en
ramifications qui s'unissent à la 9ᵉ, 10ᵉ et 12ᵉ paires ; 3° *des filets
cervicaux*, qui s'anastomosent avec l'anse des deux premiers nerfs
rachidiens.

Parmi les seconds, il existe : 1° *des rameaux vasculaires*, qui
descendent le long de la carotide primitive, et forment, au niveau de
sa bifurcation, en s'unissant à des branches pneumogastriques et glosso-
pharyngiennes, le *plexus* et le *ganglion intercarotidiens ;* de ceux-
ci rayonnent des filets qui enserrent la carotide externe et se prolongent
le long de toutes ses divisions qu'elles enlacent ; 2° *des rameaux viscéraux*, dont les uns s'étalent sur la paroi latérale du pharynx sous le nom
du *plexus pharyngien*, dont les autres descendent derrière la carotide

primitive et vont, en s'anastomosant avec le laryngé supérieur, former le *plexus laryngien* d'où émanent des rameaux pour le larynx, l'œsophage, la thyroïde, et dont les derniers, enfin, se réunissent pour constituer le *nerf cardiaque supérieur* qui chemine le long du paquet vasculaire du cou et pénètre dans le thorax; 3° *des rameaux musculo-périostiques* pour la colonne cervicale et sa doublure charnue prévertébrale.

Je ne terminerai pas cette courte description du ganglion cervical supérieur, sans vous faire remarquer ceci : quand il se détache du système sympathique des rameaux d'anastomose pour une paire crânienne, il se développe, aux points où convergent les filets, ce qu'on nomme un *ganglion ;* celui-ci reçoit toujours une branche motrice, une branche sensitive et une branche sympathique. Ainsi se comportent le *ganglion ophtalmique,* le *ganglion de Gasser,* le *ganglion de Meckel,* le *ganglion d'Arnold,* le *ganglion sous-maxillaire.* Il n'y a d'exception que pour le glosso-pharyngien, le pneumogastrique et le grand hypoglosse auxquels s'unissent des filets sympathiques sans former de ganglions. Ce n'est là qu'une apparence; ces trois nerfs sont en effet, pour ainsi dire, contigus au sympathique ; en réalité, leurs ganglions existent, mais, en raison de leur proximité, ils se sont fondus en une seule masse ; cette masse est le *ganglion cervical supérieur.*

Les ganglions profonds. — Contre la paroi latérale du pharynx, en arrière du muscle buccinateur, existe un groupe de trois ou quatre petits ganglions lymphatiques auxquels Krause donne le nom de *ganglions profonds de la face ;* ils se continuent en haut avec la chaîne maxillaire interne, et en bas avec la partie supérieure de la chaîne jugulaire; ils reçoivent les vaisseaux lymphatiques profonds de la face, de la fosse temporale, de la fosse ptérygo-palatine, de la cavité orbitaire, des fosses nasales, du voile palatin et du pharynx ; ils sont l'intermédiaire entre le département lymphatique de la face et le département lymphatique du cou ; l'un d'eux, le plus postérieur et le plus inférieur, est couché sur l'axis : c'est la glande *pré-axoïdienne.*

RÉGION SUS-HYOÏDIENNE

SOMMAIRE :

  Le nerf lingual.

  Les ganglions lymphatiques.

  Les vaisseaux et le nerf mylo-hyoïdiens.

  Le nerf laryngé supérieur.

2. CLOISON DE SÉPARATION.

  Le muscle hyo-glosse.

4. PLAN PROFOND.

  Le muscle constricteur moyen du pharynx.

  L'artère linguale.

  Les veines linguales profondes.

 b) *Département sous-mylo-hyoïdien ou sublingual.*

LES PAROIS DU CREUX SUBLINGUAL

  La paroi externe.

  La paroi interne.

   Le génio-glosse.

   Le génio-hyoïdien.

  La paroi supérieure.

   La muqueuse du plancher.

LE CONTENU DU CREUX SUBLINGUAL.

  La glande sublinguale.

  La glande sous-maxillaire accessoire.

  La bourse de Fleischmann.

  L'artère linguale et le nerf grand hypoglosse.

  L'artère sublinguale.

  Les veines sublinguales.

  Le nerf lingual.

  Comment et où les vaisseaux et nerfs pénètrent dans la langue ?

  Le canal de Wharton.

  Les canaux excréteurs de la glande sublinguale.

II. LA RÉGION SUS-HYOIDIENNE MÉDIANE.

LES LIMITES.

LA COUVERTURE.

  La peau et son matelas.

LES ORGANES SUPERFICIELS.

  Le mylo-hyoïdien et les ganglions lymphatiques.

LES ORGANES PROFONDS.

  Le génio-hyoïdien et la glande de Zuckerkandl.

  Le tractus thyréo-glosse de His.

  Les canaux de Bochdaleck.

A. — LES LIMITES DE LA RÉGION

La région sus-hyoïdienne est approximativement quadrilatère. Elle est comprise entre les limites suivantes : en haut, le bord basilaire du maxillaire inférieur, et en bas l'os hyoïde ; en avant, une ligne se détachant de l'apophyse mentonnière pour aboutir au tubercule médian de l'os hyoïde ; en arrière, un trait tiré entre l'angle de la mâchoire et le sommet de la grande corne hyoïdienne. Ainsi comprise, la région sus-hyoïdienne est formée par l'ensemble des parties molles qui sont étalées entre la mâchoire inférieure et l'os hyoïde. Ces parties molles, qui contribuent à former en avant le plancher de la bouche, et en arrière une partie de la paroi pharyngienne latérale, sont recouvertes en dehors par la peau ; en dedans, elles répondent aux cavités de la bouche et du pharynx où elles sont doublées d'une muqueuse.

Je sais que la plupart des auteurs ne décrivent pas ainsi la région sus-hyoïdienne ; il est, à mon avis, d'une grande utilité de ne pas scinder son étude en plusieurs parties. Cela est plus clair et, je crois, beaucoup plus anatomique.

B. — FORMES EXTÉRIEURES

Curviligne et concave dans la position normale de la tête sur le cou, horizontale en avant et verticale en arrière, la région sous-maxillaire se rétrécit considérablement et forme un bourrelet saillant quand la tête est fléchie ; elle s'élargit au contraire, et apparaît comme un plan oblique fortement tendu, quand la tête est portée en arrière.

Elle est ordinairement bombée chez la femme et les enfants, aplatie chez les hommes, quelquefois renflée, chez les personnes grasses, en plusieurs saillies curvilignes qui « doublent ou triplent le menton. »

C. — SQUELETTE DE LA RÉGION

Le squelette de la région est formé par le maxillaire inférieur en haut, et par l'os hyoïde en bas.

1° *Le maxillaire inférieur*. — Le *maxillaire inférieur* ne lui appartient que par son rebord basilaire et sa face interne. La base de la mâchoire, épaisse, résistante, projetée en avant, est continue à son extrémité postérieure avec la branche montante ; elles forment ainsi, en s'unissant, un angle qui est droit chez l'homme et obtus chez l'enfant, comme chez la plupart des carnassiers. La face profonde, lisse et unie dans presque toute son étendue, est divisée en deux parties par une ligne oblique en bas et en avant (*ligne maxillaire interne*); au-dessous de cette ligne, une dépression peu développée marque la place de la glande sous-maxillaire ; au-dessus, près de la symphyse, un petit creux plus apparent sert de fossette à la glande sublinguale. En avant, la face profonde du maxillaire présente, dans un point correspondant à la saillie mentonnière, quatre petits tubercules superposés par paire, deux supérieurs et deux inférieurs (*apophyses géni*); là s'attachent les muscles géniens de la langue et de l'os hyoïde ; au-dessous d'eux, existe une petite cavité d'où se détache le ventre antérieur du muscle digastrique (*fossette sous-mentale*); en arrière et de chaque côté, à l'union du corps et des branches, on voit des rugosités saillantes pour l'insertion du muscle ptérygoïdien interne.

En avant, sur la ligne médiane, les deux moitiés de la mâchoire s'unissent ; ainsi est formée la *symphyse du menton*. Chez certains animaux, les serpents par exemple, cette soudure ne s'opère pas. Dans toutes les espèces elle se fait à angle, et non point à arc comme chez l'homme, ce qui modifie quelque peu la forme de la région sous-maxillaire. Au reste, dans l'échelle humaine, la direction de la symphyse varie beaucoup, et avec elle la saillie du menton ; les races supérieures ont une symphyse verticale ou oblique en avant et en bas : *leur menton saille;* les races inférieures ont une symphyse oblique en arrière et en bas : *leur menton fuit.* Ainsi, le nègre se rapproche du singe.

2° *L'os hyoïde.* — L'os hyoïde, impair, médian et symétrique, est formé d'un corps et de quatre prolongements, deux supérieurs et verticaux, grêles (*petites cornes*), deux inférieurs et horizontaux, beaucoup plus amples (*grandes cornes*). Dans son ensemble, on peut le considérer comme présentant une face antérieure convexe, cutanée ; une face postérieure, concave, épiglosso-pharyngienne ; un bord inférieur horizontal, où s'attachent des muscles sous-hyoïdiens ; un bord supérieur, horizontal aussi, où s'insèrent les muscles de la langue et du plancher de la bouche, et qui est surmonté de deux petites éminences (*petites cornes*); enfin deux extrémités qui regardent en arrière du côté de la colonne vertébrale (*grandes cornes*). Un trait de scie transversal et horizontal divise l'os hyoïde en deux parties superposées et adossées : le segment supérieur ou segment sus-hyoïdien, et le segment inférieur ou sous-hyoïdien ; c'est du premier que se détache la partie supérieure de l'appareil hyoïdien, très atrophié chez l'homme et représenté seulement, dans la plupart des cas, par les petites cornes et le ligament stylo-hyoïdien.

D. — COUVERTURE DE LA RÉGION

La peau. — Fine et souple, très extensible et très mobile sur les parties profondes, *la peau,* lisse chez la femme et l'enfant, couverte de poils chez l'homme et parsemée de glandes sébacées nombreuses, présente, en dehors de tout mouvement de la tête sur le cou, des plis et des rides transversales qui sont le résultat des mouvements de la mâchoire et des contractions du peaussier qui tapisse la face profonde du tégument.

La mobilité physiologique de la mâchoire inférieure, la mobilité provoquée de l'os hyoïde si facile à obtenir dans le sens latéral, la fréquence et l'importance des mouvements de flexion et d'extension de la tête, expliquent les divers degrés de tension que présente la peau de la région sus-hyoïdienne, et montrent combien les rapports intrinsèques de tous les organes que contient cette région sont soumis à des changements incessants.

Le fascia superficialis et le pannicule adipeux. — Le fascia superficialis matelasse la peau ; il se décompose en deux assises : l'une superficielle, très mince, recouvre le muscle peaussier et ne l'empêche pas de prendre à la face profonde du derme de solides adhérences, c'est *le fascia aréolaire;* l'autre profonde, recouvre l'aponévrose cervicale superficielle et se charge de fines vésicules de graisse, c'est le *fascia lamelleux.* Toutes les deux sont lâches, filamenteuses, et permettent à la peau des glissements étendus ; la couche lamelleuse, en effet, n'adhère pas à l'aponévrose.

Sur la ligne médiane, un peu au-dessus de l'os hyoïde, le peaussier laisse à découvert un petit triangle à base inférieure ; là, les deux lames du fascia superficialis se rencontrent et s'accolent.

Le *pannicule adipeux* qui double le fascia superficialis est d'ordinaire de petite épaisseur ; on le voit quelquefois prendre un énorme développement, et former chez certains individus des bourrelets saillants qui se disposent en double ou triple étage.

Dans le tissu cellulaire sous-cutané l'on rencontre quelques veines, des lymphatiques et des nerfs.

La veine médiane du cou. — Quelques veinules superficielles serpentent dans la région sus-hyoïdienne ; elles se remarquent surtout sur la partie médiane, dans l'espace triangulaire limité par le ventre antérieur des deux muscles digastriques ; là en effet, on voit naître au-dessous du menton plusieurs petits vaisseaux largement anastomosés entre eux pour former un plexus de richesse très inégale (*plexus sous-mental*). Ces vaisseaux se réunissent bientôt pour former deux troncs ordinairement peu considérables, qui descendent de chaque côté de la ligne médiane, tout près du raphé cervical, parallèlement l'un à l'autre. Ces deux troncs forment ce qu'on appelle la *veine médiane du cou*, et la veine médiane du cou n'est pas, rappelez-vous bien cela, la *veine jugulaire antérieure*. On les voit bientôt s'unir l'un à l'autre, à une hauteur variable ; il n'existe plus dès lors qu'une seule veine située juste sur la ligne médiane ; elle descend verticalement jusqu'au-dessus de la poignée du sternum et là, se jette indistinctement dans la jugulaire antérieure, dans la jugulaire externe ou dans la jugulaire interne. Quelquefois le plexus sous-mental débouche haut dans la jugulaire antérieure ; dans ces cas il n'y a plus de *veine médiane*.

Quand je vous décrirai le creux sus-claviculaire, je reviendrai sur cette question de la jugulaire antérieure et vous dirai quelle signification anatomique il importe de lui donner.

Ganglions lymphatiques. — Les lymphatiques superficiels de la région sous-maxillaire sont peu nombreux ; ils sont situés sur la ligne médiane, à distance sensiblement égale du menton et de l'os hyoïde, entre le ventre antérieur des deux digastriques, sur la face superficielle du muscle mylo-hyoïdien, en dessus de l'aponévrose. C'est un petit groupe de deux ou trois glandes seulement ; les vaisseaux lui viennent de la peau qui recouvre la partie médiane de la lèvre inférieure. Je dis « la peau » ; c'est qu'en effet les absorbants qui naissent dans la zone sous-muqueuse aboutissent aux ganglions sous-maxillaires profonds.

Rameaux cervicaux du facial. — Je vous ai montré, en décrivant la région parotidienne, la *branche cervico-faciale du nerf facial*, et je vous ai dit qu'elle se dirigeait en bas et en avant vers l'angle de la mâchoire ; là, elle se divise en filets *buccaux, mentonniers* et *cervicaux*. Ceux-ci cheminent d'arrière en avant sous le peaussier dans la région sus-hyoïdienne ; tous se dirigent vers le menton ; pour l'aborder, ils décrivent des arcs à concavité supérieure ; l'un d'eux descend verticalement à la rencontre de la branche cervicale transverse avec laquelle il s'anastomose.

Branche cervicale transverse du plexus cervical. — La cervicale transverse se dégage du plexus cervical au niveau du bord postérieur du muscle sterno-mastoïdien ; elle se porte en avant, au-dessus de ce muscle et au-dessous du peaussier, croise la face profonde de la veine jugulaire externe, et bientôt se divise ; d'elle se détachent alors des *filets descendants* qui animent la peau de la région sous-hyoïdienne, et des *filets ascendants* qui s'épanouissent dans la région sous-maxillaire ; ceux-ci croisent les ramifications du facial qui sont plus superficielles et dont ils sont séparés par le muscle peaussier.

Les uns et les autres s'anastomosent ensemble.

Les branches du plexus cervical sont situées plus près de la peau que les veines superficielles du cou ; seule la branche cervicale transverse s'engage sous la jugulaire externe.

Le muscle peaussier. — Le muscle peaussier de l'homme est un organe rudimentaire ; il est le représentant de cette vaste lame musculaire qui double la face profonde de la peau sur toute l'étendue du tronc chez les grands mammifères (cheval, bœuf), et dont vous avez pu souvent observer les contractions brusques et étendues, quand une excitation cutanée un peu vive impressionne ces animaux.

Le *peaussier* présente une étendue, une importance et une épaisseur variables ; ses faisceaux augmentent ou diminuent chez l'homme suivant qu'il se rapproche ou s'éloigne du type ancestral. Il est quadrilatère, large, très mince ; en bas, ses faisceaux sont dissociés, épars ; ils se perdent dans le chorion de l'épaule et de la partie supérieure du thorax ; en haut, le muscle se condense, ramasse ses fibres, s'épaissit et s'implante sur l'éminence mentonnière, le bord inférieur de la mâchoire et la ligne oblique externe. Là, elles se confondent avec celles du muscle carré du menton, celles du risorius de Santorini et celles de l'orbiculaire des lèvres.

Le peaussier adhère à la face profonde de la peau malgré l'interposition, entre elle et lui, du fascia lamelleux ; ses faisceaux se dirigent en bas et en avant, dans le sens opposé à ceux du sterno-mastoïdien ; le raphé fibreux du cou, véritable *ligne blanche cervicale,* sépare celui de droite et celui de gauche.

D'une façon générale, le peaussier plisse la peau où se creusent, grâce à ses contractions, de petits sillons perpendiculaires à ses fibres; il tire en haut les téguments de l'épaule, et en bas ceux de la lèvre inférieure; il donne alors à la physionomie l'expression de la terreur et de l'effroi. Chez une jeune fille heureusement douée, le professeur Testut a vu que les contractions du muscle peaussier agitaient la glande mammaire et la faisaient remonter.

L'aponévrose cervicale superficielle. — Je vous ai déjà montré comment *l'aponévrose cervicale superficielle* était disposée dans la région parotidienne; je vous montrerai plus tard comment elle ferme le creux sus-claviculaire. Voici ce qu'elle devient dans le département sus-hyoïdien.

Insérée en haut sur le bord inférieur de la mâchoire, elle descend vers l'os hyoïde et y adhère; entre ces deux os, elle se comporte d'une façon différente en avant et sur les côtés.

Sur la région antérieure, elle recouvre, mince d'abord, le mylo-hyoïdien, puis s'épaissit entre les deux ventres antérieurs du digastrique, pour constituer, sous le nom *d'aponévrose sus-hyoïdienne,* un plan résistant, qui peut être considéré comme le squelette fibreux du plancher de la bouche. Elle se dédouble au niveau du ventre antérieur de chaque digastrique, l'embrasse, et, là, se continue avec le feuillet superficiel de la région latérale.

Ce feuillet latéral descend, comme le précédent, de la mâchoire, et englobe en se divisant la glande sous-maxillaire, au-dessous de laquelle il se reconstitue en une toile celluleuse simple, qui descend sur le flanc du cou. En arrière, il se dédouble encore pour envelopper le sterno-mastoïdien et le ventre postérieur du digastrique; puis, derrière eux, il engaine le trapèze et reprend enfin sa disposition de feuillet unique pour s'implanter sur la crête cervicale épineuse.

Dans la plus grande partie de la région sus-hyoïdienne, l'aponévrose cervicale superficielle est mince; sa texture est plus dense et plus serrée au niveau de la glande sous-maxillaire, à laquelle elle forme une véritable loge dont les parois, chez quelques sujets, sont très résistantes. C'est surtout au niveau du bord postérieur de la glande que le feuillet s'épaissit ; il forme, à cet endroit, une sorte de bandelette de séparation entre la région parotidienne et la région sous-maxillaire. On aurait tort de prendre cette bandelette pour une lame fibreuse isolée ; elle n'est, au résumé, qu'une partie de l'aponévrose d'insertion faciale du sterno-mastoïdien, l'image de ce petit faisceau musculaire anomal et accessoire qu'on appelle le *parotido-mastoïdien ;* celui-ci n'est lui-même que le représentant des fibres du sterno-mastoïdien qui sous le nom de muscle *sterno-mandibulaire,* vont chez quelques grands mammifères, l'âne, l'éléphant et le cheval, s'attacher à l'angle de la mâchoire.

E. — DIVISION DE LA RÉGION SUS-HYOÏDIENNE

Quand on a disséqué la peau, le fascia superficialis, le peaussier et l'aponévrose cervicale superficielle, on aperçoit, traversant deux fois obliquement la région sus-hyoïdienne, et décrivant une vaste parabole verticale à concavité supérieure, un muscle dont la disposition permet d'établir, dans ce département anatomique, une division qui en facilite singulièrement l'étude. Ce muscle est le *digastrique.*

Le digastrique. — Je vous ai déjà décrit ce curieux muscle à deux ventres qui borde en arrière la loge parotidienne. Rappelez-vous sa disposition. Il s'attache, en arrière, à la rainure mastoïdienne du temporal, se dirige en avant, en dedans et en bas sous la forme d'un fuseau charnu qu'on appelle *ventre postérieur* du digastrique, se rétrécit peu à peu, et se perd bientôt sur un petit tendon qui est fortement maintenu par un anneau fibreux contre l'os hyoïde, mais qui glisse sur lui à l'aide d'une bourse synoviale ; à son tour ce tendon, après avoir perforé et traversé celui du stylo-hyoïdien, donne naissance à de nouvelles fibres musculaires qui se portent en haut et en avant, puis vont, sous le nom de *ventre antérieur* du digastrique, s'attacher à la fossette digastrique du maxillaire inférieur.

N'oubliez pas que c'est le digastrique qui traverse le stylo-hyoïdien et non le stylo-hyoïdien qui traverse le digastrique. Le muscle qui *passe se fraie passage* : le muscle qui *reste s'écarte* ; tels, sur une route, les charriots qui s'attardent, se garent pour laisser aux équipages pressés la voie qu'ils occupaient.

On nomme encore le digastrique *mastoïdo-génien*.

Il résulte de la disposition du digastrique que la région sus-hyoïdienne, envisagée dans son ensemble, peut être divisée en trois triangles. Deux de ces triangles sont latéraux ; ils ont pour base la mâchoire, pour sommet l'anneau fibreux du digastrique, pour coté antérieur le ventre antérieur, et pour coté postérieur le ventre postérieur du même muscle. L'autre triangle, le troisième, est médian ; sa base est représentée par le corps de l'os hyoïde, son sommet répond à la fossette digastrique du maxillaire inférieur, ses deux côtés sont formés par le ventre antérieur des deux muscles mastoïdo-géniens.

Les triangles latéraux ne sont autre chose que la *région sus-hyoïdienne latérale :* celle-ci est double ; le triangle médian représente la *région sus-hyoïdienne médiane :* celle-ci est simple.

I. — LA RÉGION SUS-HYOÏDIENNE LATÉRALE

SES LIMITES

La région sus-hyoïdienne latérale est limitée, en haut, par le bord inférieur de la machoire ; en bas, par l'os hyoïde; en avant, par le ventre antérieur du digastrique ; en arrière, par le ventre postérieur de ce muscle et le *stylo-hyoïdien.*

Le muscle stylo-hyoïdien. — Celui-ci est un petit corps charnu qui naît du sommet de l'apophyse styloïde, se dirige en bas, en avant et en dedans, et vient, après avoir été perforé par le tendon du digastrique, s'insérer sur le corps de l'os hyoïde, près de la ligne médiane. On trouve quelquefois, côtoyant sa face profonde, quelques faisceaux musculaires surnuméraires ; un des plus intéressants est le petit muscle *hyo-maxillaire*, qui s'étend, sous forme d'une languette très déliée, de l'os hyoïde à l'angle de la mâchoire inférieure.

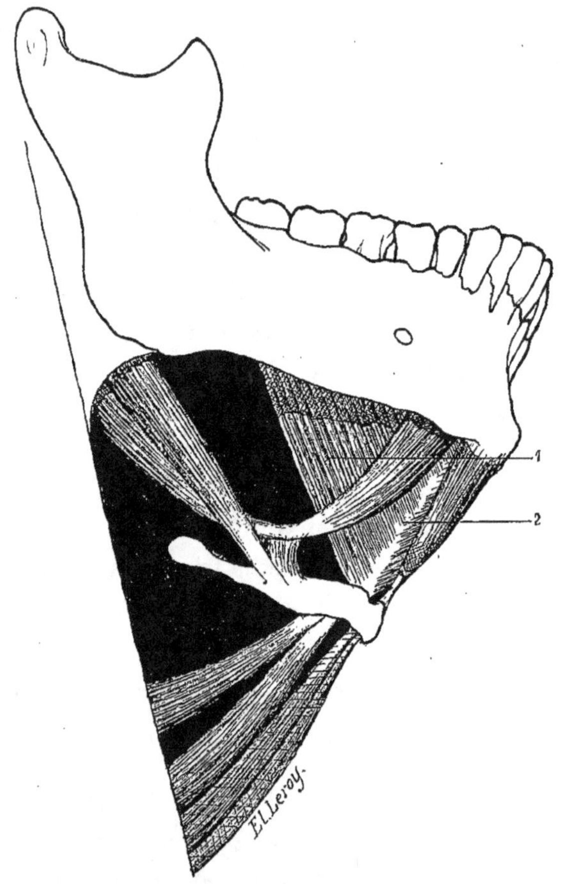

Fig. 23. — *Division de la région sus-hyoïdienne* (demi-schématique)
1. Région sus-hyoïdienne latérale — 2, Région sus-hyoïdienne médiane.

Le ligament stylo-hyoïdien. — Sous la face profonde du muscle *stylo-hyoïdien*, l'on trouve le grêle *ligament stylo-hyoïdien* ; il est jaunâtre, très court et volumineux chez l'enfant naissant, où il est composé de fibres élastiques fortes; il s'allonge et s'atrophie chez l'homme adulte, et s'ossifie quelquefois partiellement ou en totalité chez le vieillard.

Destiné à unir l'apo-hyal au cérato-hyal, il atteste, par son étendue et sa ténuité, comme le fait remarquer le professeur Sappey, le degré d'atrophie considérable où la chaîne hyoïdienne est descendue chez l'homme. Il forme, anatomiquement, une des deux fleurs blanches du bouquet de Riolan.

SON CONTENU

Quand on étudie la région sous-maxillaire après avoir enlevé la glande qui la comble en partie, il est facile de voir qu'elle peut être divisée en deux départements, l'un antérieur, l'autre postérieur, que sépare le bord postérieur du muscle *mylo-hoïdien*.

Le mylo-hyoïdien. — Ce muscle, fixé en haut à toute l'étendue de

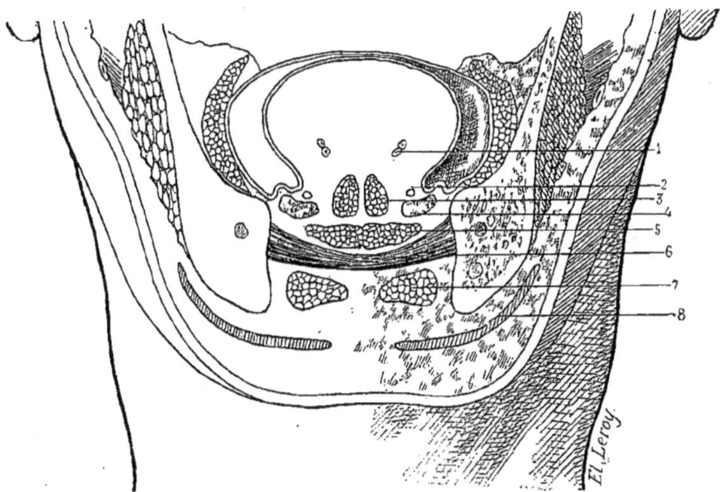

Fig. 24. — *Coupe frontale de la région sublinguale* (schématique) (d'après Heitzmann)
1. Artère et veines linguales profondes — 2, nerf lingual — 3, muscle génio-glosse — 4, glande sublinguale — 5, muscle génio-hyoïdien — 6, muscle mylo-hyoïdien — 7, muscle digastrique — 8, muscle peaussier du cou.

la ligne mylo-hyoïdienne, se compose de plusieurs ordres de fibres; toutes se dirigent en bas et en dedans ; les plus internes vont s'entrecroiser sur la ligne médiane avec les fibres homologues du muscle opposé ; les moyennes s'attachent au raphé fibreux cervical antérieur (*ligne blanche du cou*); les externes enfin, plus longues et plus obliques, vont s'insérer à l'os hyoïde et forment le bord postérieur du muscle.

A l'ensemble des parties situées en arrière de ce plancher musculaire, on donne le nom de *région rétro-mylo-hyoïdienne* ou *creux sous-maxillaire ;* et à l'ensemble de celles qu'il recouvre, le nom de *région mylo-hyoïdienne* ou *sublinguale ;* la première contient, en effet, la glande sous-maxillaire ; la seconde, la glande sublinguale.

a) — DÉPARTEMENT RÉTRO-MYLO-HYOÏDIEN OU CREUX SOUS-MAXILLAIRE

On rencontre dans le creux sous-maxillaire plusieurs organes importants; ils sont disposés sur deux plans : l'un est superficiel, l'autre profond ; une cloison verticale, de structure musculaire, les sépare.

PLAN SUPERFICIEL

La glande sous-maxillaire. — Dans le plan superficiel se montre, tout d'abord, la *glande sous-maxillaire.* Un peu différemment décrite par les auteurs, cette glande occupe une situation assez mal définie dans les livres classiques, et affecte des rapports très importants que mon ami le docteur Ricard a récemment étudiés avec soin.

Aplatie de dehors en dedans, plus épaisse à sa partie supérieure qui forme la base, qu'à son extrémité inférieure qui forme le sommet, de forme triangulaire, et taillée en coin, la glande sous-maxillaire, à la façon du sterno-mastoïdien, est étalée par son aponévrose sur une grande étendue de la région; c'est seulement par la dissection, artificiellement par conséquent, en la tassant en quelque sorte, qu'on parvient, en l'isolant de sa gaine, à la faire entrer tout entière dans le creux sous-maxillaire, dont elle dépasse normalement les limites.

En arrière, elle déborde du creux sous-maxillaire par son bord postérieur, qui franchit le ventre postérieur du digastrique et le stylo-

hyoïdien pour venir s'appliquer sur le bord antérieur du sterno-mastoïdien. En bas, elle se développe en dehors du creux, dépasse l'os hyoïde
et recouvre la plus grande partie de la membrane thyro-hyoïdienne,
disposition importante que le chirurgien doit avoir présente à l'esprit,
et qu'on trouve plus accentuée encore chez certains animaux, comme
le chien, le chat et le lapin.

Chez ces animaux, la glande thyroïde, comme il m'a été donné de
le constater pendant la préparation des pièces sèches d'un concours,
est formée de deux lobes latéraux complètement indépendants l'un de
l'autre; les glandes sous-maxillaires sont immédiatement superposées
à ces lobes; au début de mes dissections, il m'est arrivé de les confondre;
plusieurs expérimentateurs ont cru pratiquer la thyroïdectomie à des
animaux sur lesquels ils n'ont fait que l'ablation de la sous-maxillaire.

En haut, le bord supérieur de la glande dépasse à peine le bord
inférieur de la mâchoire; il se met en rapport avec le ptérygoïdien
interne, mais ne remplit point la fossette osseuse qu'on décrit sur la
face interne du maxillaire inférieur; dans celle-ci se loge seulement
un prolongement de la glande.

En avant, le bord de la sous-maxillaire envahit un peu, sur la surface externe du muscle mylo-hyoïdien, le territoire antérieur de la
région, mais elle n'en occupe qu'une partie, la partie la plus
reculée.

Comme on le voit, la glande est bien, par sa situation, *cervicale* et
non *sous-maxillaire;* il est vrai de dire, comme le professeur Richet,
qu'elle est maintenue et fixée par son aponévrose, mais fixée dans le
cou et non sous la mâchoire. Pour que le maxillaire la recouvre, il
faut que la tête soit dans la flexion forcée, c'est-à-dire que la mâchoire
vienne à la rencontre du cartilage thyroïde, ce qui n'est pas sa position
normale.

Au total, la sous-maxillaire ne répond pas, de tous points, à la description qu'en donnent les classiques; elle est plate et non point arrondie; elle descend bas, puisqu'elle recouvre le muscle thyro-hyoïdien;
elle est très postérieure enfin, puisqu'elle s'applique sur le ventre

mastoïdien du digastrique et le cache complètement, tandis qu'elle laisse à découvert son ventre maxillaire. Il est donc faux de dire que le digastrique encadre et circonscrit la glande.

On décrit à la glande sous-maxillaire deux prolongements; l'un antérieur, conoïde, aplati de dehors en dedans, long de deux centimètres, accompagne le canal excréteur; l'autre postérieur, quelquefois rudimentaire, se dire en haut et en arrière jusqu'à la dernière molaire inférieure ; il a été signalé par M. Sappey.

La glande de Berman. — Vous savez que la glande sous-maxillaire est une glande en grappe; à l'étranger on a décrit, il y a quelques années, une glande en tubes annexée à la sous-maxillaire; c'est la *glande de Berman*. Les tubes qui la composent sont contournés sur eux-mêmes, et aboutissent à un canal commun qui se jette dans le conduit de Warthon. Ce petit canal est absolument indépendant, au dire de l'auteur, et nettement spécialisé par son épithélium. La glande de Berman a été découverte chez les rongeurs; elle a ensuite été cherchée et rencontrée dans l'espèce humaine.

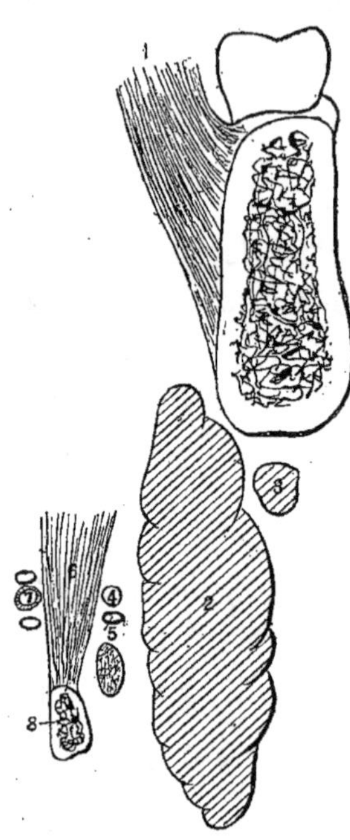

Fig. 25. — *Coupe schématique de la région sous-maxillaire* (d'après Ricard).

1. Muscle ptérygoïdien interne — 2, glande sous-maxillaire — 3, ganglion lymphatique — 4, nerf grand hypoglosse — 5, Veine linguale superficielle — 6, muscle hyo-glosse — 7, artère linguale — 8, os hyoïde.

Les vaisseaux et les nerfs, qui font partie, comme la glande, du plan superficiel du creux rétro-mylo-hyoïdien, forment deux groupes; les uns sont sus-jacents à la glande : ce sont *l'artère et la veine faciales;* les autres sont recouverts par elle : ce sont les *veines linguales superficielles,* le *nerf grand hypoglosse,* le *nerf lingual* et le *faisceau vasculaire mylo-hyoïdien.*

1º *Les organes sus-jacents à la glande*

L'artère faciale. — L'artère faciale naît, très flexueuse, de la face antérieure de la carotide externe, un peu au-dessus de l'os hyoïde, tout près de la linguale, qui se détache du tronc mère un peu au-dessous d'elle. Elle se dirige en haut et en avant, sous la profonde du stylo-hyoïdien et du ventre postérieur du digastrique. Au point où elle émerge au-dessus et en avant de ces muscles, elle rencontre la glande sous-maxillaire; alors elle change de direction, se porte horizontalement en avant, enserre le bord supérieur de la glande dans une espèce de courbe, se creuse sur la partie supérieure de sa face externe un sillon assez profond ou même un canal complet, aborde la base de la mâchoire, et, au niveau du bord antérieur du masséter, se recourbe de nouveau pour devenir verticale.

Elle n'appartient plus dès lors à la région sous-maxillaire; elle croise perpendiculairement la face externe du maxillaire inférieur, se porte obliquement vers la commissure labiale et l'aile du nez, en décrivant des flexuosités nombreuses, et gagne enfin l'angle interne de l'œil où elle se termine en s'anastomosant avec la sous-clavière.

Dans son parcours au travers de la face, l'artère maxillaire externe fournit les deux *coronaires labiales, l'artère de l'aile du nez* et une foule de petites branches *cutanées et musculaires*.

Dans le creux sous-maxillaire, elle donne naissance à cinq ordres de rameaux principaux; les trois premiers abandonnent bientôt la région et vont se perdre plus ou moins loin; les deux derniers y demeurent. *La palatine ascendante* pour le pharynx, l'amygdale et le voile du palais, la *ptérygoïdienne* pour le muscle ptérygoïdien interne, et la *massétérine* pour le muscle massétérin, forment le premier groupe; *l'artère sous-mentale* et les *branches de la glande sous-maxillaire* forment le second.

L'artère sous-mentale côtoie d'arrière en avant le bord inférieur de la mâchoire, entre le mylo-hyoïdien et le ventre antérieur du digastrique, remonte sur le menton, et là, s'épuise en nombreuses ramifications musculaires et cutanées qui s'anastomosent avec celles de la dentaire inférieure.

Les *branches sous-maxillaires* pénètrent au nombre de trois ou quatre dans la glande sous-maxillaire; elles sont volumineuses et se capillarisent dans son épaisseur.

Des livres vous disent : « *l'artère faciale est située sous la glande* »;

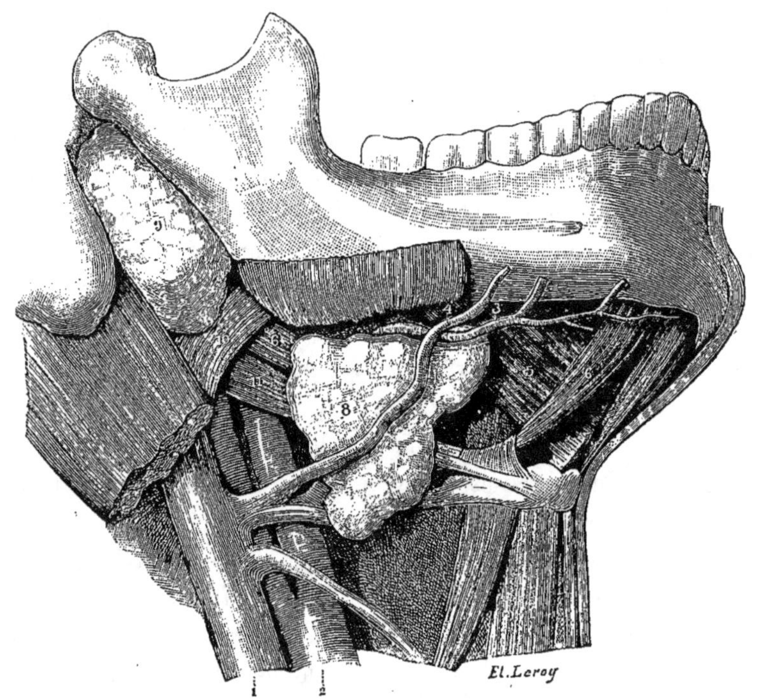

El.Leroy

Fig. 26. — *La région superficielle du creux sous-maxillaire* (d'après nature)

1. Veine jugulaire interne — 2, carotide primitive — 3, artère faciale — 4, veine faciale antérieure — 5, muscle mylo-hyoïdien — 6, muscle digastrique — 7, muscle digastrique gauche — 8, glande sous-maxillaire séparée du bord basilaire — 9, parotide — 10, bandelette parotido-maxillaire — 11, muscle stylo-hyoïdien.

d'autres, au contraire; « *l'artère faciale est située sur la glande* ». Voici la vérité : au moment où l'artère faciale croise la face profonde du muscle disgastrique, elle est évidemment recouverte par la glande, puisque cette glande recouvre le digastrique lui-même; mais lorsque l'artère, dégagée du muscle, rencontre la sous-maxillaire, elle chemine sur la partie supérieure de la face externe de celle-ci. En résumé, dès que l'artère faciale et la glande sous-maxillaire contractent ensemble des rapports immédiats, l'artère est externe, et la glande interne. La première est plus superficielle que la seconde. Le vaisseau est du côté de la peau, le viscère du côté du pharynx.

La veine faciale antérieure. — La veine faciale antérieure naît à l'angle du nez où elle continue les veines fronto-angulaires ; elle se dirige obliquement en bas en dehors, gagne par le plus court chemin le bord antérieur du masséter, formant ainsi en quelque sorte la corde de l'arc que l'artère décrit sur le côté de la joue, coupe perpendiculairement la base de la mâchoire, et abandonne à ce niveau la face postérieure de l'artère ; elle passe d'abord au-dessus d'elle, se place ensuite en avant, s'engage, à la hauteur de l'angle mandibulaire, dans le sillon qu'elle se creuse sur la face externe de la glande sous-maxillaire, rencontre à ce moment la veine faciale postérieure, se grossit d'elle, et, sous le nom de *veine faciale commune,* va déboucher dans la jugulaire interne.

C'est dans cette veine faciale commune que vient se jeter souvent l'extrémité supérieure du grand canal de sûreté du cou, la jugulaire externe. Aussi entendrez-vous quelquefois dire que la veine faciale est tributaire de la jugulaire externe. C'est là une interprétation erronée.

La veine faciale commune, près de son embouchure, se confond quelquefois avec les veines linguales et les veines thyroïdiennes supérieures pour former le *tronc veineux thyro-linguo-facial.*

Ce tronc veineux thyro-linguo-facial joue en chirurgie opératoire un rôle assez important ; au delà de la région sous-maxillaire, il forme avec le nerf grand hypoglosse un triangle à base postérieure et à sommet antérieur, dans l'aire duquel se voit, juste derrière la grande corne de l'os hyoïde, la face superficielle de la carotide externe ; j'y reviendrai.

La veine faciale antérieure reçoit deux ordres de branches ; les unes aboutissent à elle dans un point quelconque de son parcours facial ; ce sont la veine *alvéolaire,* qui ramasse le sang des branches antérieures de l'artère maxillaire interne, les *veines coronaires labiales* et les *veines buccales ;* les autres se rendent au tronc collecteur dans la région sous-maxillaire ; ce sont la *sous-mentale* et les *sous-maxillaires*, qui naissent et se terminent dans cet ensemble de parties molles qui forment le plancher de la bouche, la *palatine inférieure* et les *massé-*

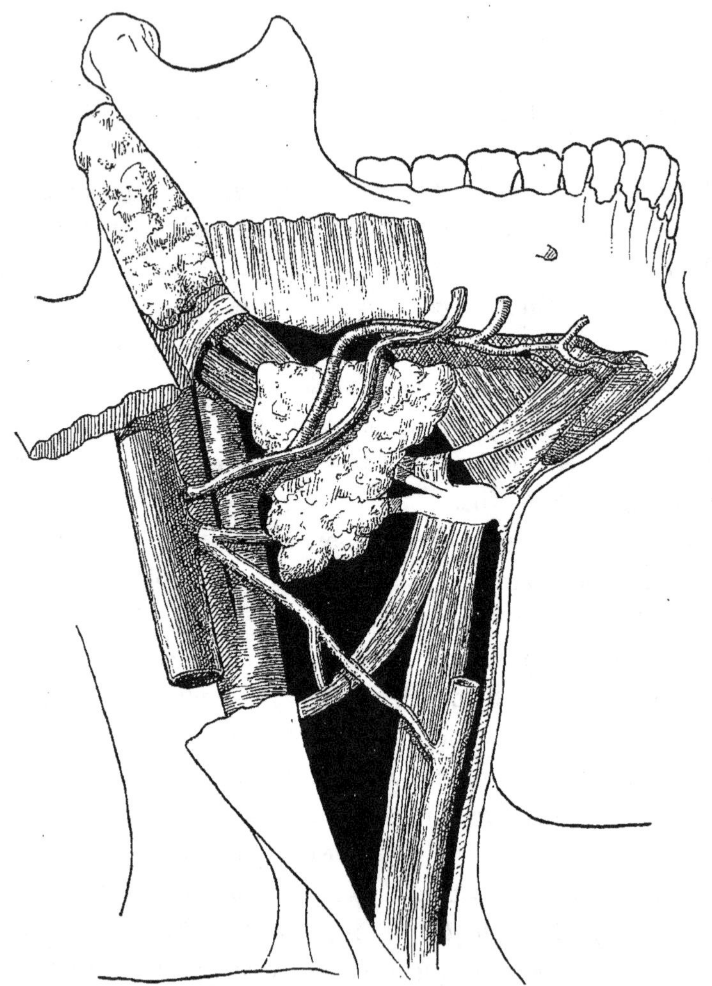

Fig. 27. — *La région superficielle du creux sous-maxillaire* (d'après nature)

Sur cette pièce, la glande a été séparée du maxillaire pour bien montrer le passage de l'artère faciale qui, anomale, était superficielle dans tout son trajet.

térines superficielles, qui sortent de la région et suivent en montant les artères homonymes.

Pour les rapports de l'artère et de la veine faciale, rappelez-vous ceci :
A la face, la veine est très postérieure, car pour aller de l'angle nasal
au bord antérieur du masséter, l'artère est contournée, arciforme, lente ;
elle prend le plus long chemin ; tandis que la veine est droite, directe,
pressée ; elle *prend le plus court chemin.* Au niveau de l'angle mandibulaire, les deux vaisseaux se croisent et la veine passe sur l'artère; *les
veines sont, en effet, toujours superficielles par rapport aux artères.*
Plus bas, sur la glande, la veine est en avant de l'artère ; cela est
évident, puisque le croisement a changé la situation respective de l'une
et de l'autre.

2° *Les organes sous-jacents à la glande*

Les veines linguales superficielles. — Les veines linguales, envi-
sagées dans leur ensemble, forment trois groupes : un profond, que
j'étudierai bientôt, et deux superficiels, d'inégale importance. De ces
derniers, l'un, supérieur, est formé par la réunion de quelques veines
superficielles du dos de la langue; c'est un petit tronc veineux qui
accompagne le nerf lingual dont il est le satellite, et qui se jette dans
la faciale ou la jugulaire interne, après avoir reçu quelques rameaux
de la glande sublinguale; l'autre, inférieur, est l'aboutissant des veines
sublinguales et des veines superficielles de la face inférieure de la langue;
celles-ci, sous le nom de *veines ranines,* constituent deux canaux assez
volumineux, adjacents et parallèles au nerf grand hypoglosse, qu'elles
abandonnent derrière le muscle hyo-glosse pour se réunir et se jeter
dans la faciale ou la jugulaire interne.

Le nerf grand hypoglosse. — Le nerf grand hypoglosse traverse d'arrière en avant la région sous-maxillaire ; on donne à cette portion de
son trajet le nom de *portion horizontale.*

Lorsque je vous ai décrit la région parotidienne, je vous ai montré
comment le nerf grand hypoglosse, après un parcours vertical de
quelques centimètres, contournait d'abord l'artère carotide interne et le
pneumogastrique pour se porter obliquement en avant et en bas;

il arrive ainsi, collé contre la carotide externe qu'il rencontre plus bas et qu'il croise obliquement en dehors, jusqu'aux confins postérieurs de la région sous-maxillaire dans laquelle il va bientôt s'engager. Il abandonne en effet le flanc superficiel de la carotide externe à deux centimètres environ de la bifurcation du tronc carotidien primitif; là, il change définitivement de direction, devient horizontal, et forme ainsi, au-dessus des grandes cornes hyoïdiennes, une anse à grand rayon que les anatomistes appellent l'*anse de l'hypoglosse.*

Dans le premier segment de sa portion horizontale, le nerf grand hypoglosse n'est pas encore situé dans la région sous-maxillaire ; il occupe, avec l'artère linguale, la dépression qui sépare le ventre postérieur du digastrique de la grande corne de l'os hyoïde. En dedans de lui, c'est-à-dire plus profondément, se trouvent l'artère linguale et l'origine de la faciale ; en dehors, il est croisé par la veine faciale qui forme la branche supérieure du trépied veineux cervical ; à côté de lui, un peu en dessous et en dehors, mais le flanquant, voyez la veine linguale superficielle, la branche moyenne du trépied.

Le nerf grand hypoglosse rencontre enfin le bord postérieur du muscle hyo-glosse; tandis que l'artère, sa voisine, disparaît sous le muscle, lui reste superficiel; il passe sous le stylo-hyoïdien et sous le ventre postérieur du digastrique au point où ce muscle se convertit en tendon.

Tout le temps il reste parallèle à l'artère qui chemine un peu plus bas que lui ; en arrière du digastrique, il est, comme elle, parallèle aux grandes cornes hyoïdiennes ; en avant du digastrique, il se relève, comme elle, vers la face inférieure de la langue, et gagne, toujours en la suivant, le bord antérieur du muscle hyo-glosse ; durant tout son trajet, il est accompagné par une veine linguale superficielle.

A ce niveau, il pénètre dans le creux sublingual, et là, rencontre l'artère à nu ; il se plaque directement contre elle et ne tarde pas à s'épanouir.

Avant et après le muscle hyo-glosse l'artère linguale et le nerf grand hypoglosse se touchent : *pendant* l'hyo-glosse, ils se suivent.

En traversant la région sous-maxillaire, le nerf grand hypoglosse forme le coté supérieur d'un petit triangle qu'on appelle le *triangle hypoglosso-hyoïdien* ; dans l'aire de ce triangle on trouve, après section d'une mince épaisseur de fibres musculaires, le tronc de l'artère linguale. J'y reviendrai plus loin.

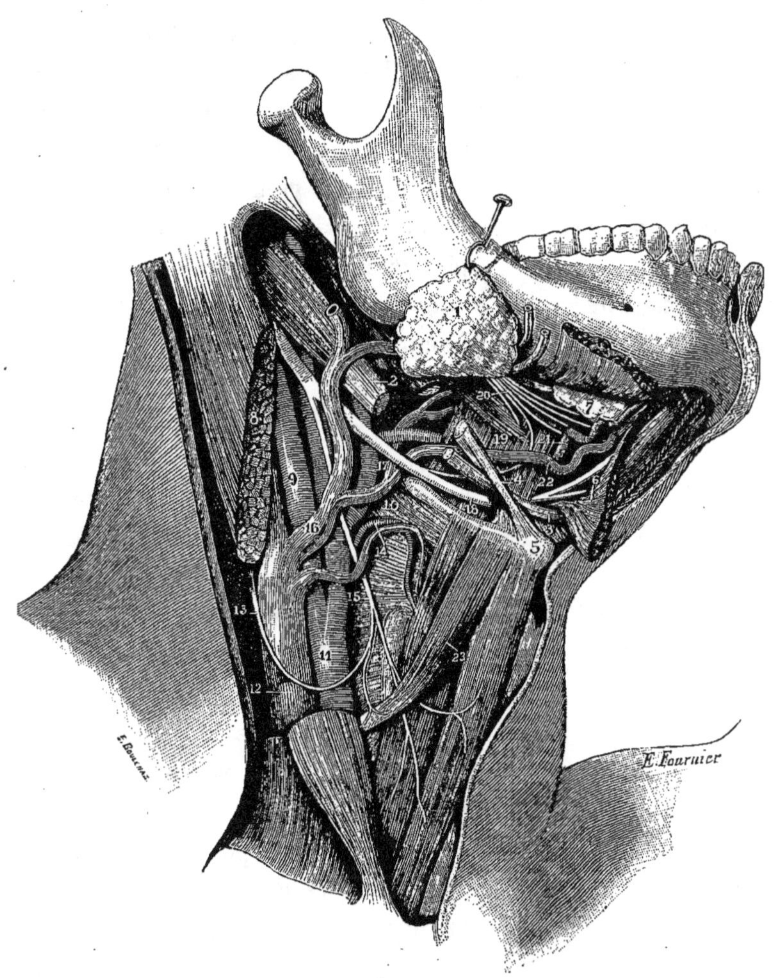

Fig. 28. — *Le creux sous-maxillaire, cloison de séparation* (d'après nature)

1. Glande sous-maxillaire — 2, ventre postérieur du digastrique — 3, tendon du digastrique — 4, tendon du stylo-hyoïdien — 5, os hyoïde — 6, mylo-hyoïdien coupé et rabattu — 7, glande sublinguale — 8. sterno-mastoïdien — 9, carotide interne — 10, paroi pharyngienne — 11, carotide primitive — 12, veine jugulaire interne — 13, anastomose en arcade du plexus cervical et du grand hypoglosse — 14, vaisseaux thyroïdiens supérieurs — 15, branche descendante du grand hypoglosse — 16, tronc veineux linguo-facial — 17, tronc artériel linguo-facial — 18, grand hypoglosse — 19, muscle hyo-glosse — 20, filets du lingual et branches anastomotiques avec le grand hypoglosse — 21, artère linguale — 22, veines linguales superficielles — 23, omo-hyoïdien.

Au point où le grand hypoglosse s'applique sur la carotide externe, il donne la *branche descendante ;* dans la fossette digastro-hyoïdienne, il fournit le *rameau du thyro-hyoïdien* qui se porte en bas et en avant, croise la veine linguale commune et la petite artère sus-hyoïdienne, puis aborde le thyro-hyoïdien ; dans la région sous-maxillaire, quand il est appliqué contre le muscle hyo-glosse, il abandonne plusieurs *filets ascendants* qui vont se perdre dans l'épaisseur de ce muscle et dans le stylo-glosse ; on voit aussi, au niveau du bord antérieur du muscle hyo-glosse, se détacher du nerf grand hypoglosse plusieurs *filets anastomotiques* verticaux qui l'unissent au lingual en formant des anses grêles à concavité postérieure ; dans la région sublinguale enfin, naît le *rameau du génio-hyoïdien ;* puis le nerf pénètre dans le corps du génio-glosse où il s'épanouit et où nous le retrouverons plus loin.

Le nerf lingual. — Le nerf lingual est situé aux confins supérieurs du creux sous-maxillaire, sous la base de la langue, sur la face externe du muscle hyo-glosse où il chemine d'arrière en avant, sensiblement parallèle au nerf grand hypoglosse. Il est caché par le rebord de la mâchoire, et n'apparaît en vérité dans la région sous-maxillaire qu'un peu artificiellement, après dissection de la glande dont il suit le bord supérieur.

Je vous ai déjà montré, en vous décrivant l'espace maxillo-pharyngien, comment ce nerf lingual descend de la base du crâne vers la langue, entre le ptérygoïdien interne et la branche montante de la mâchoire ; au niveau du bord antérieur du ptérygoïdien interne, il change de direction, se porte d'arrière en avant au-dessus de la glande sous-maxillaire, sur la partie supérieure de la face externe du muscle hyo-glosse, aborde le bord postérieur du muscle mylo-hyoïdien, et s'engage au-dessous de lui dans la région sublinguale.

Près de son origine, le nerf lingual reçoit la *corde du tympan* avec laquelle il se confond de telle sorte que la dissection ne peut séparer leurs fibres, et un *filet anostomotique* important du nerf dentaire inférieur ; dans la région sous-maxillaire, on voit se détacher de sa face inférieure plusieurs petits *rameaux descendants* qui vont se perdre sur le tronc du grand hypoglosse, et forment sur la face externe du muscle hyo-glosse quelques grêles et longues arcades à concavité postérieure.

Sur la partie supérieure de la face externe de la glande sous-maxillaire existe un petit corps ovoïde, gris-rougeâtre, gros ordinairement comme un grain de chènevis : c'est le *ganglion sous-maxillaire*, dépendance du nerf lingual. A ce ganglion se rendent plusieurs *filets afférents* ; de lui partent plusieurs *filets efférents*. Les premiers sont au nombre de trois ou quatre ; ce sont des rameaux très courts, verticaux, qui se détachent de la face inférieure du lingual ; ils apportent au ganglion l'influx sensitif et moteur. Les seconds sont de trois ordres : les uns se perdent dans la glande sous-maxillaire; les autres suivent le canal de Warthon et disparaissent au sein de ses parois; les derniers enfin, qui sont ascendants, vont à la rencontre du nerf lingual et se confondent avec lui. Notez la curieuse disposition de ceux-ci ; on dirait, suivant l'expression de Cruveilhier, qu'ils forment avec les rameaux afférents une sorte d'anse par laquelle le ganglion est comme suspendu.

Au total, le ganglion sous-maxillaire possède trois racines et trois variétés de branches ; la racine sensitive vient du lingual ; la racine motrice de la corde du tympan ; la racine sympathique du plexus vasculo-facial. Les trois espèces de branches sont glandulo-maxillaires, canaliculo-Warthoniennes, et nervo-linguales.

Les ganglions lymphatiques. — Les ganglions lymphatiques se disposent en chapelet longitudinal ; ils suivent le bord inférieur de la mâchoire; on les voit émerger de la face profonde de l'os au niveau du bord supérieur de la glande sous-maxillaire, sur la face externe de laquelle quelques-uns apparaissent.

Ils forment, dans cette région, deux groupes continus l'un avec l'autre. *Le groupe antérieur*, composé de huit ou dix ganglions, s'étend du ventre antérieur du digastrique à la glande sous-maxillaire; il reçoit les vaisseaux absorbants de la lèvre supérieure, ceux de la partie moyenne du front, de l'angle interne des paupières et du plancher de la bouche. Le *groupe postérieur* entoure l'artère et la veine faciales ; il comprend six ou sept petites glandes auxquelles aboutissent, en longeant l'artère faciale, les vaisseaux lymphatiques du nez et ceux des lèvres, ainsi que les vaisseaux des gencives inférieures qui abordent le groupe sous-maxillaire en descendant sur la face interne et sur la face externe de la mâchoire.

Les vaisseaux et le nerf mylo-hyoïdiens. — Le nerf mylo-hyoïdien naît du nerf dentaire inférieur au moment où celui-ci pénètre dans le canal dentaire ; il se porte en bas et en avant, dans le demi-canal osseux qui est creusé sur la face interne de la mâchoire inférieure, abandonne l'os après un trajet de trois ou quatre centimètres, parcourt obliquement la face externe du muscle hyo-glosse, croise le nerf grand hypoglosse sur la face externe duquel il passe, aborde le mylo-hyoïdien, chemine sous la face inférieure de ce muscle, et là, se divise en plusieurs rameaux ; les uns pénètrent dans l'épaisseur du mylo-hyoïdien et s'y perdent ; les autres, poursuivant leur chemin, vont animer le ventre antérieur du digastrique.

L'artère mylohyoïdienne émane de l'artère dentaire inférieure première branche de la maxillaire interne ; elle accompagne le nerf homonyme dans le canal osseux qu'il parcourt et s'épuise dans le mylo-hyoïdien.

Le nerf laryngé supérieur. — Quelques auteurs, Paulet par exemple dans son excellent traité d'anatomie, décrivent le *nerf laryngé supérieur* comme faisant partie de la région sous-maxillaire ; c'est là, de mon avis, une erreur ; le nerf laryngé supérieur se dirige en bas et en avant vers le cartilage thyroïde, sous la première portion de l'artère linguale, en arrière du sommet de la grande corne hyoïdienne, derrière le muscle hyo-glosse, loin du ventre postérieur du digastrique, hors des frontières du département sous-maxillaire.

CLOISON DE SÉPARATION

Le muscle hyo-glosse. — La cloison de séparation entre les organes du plan superficiel et ceux du plan profond du creux rétro-mylo-hyoïdien est un diaphragme musculaire ; elle est formée par le muscle hyo-glosse, mince, aplati, quadrilatère. Ce petit muscle naît de l'os hyoïde par plusieurs faisceaux ; le premier s'attache à toute la longueur des grandes cornes et forme le *cérato-glosse;* le second s'insère au bord supérieur du même os, c'est le *basio-glosse;* le troisième naît du sommet des grandes cornes et constitue le *cérato-glosse accessoire;* le quatrième se détache de la petite corne, on l'appelle le *chondro-glosse;* le cinquième enfin, qui n'est pas fixe, se détache du ligament thyro-hyoïdien, c'est le *triticéo-glosse de Bochdalek.* Les deux faisceaux principaux sont le basio-glosse qui est en avant, et le cérato-glosse qui est en arrière ; entre eux deux chemine le petit faisceau chondro-glosse. Le cérato-glosse accessoire est tout à fait derrière, mais il se porte obliquement en avant et en haut en croisant la face externe du cérato-glosse principal qu'il finit par dépasser. Le triticéo-glosse est interne; non seulement il est en dedans de tous les autres faisceaux, mais encore il en est séparé par l'artère linguale qui le croise en dehors. Dans leur ensemble, tous ces faisceaux constituent un muscle quadrilatère, allongé verticalement, aplati transversalement, étalé en cloison, qui vient se perdre dans la langue. Là, il s'épanouit en fibres longitudinales et transversales qui s'entrecroisent avec celles du muscle stylo-glosse, et viennent en dernière analyse s'attacher à la lame fibreuse médiane.

LE PLAN PROFOND

L'espace profond du département rétro-mylo-hyoïdien est limité en dehors par le muscle hyo-glosse et en dedans par le muscle constricteur moyen du pharynx; il est parcouru par l'artère linguale et ses veines satellites.

Le muscle constricteur moyen du pharynx. — J'ai peu de choses à vous dire du muscle *constricteur moyen du pharynx;* il est établi sur le plan général des constricteurs pharyngiens dont je vous ai déjà montré la disposition à propos du constricteur supérieur, en vous décrivant la région parotidienne. Comme lui, en effet, le constricteur moyen est une sorte d'anneau musculaire incomplet qui s'attache en avant sur la face supérieure de la grande corne hyoïdienne en dedans de l'hyo-glosse, sur la petite corne du même os ainsi que sur la partie voisine du ligament stylo-hyoïdien, et qui de là diverge en dedans et en arrière pour venir, après avoir embrassé le conduit pharyngien et s'être étalé dans le sens vertical, s'implanter sur la face extérieure de la charpente aponévrotique de ce conduit.

L'artère linguale. — L'artère linguale naît de la carotide externe près de la faciale et de la thyroïdienne supérieure, un peu au-dessous de la première, un peu au-dessus de la seconde, quelquefois au niveau de la grande corne hyoïdienne, ordinairement en haut, très rarement en bas. Elle se porte d'abord en haut, en dedans et en avant pour atteindre le sommet des grandes cornes de l'os hyoïde ; c'est son *premier segment* ou *segment hyo-carotidien ;* elle suit ensuite le bord supérieur des grandes cornes jusqu'au niveau des petites, et là elle est horizontale ; c'est *sa deuxième portion* ou *portion hyoïdienne ;* elle s'élève ensuite verticalement vers la face inférieure de la langue, jusqu'au bord antérieur de l'hyo-glosse; on l'aperçoit, dans ce trajet, au travers de l'espace qui sépare le cérato-glosse et le chondro-glosse ; c'est sa *troisième portion* ou *portion hyo-glossienne;* à ce niveau, elle donne une branche importante, la *sublinguale,* et sous le nom d'*artère ranine,* se continue le long de la face inférieure de la langue jusqu'à la pointe de l'organe ; c'est son *quatrième segment* ou *segment lingual.*

La première et la quatrième portion de l'artère linguale n'appartiennent pas à la région sous-maxillaire ; l'une fait partie du département carotidien, l'autre du creux sublingual.

Dans son *premier segment,* l'artère linguale est située dans une sorte de gouttière, de fossette dépressible où le doigt explorateur s'engage facilement et dont voici les limites : en haut, le ventre postérieur du digastrique et le stylo-hyoïdien ; en bas, la grande corne hyoïdienne ; en dedans, la paroi pharyngienne formée par le muscle hyo-pharyngien ; en dehors, l'aponévrose cervicale et la peau. Cette fosse est triangulaire; son sommet répond au bord postérieur du muscle hyo-glosse, sa base à la gouttière cervicale.

Dans cette dépression cheminent, à côté de l'artère linguale, le *nerf laryngé supérieur* qui croise la face profonde de l'artère, le *nerf grand hypoglosse* et le *tronc veineux thyro-linguo-facial* qui côtoient son flanc externe. C'est en ce point que le tronc veineux s'épanouit et se développe en un véritable trépied vasculaire dont les trois

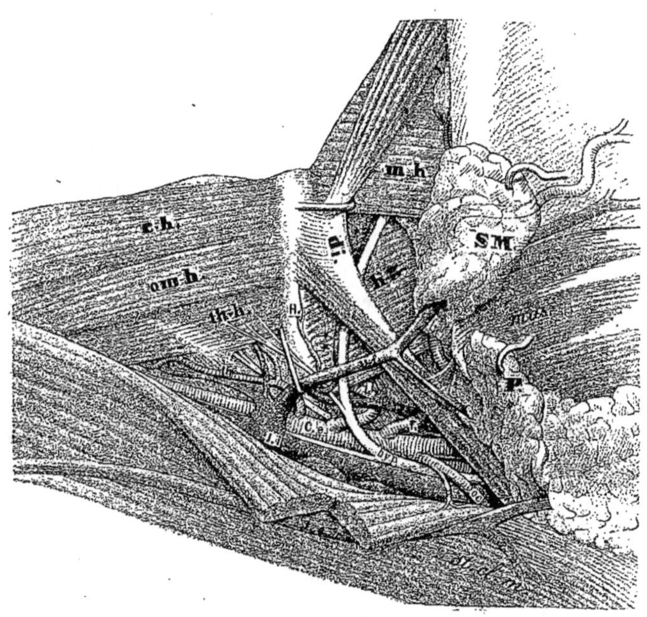

Fig. 29. — *Le creux sous-maxillaire* (figure dessinée par le professeur FARABEUF).

SM. Glande sous-maxillaire — m. h, mylo-hyoïdien — *mas.*, masséter — P, parotide — *st. c. l*, sterno-cléido-mastoïdien — j. e, jugulaire externe — j. i, jugulaire interne — oc., occipitale — hyp., grand hypoglosse — C. e, carotide externe — f., artère faciale — v. f, veine faciale — l., artère linguale — th., thyroïdienne supérieure — H, os hyoïde — di., digastrique — c. n, cléido-hyoïdien — om. h, omo-hyoïdien — th. h, thyro-hyoïdien.

branches sont la veine thyroïdienne gonflée des pharyngiennes, la linguale et la faciale; c'est en ce point aussi que le filet du thyro-hyoïdien se détache du grand hypoglosse.

Dans *sa deuxième portion*, l'artère linguale s'engage dans une espèce de fente étroite limitée en dedans par le muscle hyo-pharyngien (constricteur moyen) et le muscle hyo-glosse en dehors. Elle suit *de ras* le bord supérieur de la grande corne ; en dehors d'elle, appliqués sur la face externe du muscle hyo-glosse, voyez le ventre postérieur du digastrique, le muscle et le ligament stylo-hyoïdiens qui croisent sa direction ; voyez aussi le nerf grand hypoglosse et une veine linguale, qui tous les deux sont parallèles à l'artère.

Dans son *troisième segment*, l'artère linguale chemine encore dans l'étroit couloir qui sépare le muscle hyo-glosse qui est externe, du constricteur pharyngien moyen et du génio-glosse qui sont internes. En ce point, elle commence à monter vers la base de la langue, suivant en général dans ce parcours ascendant l'espace celluleux qui sépare le chondro-glosse du cérato-glosse (le chondro-glosse est en avant du cérato-glosse). C'est ici, dans son trajet oblique au sein de la région rétro-mylo-hyoïdienne, que l'artère traverse le *triangle hypoglosso-hyoïdien*. Ce petit triangle est limité en haut par le nerf grand hypoglosse, en avant par le bord postérieur du mylo-hyoïdien, en arrière et en bas par le tendon du digastrique ; l'aire en est remplie par le muscle hyo-glosse et parcourue par l'artère ; mais l'artère est sous le muscle ; *pour la voir, il faut le couper*.

Sachez que les dimensions du triangle hypoglosso-hyoïdien sont quelquefois très petites ; il est des sujets, en effet, chez lesquels le nerf grand hypoglosse est presque accolé au tendon du digastrique ; le triangle est alors réduit à sa plus simple expression.

Au niveau du bord antérieur du muscle hyo-glosse, commence la *quatrième portion* de l'artère linguale ; elle chemine dès lors en pleine épaisseur de la langue et appartient au creux sublingual. C'est là que nous la retrouverons bientôt.

Pour le moment, rappelez-vous bien ceci :

Près de son origine, la linguale est collée contre le nerf grand hypoglosse. Plus loin, elle disparaît sous le muscle hyo-glosse qui les sépare l'un de l'autre. Enfin, au point où vont s'épanouir les branches terminales, les deux organes se mettent de nouveau en contact immédiat. *L'artère part avec le nerf et arrive avec lui, mais voyage seule ; chacun fait route à part.*

Le nerf grand hypoglosse est en dehors de l'artère linguale ; les artères sont toujours plus profondes que les nerfs et les veines. Cette loi

générale souffre peu d'exceptions ; vous le verrez plus tard quand
nous ferons l'anatomie des membres.

Avant d'aborder la région sous-maxillaire, la linguale donne le
rameau sus-hyoïdien; celui-ci décrit une arcade sur la face externe
de la grande corne hyoïdienne et va sur la ligne médiane, après avoir
fourni plusieurs petits rameaux vasculaires, s'anastomoser avec son
homonyme du côté opposé.

Dans la région sous-maxillaire, elle abandonne aux muscles plusieurs branches et émet la *dorsale de la langue.* Celle-ci naît à
l'extrémité postérieure de la portion verticale de l'artère linguale,
monte sur la face interne du muscle hyo-glosse qu'elle vascularise,
rencontre le stylo-glosse déjà éparpillé, pénètre entre ses faisceaux, et
au milieu d'eux se porte en haut et en avant vers les papilles cali-
ciformes ; elle s'épuise dans le tiers postérieur de la langue.

Au moment où l'artère linguale s'engage dans le creux sous-mylo-
hyoïdien on voit se détacher d'elle *l'artère sublinguale ;* je vous
la décrirai bientôt. Le point où elle se détache du tronc d'origine
établit la limite qui sépare les portions extra et intra-linguales de l'artère
mère.

Les veines linguales profondes. — Je vous ai déjà montré que les
veines de la langue étaient disposées en deux groupes ; l'un est
superficiel, je vous ai déjà dit comment il se comportait ; l'autre est
profond et beaucoup moins important ; il est formé par deux veines très
petites, très valvulaires, qui accompagnent l'artère dans tout son parcours et vont se jeter dans la jugulaire interne ou dans la faciale. C'est
par erreur que certains anatomistes ont écrit que l'artère linguale
n'avait pas de tronc veineux satellite.

Ces veines linguales profondes reçoivent les *veines dorsales de la lan-*
gue, qui accompagnent l'artère homonyme, puis elles vont, au niveau
du bord postérieur du muscle hyo-glosse, se réunir aux veines
linguales superficielles ; de cette confluence résulte un gros tronc qui
se fusionne ordinairement avec la veine faciale antérieure, la veine
faciale postérieure et la thyroïdienne supérieure, pour venir, sous le

nom de *tronc veineux thyro-linguo-facial* déboucher dans la jugulaire interne.

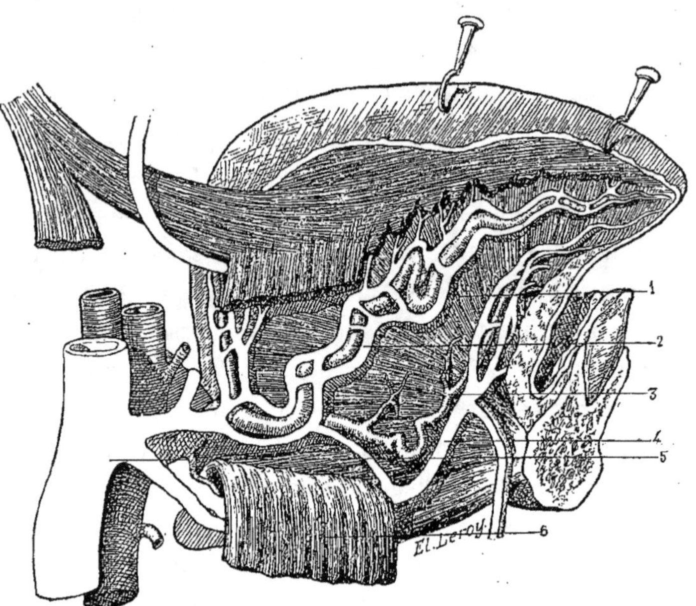

Fig. 30. — *Région sous-maxillaire profonde* (d'après Testut)

1. Muscle génio-glosse — 2, veines linguales profondes accompagnant l'artère linguale — 3, artère sublinguale — 4, veines sublinguales et veines superficielles inférieures de la langue — 5, veine jugulaire interne recevant le tronc commun des veines linguales — 6, muscle hyo-glosse renversé.

b). — DÉPARTEMENT SOUS–MYLO-HYOÏDIEN OU SUBLINGUAL

Le creux sous-maxillaire communique en avant avec le *creux sublingual*.

Celui-ci est limité en dehors par la face interne du maxillaire inférieur et le muscle mylo-hyoïdien ; en dedans, par le muscle génio-glosse et le muscle génio-hyoïdien ; en haut, par la muqueuse qui revêt le plancher de la bouche ; en bas, la paroi externe et la paroi interne se rencontrent à angle aigu. Voici comment : le génio-hyoïden se porte directement des apophyses géni à l'os hyoïde, sur la ligne médiane du cou, verticalement ; le mylo-hyoïdien, au contraire, se dirige de haut en bas et de dehors en dedans, du maxillaire inférieur vers l'os hyoïde, comme s'il allait à la rencontre du précédent. Il résulte de cette disposition réci-

proque des deux muscles les faits suivants : 1° que la paroi externe
du creux sublingual est oblique, disposée comme une sorte de plan
incliné, tandis que la paroi interne est verticale ; 2° que cette région,
sur une coupe verticale et transversale, se présente sous la forme d'un
creux triangulaire dont le sommet, qui est inférieur, répond au point
où le mylo-hyoïdien confine au génio-hyoïdien, et dont la base, qui est
supérieure, s'étale sous la langue. C'est à l'ensemble des organes qui
entrent dans la constitution de la région sublinguale qu'on donne le
nom de *plancher de la bouche*. Quelques auteurs, comme mon maître
le Pʳ Tillaux, distraient son étude de celle de la région sus-hyoïdienne ;
il me paraît que cela a de grands inconvénients, car les organes du
creux sous-maxillaire sont en continuité avec ceux du creux sublingual,
et chacun d'eux est traversé par des segments différents d'une même
artère, d'une même veine, d'un même nerf, etc.

Le département sous-mylo-hyoïdien, ai-je dit, est une sorte de
pyramide triangulaire ; j'en vais étudier successivement le contenant
et le contenu.

Les parois du creux sublingual

La paroi externe. — La paroi externe du creux sublingual est
formée par le *muscle mylo-hyoïdien ;* je l'ai déjà décrit.

La paroi interne. — Le *génio-glosse* en haut, et le *génio-hyoïdien*
en bas, constituent à eux deux la paroi interne.

Le génio-glosse. — Le génio-glosse est un muscle épais et rayonné,
de forme triangulaire. Il se fixe en avant par son sommet à l'apophyse géni-supérieure à l'aide d'un solide tendon d'où naissent des
fibres qui s'épanouissent de suite en un véritable et large éventail
musculaire dont les rayons s'étalent dans le sens vertical ; les faisceaux
inférieurs de cet éventail s'attachent au bord supérieur de l'os hyoïde
sous le nom de *muscle génio-hyoïdien supérieur ;* les faisceaux
moyens se rendent à la face antérieure de l'épiglotte et forment ce

que les anatomistes appellent le muscle *glosso-épiglottique ;* enfin
les faisceaux supérieurs, infiniment plus nombreux, s'épanouissent
dans la langue, où ils se perdent en rayonnant depuis la pointe jusqu'à la base, et où ils affectent, suivant le point où ils aboutissent,
des directions d'obliquité différente. Dans la langue, les fibres du
génio-glosse s'insèrent sur la face profonde de la muqueuse dorsale ;
d'autres traversent le septum médian pour s'entrecroiser avec celles
du côté opposé.

Le génio-hyoïdien. — Le génio-hyoïdien est un corps charnu de
petites dimensions, étendu des apophyses géni inférieures à la partie
moyenne du bord supérieur et de la face antérieure de l'os hyoïde ; quelques-unes de ses fibres vont jusqu'à la grande corne où elles s'insèrent ; une traînée celluleuse à peine marquée le sépare de son congénère ; quelquefois il s'unit à lui d'une façon très intime ; il n'y a plus
alors qu'un seul génio-hyoïdien.

Paroi supérieure. — La paroi supérieure du creux sublingual est
formée par la muqueuse du plancher de la bouche.

Muqueuse du plancher. — Sur la ligne médiane, cette muqueuse
se réfléchit de bas en haut pour tapisser la face inférieure de la langue, et forme ainsi un repli saillant qui sépare en deux comparti-
ments l'espace situé entre la face inférieure de la langue et le plancher de la bouche : c'est le *frein* ou *filet.* Il est côtoyé par deux
petites lignes bleuâtres faisant un léger relief : ce sont les *veines ranines* qui transparaissent. De chaque côté de lui, la muqueuse est surmontée d'une légère saillie qui est percée d'un trou par où l'on voit
sourdre des gouttelettes de salive : c'est l'*ostium ombilicale,* orifice
extérieur du *canal de Wharton.* Plus en dehors, entre le filet et l'arcade
dentaire, elle est soulevée par une masse oblique en dedans et en
avant ; là, la muqueuse se dispose en une sorte de crête, de bourrelet
sinueux au sommet duquel s'ouvre une série de petits orifices. La
saillie est formée par la *glande sublinguale ;* les orifices sont ceux de

ses *canaux excréteurs*. Sur la face profonde de la muqueuse qui recouvre la glande, au point où elle se réfléchit pour se continuer avec celle de la langue, de chaque côté du frein, viennent se perdre des fibres musculaires striées qui dépendent du génio-glosse et viennent s'étaler dans le derme autour de l'ostium ombilicale près de l'extrémité antérieure de la glande sublinguale.

En avant. En arrière. En bas. — En avant, le creux sublingual est fermé, la paroi interne et la paroi externe se mettant au contact l'une de l'autre derrière la symphyse du menton ; en arrière, il est ou-

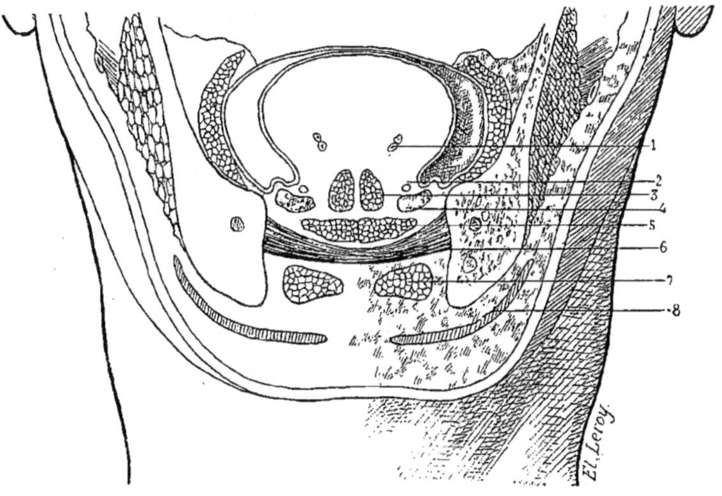

Fig. 31. — *Coupe frontale de la région sublinguale* (schématique) (d'après Heitzmann)
1. Artère et veines linguales profondes — 2, nerf lingual — 3, muscle génio-glosse — 4. glande sublinguale — 5, muscle génio-hyoïdien — 6, muscle mylo-hyoïdien — 7, muscle digastrique — 8, muscle peaussier du cou.

vert et communique largement avec le creux sous-maxillaire ; en bas, il est fermé aussi grâce à l'obliquité du mylo-hyoïdien qui, comme je l'ai déjà montré, descend à la rencontre du génio-hyoïdien.

Le contenu du creux sublingual

La glande sublinguale. — L'organe le plus important de la région et en même temps le plus superficiel, celui qu'on rencontre le premier après avoir enlevé la paroi externe de la loge, c'est la *glande sublinguale*. Ellipsoïde et aplatie, allongée d'avant en arrière, elle répond par sa face antéro-externe au corps de la mâchoire sur la face profonde duquel elle se creuse une fossette peu marquée, et par sa face interne au muscle génio-glosse, dont la séparent quelques organes venus du département sous-maxillaire et dont je vous parlerai bientôt, le nerf lingual, le canal de Warthon, l'artère sublinguale. Son bord inférieur s'insinue dans l'angle que forment en se rencontrant le mylo-hyoïdien et le génio-glosse ; son bord supérieur soulève la muqueuse de la bouche ; son extrémité antérieure repose sur le tendon du génio-glosse et se met presque en contact avec celle de la glande opposée ; son extrémité postérieure enfin se continue presque sans ligne de démarcation avec le prolongement antérieur de la glande sous-maxillaire, sur la face externe du muscle hyo-glosse dont les fibres antérieures appartiennent à la région. Vous voyez maintenant les rapports importants qu'affectent entre elles les trois glandes salivaires ; elles forment une parabole glandulaire concentrique à celle que décrit le maxillaire inférieur ; il est des animaux chez lesquels elles constituent un tout indivis ; chez l'homme elles confinent les unes aux autres, mais sont en réalité séparées.

Mais revenons à la glande sublinguale. Ce n'est point, disent les auteurs, une glande une, indivise, comme la parotide ou la sous-maxillaire ; elle est au contraire formée par l'agglomération d'une douzaine de petites glandes indépendantes, grosses ou petites, réunies entre elles par du tissu cellulaire assez dense. En réalité, il convient de modifier un peu cette description. Voici comment :

Il existe sous la muqueuse du plancher de la bouche deux sortes de glandes :

1° Des glandes petites, disséminées au hasard, isolées les unes des autres : ce sont les *glandules sublinguales ;* elles échappent à toute description parce que leur nombre est variable et leur siège irrégulier;

2° Des glandes plus grosses, plus conglomérées, qui s'agencent entre elles de façon à former une masse principale et plusieurs petites masses accessoires.

La *masse principale* constitue ce qu'on appelle la *glande sublinguale ;* les grains qui la forment seraient, d'après Suzanne, séparés les
uns des autres par des cloisons conjonctives, mais unis par de petits
canaux excréteurs traversant ces cloisons et formant par leur conver-
gence le *canal de Bartholin.*

Suivant que les grains glandulaires qui forment la glande sublinguale principale se tassent et se ramassent en une seule masse,
ou tendent à s'éloigner d'elle et à constituer sur son pourtour
de petits groupes plus ou moins isolés, on dit que la glande a ou
n'a point de *prolongements.* C'est ainsi que sur certains cadavres on
a pu découvrir à la sublinguale jusqu'à trois prolongements, l'un postérieur, l'autre interne et le troisième externe. Mais il n'y a rien là
qui ait quelque caractère de fixité, et mérite en réalité qu'on s'y arrête
un instant.

Les *masses accessoires* se disposent, autour de la glande sublinguale, en petits groupes lobulés, de nombre, de volume et de situation
variables ; il donnent chacun naissance à un petit conduit qui s'ouvre
isolément sur la muqueuse du plancher de la bouche. Il en est un,
parmi eux, que Suzanne décrit comme fixe et à qui je donnerais
volontiers le nom de *glande sublinguale accessoire* ou de *groupe glandulaire du frein.*

Ce petit groupe glandulaire a le volume d'un beau pois sur les individus chez lesquels il est bien développé ; il est situé immédiatement
au-dessous de la muqueuse du plancher de la bouche, au niveau du
point où elle se continue avec celle des gencives, juste sur la ligne médiane, immédiatement derrière la face postérieure du maxillaire inférieur. Il est, par rapport à la muqueuse, plus superficiel que la glande
sublinguale dont il est séparé par du tissu cellulaire. Huit ou dix lobules entrent dans sa constitution ; ceux-ci sont rangés de chaque
côté du frein avec lequel ils sont en contact immédiat ; là, ils sont
rangés en deux séries symétriques antéro-postérieures, réunies l'une
à l'autre par des travées conjonctives minces ; quelquefois ils
sont agglomérés sans ordre et forment une petite masse de forme
variable.

La glande sous-maxillaire accessoire. — M. Nitot a décrit dans la région sublinguale un petit amas glandulaire dont voici, d'après lui, la disposition : il est complètement isolé de la glande sous-maxillaire et situé à une assez grande distance d'elle, de telle sorte qu'on ne peut le considérer comme un de ses prolongements antérieurs; il est profondément et horizontalement couché sur le plancher buccal, accolé au muscle génio-glosse; il n'est pas fixe et on le rencontre une fois seulement sur deux; sa direction est antéro-postérieure, son volume variable; il a la forme d'un corps ovoïde à grosse extrémité antérieure; le canal excréteur part de son angle postérieur.

Cette petite glande, munie de son canal excréteur, forme une anse très prononcée qui reçoit dans sa concavité antérieure le nerf lingual au point où il va se diviser en un pinceau de nombreux filets.

Le canal excréteur offre une disposition variable; il est court ou long, mais il s'ouvre toujours dans le canal de Wharton.

Nitot donne à cette glande le nom de *glande sous-maxillaire accessoire*; il se refuse, en effet, à la considérer comme une partie de la glande sublinguale, sous prétexte que rien de ce qui dépend de celle-ci ne doit aboutir au canal de Wharton. Cette détestable raison, qui fait plier des faits bien et dûment constatés devant la conception des classiques, ne saurait me convaincre. La glande décrite par Nitot a été observée et décrite bien avant lui; c'est un simple amas de glandules sublinguales; c'est ce petit groupe que Suzanne, après d'autres, a décrit comme déversant ses produits de sécrétion dans le conduit de Wharton. Vous comprendrez mieux cela quand je vous aurai décrit le canal de Rivinus-Bartholin et les conduits de Walther.

Telle est la glande sublinguale. Sa masse principale, comme vous avez dû le voir, se moule assez exactement sur les parois de la loge qui la contient, mais elle est entourée d'une sorte de coque conjonctive qui lui forme enveloppe. Sur la face postérieure de cette capsule viennent se perdre, au dire de Suzanne, des fibres musculaires striées émanées du muscle génio-glosse et réunies en nombreux et volumineux faisceaux. Il est possible que la contraction de ces fibres joue un rôle dans l'excrétion de la salive sublinguale.

Je viens de vous dire que la glande sublinguale se moulait assez
exactement sur les parois du creux où elle est logée. Cela est vrai,
mais il convient de faire exception pour la cloison interne, dont elle est
séparée par le canal de Wharton, par des vaisseaux, des nerfs, et une
zone de tissu cellulaire qui a été et sera peut-être encore longtemps
la cause de controverses entre anatomistes.

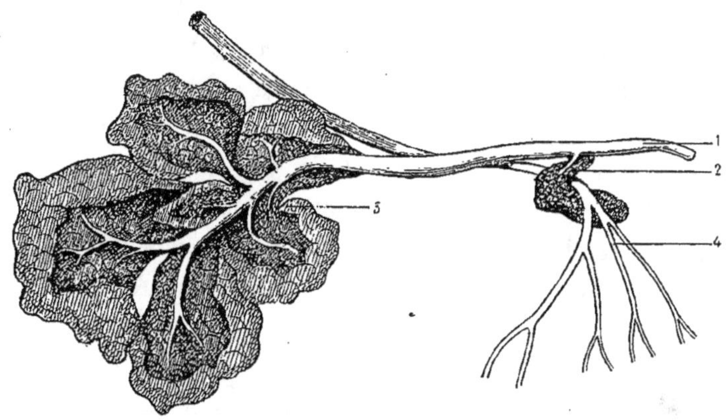

Fig. 32. — *La prétendue glande sous-maxillaire accessoire* (d'après NITOT)

1. Canal de Wharton — 2, glande sous-maxillaire accessoire — 3, glande sous-maxillaire — 4, nerf lingual ramifié.

La bourse de Fleischmann. — Cette couche de tissu conjonctif est
en effet assez importante; elle est située sous la muqueuse du plancher
de la bouche, au point où celle-ci se réfléchit pour tapisser la face inférieure de la langue; le frein la divise partiellement en deux portions,
l'une droite, l'autre gauche.

Elle occupe, en dedans de la glande sublinguale, un espace triangulaire situé entre le génio-glosse et la muqueuse buccale, qui éloignés
l'un de l'autre par le développement de la glande, ne se sont pas encore
accolés. Par sa face postéro-interne, cette petite masse conjonctive
confine au génio-glosse; par sa face antéro-externe, elle est en rapport
avec la glande sublinguale et le canal de Warthon.

Un anatomiste allemand du nom de Fleischmann a écrit qu'il s'agis-
sait là « d'une petite bourse muqueuse (lisez séreuse) divisée en locules
(lisez logettes) par des cloisons celluleuses. » En France, mes maîtres
les P[rs] Verneuil et Tillaux ont accepté et défendu cette opinion; d'au-

tres anatomistes, MM. Richet, Sappey, Paulet l'ont combattue. Pour les premiers il existe une bourse séreuse ; pour les seconds il existe du tissu conjonctif ténu. Alezais et Suzanne, dans des travaux plus récents, n'acceptent que « le tissu cellulaire cloisonné à mailles excessivement lâches. »

Il y a longtemps que la discussion dure. Je crois qu'elle durera longtemps encore. Et pourtant il me semble que tous les auteurs sont bien près de s'accorder. D'abord, quelle différence peut-il bien exister, au point de vue de l'anatomie descriptive, entre un « *amas de tissu cellulaire à mailles lâches* » et une « *cavité partagée en logettes par des cloisons celluleuses* » ? Et au point de vue de l'anatomie générale, qu'est-ce donc que du tissu conjonctif aréolaire, sinon une cavité séreuse au premier degré, que des causes purement accidentelles, le frottement, les pressions prolongées, par exemple, peuvent transformer en véritables bourses absolument closes?

L'artère linguale et le nerf grand hypoglosse. — Sous la face profonde de la glande sublinguale, l'on voit l'artère sublinguale accompagnée d'une ou de deux veines, le nerf lingual et le canal de Wharton.

L'artère linguale et le *nerf grand hypoglosse* ne sont plus là; l'un et l'autre, au niveau du bord antérieur du muscle hyo-glosse, ont pénétré dans l'épaisseur de la langue.

L'artère linguale y chemine sous le nom de *ranine*, le long de la face inférieure, entre le génio-glosse et le lingual inférieur; elle est superficielle, presque sous la muqueuse; deux veines l'accompagnent ; elle arrive ainsi très flexueuse jusqu'à la pointe de la langue où elle se termine; chemin faisant elle donne de nombreux rameaux musculaires et cutanés.

Le *nerf grand hypoglosse*, au niveau du bord antérieur du muscle hyo-glosse, s'applique de nouveau sur la face externe de l'artère linguale dont il était séparé d'abord par toute l'épaisseur du muscle, puis se divise en nombreux filets qui pénètrent dans le corps du muscle génio-glosse.

Dans l'épaisseur de la langue, tandis que l'artère chemine, à l'état de tronc unique, sur la face externe du muscle génio-glosse, les nombreuses ramifications du nerf pénètrent dans l'épaisseur du muscle et le traversent d'arrière en avant; le tronc du grand hypoglosse avait toujours été externe par rapport à l'artère linguale ; son épanouissement lui devient interne.

Remarquez, en passant, ces rapports de l'hypoglosse et de la linguale. L'artère naît et se colle contre la face interne du nerf; survient un muscle placé de champ qui les sépare, le muscle hyo-glosse; le muscle passé, ils se rejoignent de nouveau et entrent ensemble dans l'épaisseur de la langue ; puis ils s'abandonnent avant de mourir; le nerf, qui était plus superficiel, meurt cependant dans la langue plus profondément que l'artère.

L'artère sublinguale. — L'artère sublinguable naît de la linguale au moment où celle-ci s'enfonce dans la langue; elle se porte horizontalement en avant, le long du bord inférieur de la glande, un peu au-dessus du génio-hyoïdien, en dehors du génio-glosse. Elle est située plus bas que le canal de Wharton et plus profondément que lui ; en avant de la glande, elle s'anastomose en arcade ou en réseau avec sa congénère du côté opposé, puis après avoir abandonné de nombreuses ramifications à la glande et au plancher de la bouche, elle se divise en trois branches; la première, *interne,* pénètre dans le frein pour s'anastomoser avec celle du côté opposé, c'est l'*artère du filet ;* la seconde, *ascendante,* continue le tronc principal, gagne la ligne médiane et remonte derrière la symphyse du menton où elle s'épuise en plusieurs ramuscules destinés aux dents incisives; la troisième enfin, *perforante et externe,* traverse les muscles génio-hyoïdien et mylo-hyoïdien, et vient, sous la peau du menton, s'anastomoser avec la queue de la sous-mentale.

Pour Krause, l'artère sublinguale serait la véritable terminaison de l'artère linguale, la ranine au contraire une artère de formation secondaire qui prendrait un grand développement et dont le volume donnerait le change sur sa véritable origine et sa signification anatomique.

Les veines sublinguales. — L'artère sublinguale est accompagnée d'une ou de plusieurs veines ; au niveau du bord antérieur du muscle hyo-glosse, ces veines se divisent ; les unes suivent l'artère et vont aboutir aux veines linguales profondes, en passant sous le muscle hyo-glosse ; les autres abandonnent l'artère et accompagnent le nerf grand hypoglosse ; elles cheminent sur la face superficielle du muscle hyo-glosse, et vont grossir le groupe inférieur des veines linguales superficielles qu'on nomme encore, comme vous le savez, *veines ranines*.

En passant, je dois faire remarquer ceci : l'artère linguale se termine par une branche appelée *artère ranine ;* cette artère ranine est accompagnée de veines, mais ces veines qui font partie du système profond, ne sont point les *veines ranines*. On donne le nom de *veines ranines* aux veines linguales superficielles inférieures, à celles qu'on voit, par transparence, sous la muqueuse de chaque côté du frein. Il y a là un vice de nomenclature qu'il serait bon de faire disparaître.

Le nerf lingual. — En abandonnant le bord supérieur de la glande sous-maxillaire, le *nerf lingual* se porte en avant et très légèrement en bas vers la glande sublinguale, qu'il aborde bientôt au ras de son bord inférieur ; puis il chemine le long de sa face interne, rencontre le canal de Wharton jusque-là sous-jacent à lui, passe en dehors de lui, le croise obliquement d'arrière en avant et de haut en bas, et aussitôt pénètre, en se dirigeant presque transversalement en dedans et en se divisant en plusieurs branches, dans l'épaisseur de la langue ; là, les rameaux passent au travers des fibres musculaires, remontent vers la muqueuse et vont se perdre dans les papilles qui couvrent sa surface.

Le tronc de l'artère sublinguale et de la veine sublinguale sont situés bien au-dessous du tronc du nerf lingual ; mais comme le nerf se dirige en avant et en bas, tandis que les vaisseaux se portent en avant et en haut, ils se rencontrent les uns et les autres au niveau de la partie postérieure de la glande sublinguale et s'entre-croisent ; les vaisseaux passent sur le nerf.

Au moment où il va aborder la glande sublinguale, le nerf lingual

envoie au grand hypoglosse une longue anastomose qui se porte en bas
et en arrière, chemine sur la face externe du muscle hyo-glosse et atteint le
grand hypoglosse sous la face profonde de la glande sous-maxillaire ; souvent il y a plusieurs filets disposés en arcade ; ils croisent tous en dehors
le canal de Wharton ; de ce long rameau anastomotique naissent de petits
troncules qui se portent en dedans en avant et en bas dans l'épaisseur
de la langue, en contournant la face externe et la face inférieure du
canal Whartonien. Comme la branche terminale du nerf lingual, ils
vont les uns et les autres, après avoir cheminé au milieu des fibres
musculaires, se perdre dans la muqueuse.

En passant sous la glande sublinguale, le nerf lui abandonne de
nombreux filets anastomosés en plexus ; au milieu de ce plexus, on a
décrit un petit ganglion : c'est le *ganglion de Blandin ;* il est difficile à
découvrir.

***Comment et où les vaisseaux et les nerfs pénètrent dans la
langue.*** — Mais l'heure est venue pour nous, jetant un coup d'œil
d'ensemble sur la région sublinguale, d'étudier le point précis où
entrent dans la langue les organes qui lui sont destinés, et comment
ils se comportent en cet endroit les uns par rapport aux autres.

Les organes que l'on voit au niveau de la région sublinguale pénétrer dans la langue sont : le *nerf grand hypoglosse,* l'*artère linguale* et
le *nerf lingual.*

Le *nerf grand hypoglosse,* dès qu'il a franchi le bord antérieur du
muscle hyo-glosse, file droit et s'enfonce dans le génio-glosse un peu
au-dessus du génio-hyoïdien.

L'*artère linguale* se dégage de la face profonde de l'hyo-glosse sur
le bord antérieur de ce muscle, au niveau même où il est franchi par le
grand hypoglosse ; elle est en dedans de celui-ci ; elle file en montant,
et s'enfonce dans la langue entre le génio-glosse et le lingual inférieur,
plus haut que ce nerf, mais sur la même ligne verticale que lui.

Le *nerf lingual,* enfin, après avoir croisé le canal de Wharton, plonge
entre le génio-glosse et le lingual inférieur à peu près sur la même ligne
antéro-postérieure que l'artère, mais bien en avant d'elle et au-dessus

d'elle ; quant aux filets qui se détachent de son anastomose avec le grand hypoglosse, ils pénètrent dans la langue juste au-dessus de l'artère linguale, le long de sa face supérieure dont ils sont séparés par quelques fibres musculaires seulement.

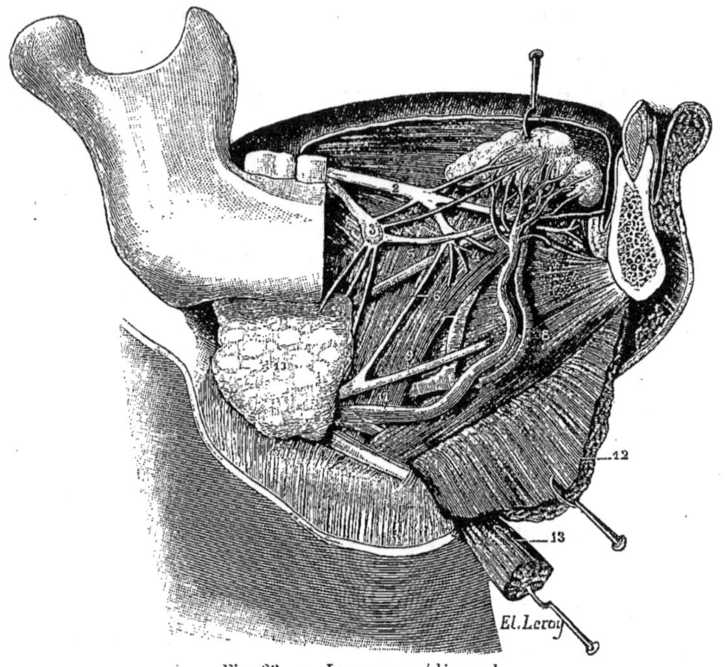

Fig. 33. — *Le creux sublingual.*

1. Glande sublinguale relevée — 2, nerf lingual — 3, ganglion sous-maxillaire — 4, plusieurs divisions du nerf lingual — 5, canal de Wharton — 6, anastomose entre le grand hypoglosse et le lingual — 7, artère linguale — 8, artère et veine sublinguales — 9, nerf grand hypoglosse s'enfonçant dans le génio-glosse — 10, glande sous-maxillaire — 11, veine linguale superficielle — 12, muscle mylo-hyoïdien renversé — 13, muscle digastrique (ventre antérieur).

Le canal de Wharton. — Le canal de Wharton ou de Van Horne, aplati et mince, naît par quatre ou cinq rameaux de la face profonde de la glande sublinguale ; il se dirige en avant, en dedans et très légèrement en haut, sur la face externe du muscle hyo-glosse, parallèle, comme direction générale, au grand hypoglosse qui est au-dessous de lui, et au nerf lingual qui est au-dessus. Après avoir franchi le bord antérieur du muscle hyo-glosse, le canal de Wharton se porte vers l'extrémité postérieure de la glande sublinguale, s'engage sous sa face profonde, la suit en la coupant diagonalement, et arrive ainsi jusque sur le côté du frein de la langue, sous la muqueuse. Il prend alors une direction franchement antéro-postérieure et, vers le milieu du frein, s'ouvre sur la pointe d'une petite élevure rosée par un orifice étroit qu'on nomme l'*ostium ombilicale* ; cet orifice est ellipsoïde, allongé d'avant en arrière ; il confine à celui du côté opposé dont il est séparé par le frein lingual. Quelquefois la muqueuse forme en avant d'eux comme une espèce de bourrelet demi-circulaire qui les circonscrit dans son anse à concavité postérieure.

Le canal de Wharton est le plus profondément situé des organes du creux sublingual ; comme le nerf lingual se dirige en avant et en bas, l'artère et la veine sublinguales en avant et fortement en haut, tandis que lui, canal de Wharton, se porte presque horizontalement en avant, il en résulte que chacun de ces organes le croise ; tous passent en dehors de lui ; le nerf lingual le coupe de haut en bas et d'arrière en avant, les vaisseaux sublinguaux de bas en haut et d'arrière en avant ; on pourrait dire que le nerf lingual en haut et les vaisseaux sublinguaux en bas forment les deux côtés d'un triangle à sommet antérieur et à base postérieure, dont le canal de Wharton représenterait la perpendiculaire abaissée du sommet sur la base.

Le canal de Wharton est encore croisé en dehors par le filet anastomotique qui se détache du lingual pour aller en arcade au grand hypoglosse ; ce filet le coupe d'arrière en avant et de haut en bas.

Les rameaux qui se détachent de cette arcade contournent la face externe du canal de Wharton et s'engagent sous sa face inférieure dans l'épaisseur de la langue, entre le génio-glosse et le lingual inférieur.

Les conduits excréteurs de la glande sublinguale. — Voici un des points d'anatomie les plus controversés. L'histoire des phases par lesquelles a passé l'étude des conduits excréteurs de la glande sublinguale serait bien longue à faire ; vous savez que plusieurs de nos maîtres ont attaché leur nom à des travaux importants sur cette question ; les recherches de MM. Sappey, Tillaux, Guyon vous sont certainement connues. Plus récemment mon ami le Dr Suzanne a publié dans sa thèse le résultat de nombreuses et heureuses dissections ; elles ont certainement jeté quelque jour sur ce point obscur de l'anatomie du plancher de la bouche.

Rappelez-vous d'abord la disposition des glandes sublinguales. Il y a, vous le savez, parmi elles : 1° des glandules disséminées : 2° des glandules conglomérées formant une masse importante appelée glande sublinguale.

Pour les glandules disséminées, la chose est bien simple ; elles ont chacune ou presque chacune un petit tube excréteur qui gagne directement le plancher de la bouche et s'y ouvre ; là n'est pas l'origine du différend.

Mais pour les glandules conglomérées, la disposition est plus compliquée ; elle est surtout plus variable, et c'est pour cela sans doute que les anatomistes n'ont pu se mettre d'accord sur ce point.

Dans certains cas (une fois sur deux d'après les recherches de Suzanne) la glande sublinguale principale possède un canal excréteur qui va déboucher isolément sur le plancher de la bouche, près de l'ostium ombilicale, ou bien s'embrancher sur le canal de Wharton près de sa terminaison. Ce conduit, c'est le *conduit de Rivinus*, le *conduit de Bartholin*. Car à l'encontre de ce que disent la plupart des auteurs, Bartholin et Rivinus, comme l'a fort bien montré le professeur Sappey, ont décrit le même canal. L'un et l'autre ils ont vu chez le veau, le lion, le mouton et l'ours, se détacher de la tête d'une grosse *glande salivaire rétro-linguale* (*glande de Bartholin*), un conduit isolé qui s'ouvrait près du frein, sous la langue. Chez l'homme, la glande sublinguale principale et le canal unique qui lui fait suite sur un assez grand nombre d'individus, représentent la glande et le canal que Rivinus et Bartholin ont étudiés sur les mammifères. Voici quelle est sa disposition la plus fréquente : il naît uni, bi ou trifide de la partie postérieure de la glande sublinguale, se dilate légèrement en ampoule, se colle contre deux ou trois petits grains glandulaires qui adhèrent à ses parois, se porte en avant et en dedans, aborde le canal de Wharton, se met avec lui en rapport intime, s'enferme dans la même gaine conjonctive, se rétrécit peu à peu, et après un trajet de deux centimètres vient enfin s'ouvrir, tout près de lui, à côté de l'ostium ombilicale. Quelquefois il débouche dans le canal de Wharton lui-même sur un point quelconque de son parcours.

Dans d'autres cas les lobules de la glande sublinguale restent séparés les uns des autres et donnent naissance à un grand nombre de petits tubes excréteurs qui s'ouvrent séparément sur le plancher de la bouche au niveau de la crête de la muqueuse. Ce sont les *conduits de Walther*; leur nombre est variable ; il oscille entre quinze et vingt-cinq. Chez le cheval et chez les animaux « où la glande plus amincie accompagne dans un long espace la langue beaucoup plus longue », Bourgery a compté jusqu'à cent cinquante canaux de Walther. Ce sont des petits cordons blanchâtres qui transparaissent, à l'œil nu et à la loupe, sous la muqueuse ; chacun d'eux naît d'une seule granulation glandulaire isolée, ou de plusieurs granulations réunies. Calibrés à un demi-millimètre de diamètre environ, ils affectent une disposition très irrégulière, et n'observent entre eux aucun parallélisme. Ils débouchent sur la crête du bourrelet sublingual par des orifices capillaires qu'ils n'atteignent parfois qu'après avoir rampé sous la muqueuse pendant un ou deux millimètres ; ces pertuis sont ordinairement agencés par petits groupes de trois ou quatre.

Dans d'autres cas enfin, le conduit de Rivinus-Bartholin n'existe pas ; il n'y a que des canaux de Walther ; mais un ou plusieurs de ceux-ci, au lieu de s'ouvrir à la surface de la muqueuse, vont déboucher dans le canal de Wharton, sur un segment quelconque de son trajet.

Vous voyez quelle irrégularité préside à l'anatomie des glandules sublinguales. Ajoutez à cela maintenant que toutes ces dispositions peuvent coexsister chez le même sujet, d'un seul ou des deux côtés, et se marier ensemble de façons différentes, et vous comprendrez comment, refusant toute indépendance vraie à la glande sublinguale, on a pu dire d'elle qu'elle n'était qu'une portion séparée, la tête décapitée de la glande sous-maxillaire, avec laquelle elle se continue du reste parfois par de petits chapelets de lobules erratiques, une espèce de trait d'union entre la glande de Nuhn et la glande sous-maxillaire, une glandule labiale ou palatine perfectionnée, la partie antérieure de cette vaste parabole sécrétante qui suit et entoure la mâchoire inférieure, la transition entre la glande salivaire rudimentaire qui peuple toute la muqueuse buccale et la glande salivaire accomplie qui, sous la base du crâne, borde les flancs du pharynx et s'appelle la parotide.

II. — LA RÉGION SUS-HYOÏDIENNE MÉDIANE

LES LIMITES

Le région sus-hyoïdienne médiane est, comme vous le savez, bordée de chaque côté par le ventre antérieur du digastrique ; elle a la forme d'un triangle à la base inférieure.

LA COUVERTURE

La peau et son matelas. — Elle est recouverte par la *peau*, le *tissu cellulaire sous-cutané*, le *peaussier* et l'*aponévrose cervicale superficielle*. Je n'ai point à revenir ici sur les caractères de chacune des couches qui s'y superposent ; je me suis expliqué d'eux quand j'ai parlé de l'appareil tégumenteux de la région sus-hyoïdienne en général. Je rappelle seulement que dans l'aire de cette région naissent, dans le pannicule adipeux sous-cutané, quelques petites veines qui descendent et vont former la veine médiane du cou.

LES ORGANES SUPERFICIELS

Le mylo-hyoïdien et les ganglions lymphatiques. — Dans l'aire du triangle s'étale le *muscle mylo-hyoïdien* dont on voit après dissection la face superficielle ou inférieure ; là, entre celui de droite et celui de gauche, apparaît, chez les individus gras, une traînée celluleuse verticale grisâtre, qui s'infiltre quelquefois de vésicules adipeuses. Au devant de lui, sur la ligne médiane, deux ou trois petits ganglions lymphatiques sont superposés l'un à l'autre ; ils reçoivent les vaisseaux de la partie moyenne de la lèvre inférieure, ceux des téguments du menton et ceux de la région sus-hyoïdienne.

LES ORGANES PROFONDS

Les génio-hyoïdiens et la glande de Zuckerkandl. — Sous le plancher mylo-hyoïdien l'on rencontre les deux muscles génio-hyoïdiens.

Dans l'interstice qui les sépare on découvre quelquefois, chez l'enfant et l'adulte, une petite masse jaune, hémisphérique, grosse comme une graine de chènevis : c'est la *glande de Zuckerkandl*. Cette petite glande est entourée d'une enveloppe de tissu cellulaire assez lâche, légèrement fibrillaire, qui envoie des prolongements par sa face profonde dans l'intérieur de la glande et qui se condense vers la partie inférieure de la région, pour s'attacher au périoste de l'os hyoïde et se continuer avec lui.

Au dire de Zuckerkandl, la structure de ce lobule glandulaire est identique à celle du corps thyroïde ; son origine est la même, ainsi que son développement. Ce serait donc là une thyroïde aberrante, un lobule erratique analogue aux glandes décrites autrefois par Magdelung et par le Pr Verneuil.

Le tractus thyréo-glosse de His. — Quand je dis qu'il s'agit là d'une glande thyroïde aberrante, le mot n'est pas tout à fait juste. Il ne faudrait pas croire, en effet, qu'il s'agisse là d'une portion de la glande détachée en quelque sorte mécaniquement, au cours du développement, de la masse principale. Vous savez que le corps thyroïde provient d'une sorte d'invagination dans le mésoderme de l'épithélium pharyngien. Cette invagination de la paroi ventrale du pharynx s'opère en trois points : un médian et deux latéraux. Le point médian est le seul qui nous occupe ici. Le conduit épithélial qui part de lui va former la *pyramide de Lalouette* ; il s'atrophie dans le reste de son étendue, et il ne reste plus de lui que le *tractus thyréo-glosse*, une sorte de trousseau fibro-conjonctif privé de lumière, qui se détache du lobe médian de la glande thyroïde pour aboutir, en passant sous le mylo-hyoïdien et entre les deux génio-hyoïdiens, à la partie postérieure du **V** lingual. Mais cette atrophie du canal glosso-hyoïdien n'est pas toujours complète ; quand il reste de lui quelque vestige épithélial, ce vestige peut acquérir un certain développement et former alors *la* ou *les glandes de Zuckerkandl*. Je dis « les », car on en voit quelquefois plusieurs qui sont superposées.

Les canaux de Bochdaleck. — Il est même à noter que ce canal glosso-thyroïdien n'est pas un ; il est tout au moins vraisemblable qu'il part de lui des branches latérales, car on trouve quelquefois, dans l'épaisseur des muscles génio-hyoïdiens, jusqu'au contact de l'os hyoïde, de petits canaux situés sur les flancs du tractus thyréoglosse, ramifiés et terminés en cul-de-sac ; dans l'intérieur de ceux-ci peuvent quelquefois se développer des kystes de la région sublinguale ; ce sont les *canaux de Bochdaleck*.

RÉGION SUS-CLAVICULAIRE

SOMMAIRE :

A. — LIMITES. EXPLORATION.
B. — FORMES EXTÉRIEURES.
C. — DISSECTION ET DIVISION.

I. LES PAROIS DU PUITS SUS-CLAVIER.

1º LE FOND DU PUITS.
La colonne cervicale.
Les muscles prévertébraux.
L'aponévrose prévertébrale.

2º LA PAROI ANTÉRIEURE DU PUITS.
Le muscle sterno-mastoïdien.

3º LA PAROI POSTÉRIEURE DU PUITS.
Le muscle trapèze.

4º LA PAROI INFÉRIEURE DU PUITS.
La clavicule.
Les articulations de la clavicule.
L'articulation sterno-cléido-costale.
L'articulation acromio-claviculaire.
L'articulation cléido-coracoïdienne.

5º LA MARGELLE ET LE COUVERCLE.

a). *Le plan superficiel du couvercle.*
La peau.
Le peaussier.
Le fascia superficialis.
L'assise sous-cutanée.
La veine jugulaire externe.
La veine jugulaire antérieure.
Les branches sus-acromiales et sus-claviculaires.

b). *Le plan profond du couvercle.*
L'aponévrose cervicale superficielle.

II. LES ORGANES DU PUITS SUS-CLAVIER.

Le muscle omo-hyoïdien et l'aponévrose cervicale moyenne.
L'appareil scalénique.

A. — LIMITES ET EXPLORATION

Examinez sur une personne un peu maigre la partie supérieure du thorax. Vous y verrez la clavicule faire saillie sous la peau, puis en dessus et en dessous d'elle les téguments se déprimer et former deux creux : l'un, le supérieur, s'appelle le *creux sus-clavier* ; l'autre, l'inférieur, le *creux sous-clavier*.

Ce sont là, comme je vous le montrerai plus tard, deux sortes de puits pourvus chacun d'un fond, de parois et d'une margelle.

Mobilisez maintenant l'extrémité supérieure du bras, et avec elle l'omoplate et la clavicule. Quand vous portez en bas le moignon de l'épaule, le creux sus-claviculaire s'élargit, devient plus accessible et diminue de profondeur ; quand au contraire vous portez en haut le moignon de l'épaule, le creux se rétrécit, se laisse moins bien explorer et devient plus profond. Notez du reste que la dépression sous-clavière, dans chacun de ces mouvements, se modifie d'une façon absolument inverse. Aussi, pour lier l'artère au-dessus de la clavicule, devrez-vous abaisser l'épaule et l'élever au contraire pour opérer au-dessous de la clavicule ; ce qui, traduit sous forme de précepte général, signifie : Il faut toujours porter le moignon scapulaire vers la face de la clavicule opposée à celle près de laquelle on pratique la ligature.

Disséquez la région, mais ne coupez pas l'aponévrose superficielle. Vous voyez partir de l'apophyse mastoïde deux corps musculaires qui descendent vers l'épaule, adhérent dans un certain espace l'un à l'autre par leurs bords adjacents et plus bas divergent ; l'un, l'antérieur, se porte vers l'extrémité interne de la clavicule ; l'autre, le postérieur, vers son extremité externe. Le premier c'est le sterno-mastoïdien ; le second le trapèze ; l'espace qu'ils laissent libre en se séparant ainsi s'appelle le creux sus-clavier. La forme de ce creux est celle d'un triangle dont la base est représentée par la clavicule, et dont le sommet qui répond au point où se rencontrent les muscles, est situé à sept ou huit centimètres de la mastoïde.

Et maintenant, disséquez et enlevez l'aponévrose superficielle qui en se dédoublant forme une gaine au sterno-mastoïdien et au trapèze. Voyez alors le premier de ces corps charnus se rétrécir, se ramasser sur lui-même, se séparer de son voisin, agrandissant ainsi le creux sus-clavier dont le sommet, à mesure qu'avance votre dissection, finit par aborder le mamelon mastoïdien et dont l'aire est maintenant remplie tout en haut par de nouveaux faisceaux musculaires tout à l'heure invisibles, le splénius de la tête et du cou et l'angulaire de l'omoplate. C'est là un faux creux sus-claviculaire ; ce n'est pas celui qu'il faut étudier.

Disons donc : la région sus-clavière est une région triangulaire dont la base, qui est inférieure, répond à la clavicule, dont le sommet, qui est supérieur et situé à huit centimètres environ de l'apophyse mastoïde, répond au point où se rencontrent le côté antérieur (sterno-mastoïdien) et le côté postérieur (trapèze). En avant d'elle se développe la région carotidienne ; en arrière, la région de la nuque ; au-dessus, la nuque encore et l'occiput ; au-dessous, le département sous-clavier.

B. — FORMES EXTÉRIEURES

Plane ou arrondie vers le haut, légèrement déprimée dans son segment inférieur chez les personnes grasses, profondément excavée chez les individus étiques, la région sus-claviculaire se creuse pendant l'inspiration difficile quand s'y manifeste le phénomène du tirage, récupère sa forme dans l'expiration, se soulève quelquefois sous l'influence des battements artériels et dans certains cas laisse voir les lentes oscillations du pouls veineux inspiratoire. Large par sa base chez certains sujets, elle représente bien alors un vrai triangle ; rétrécie chez d'autres, elle ressemble plutôt à un ovale dont la grosse extrémité répond à la clavicule. Il faut attribuer ces différents aspects au degré d'écartement très variable du trapèze et du sterno-mastoïdien.

C. — DISSECTION ET DIVISION DE LA RÉGION

Sous la condition qu'on veuille bien se rappeler que la plupart des comparaisons qu'on fait en anatomie sont des comparaisons forcées et qu'elles n'ont d'habitude d'autre avantage que de faciliter la description et l'intelligence des détails, on peut dire que le creux sus-clavier représente une sorte de puits ayant un fond, un couvercle reposant sur une margelle et des parois disposées triangulairement; ce puits est rempli d'un tissu cellulaire au milieu duquel cheminent de nombreux et importants organes.

I. — LES PAROIS DU PUITS SUS-CLAVIER

1° LE FOND DU PUITS

Quand on introduit son doigt dans la région sus-claviculaire, on encontre tout au fond une barrière osseuse ; c'est la *colonne cervicale* tapissée d'une couche musculaire qui mérite le *nom d'assise musculaire prévertébrale ;* en avant de celle-ci s'étale, la bridant fortement, une solide feuille conjonctive appelée *aponévrose profonde du cou.*

La colonne cervicale. — La colonne cervicale se compose de sept os superposés ; au point de vue de l'anatomie topographique, on peut la diviser en deux segments ; l'un supérieur appartient au district parotidien ; l'autre inférieur fait partie de la région sus-claviculaire. Les deux vertèbres supérieures de ce chapelet osseux ont des caractères différentiels bien tranchés ; on nomme la première *l'atlas,* la seconde *l'axis.* Les cinq autres sont sensiblement pareilles ; mais toutes sont établies sur un type qui permet de les distinguer des vertèbres des autres régions. Chez le fœtus tous les os vertébraux sont identiques et cette identité se conserve encore presque intacte chez le nouveau-né. C'est proprement après la naissance que s'accomplit la différenciation des caractères régionaux de la colonne vertébrale, et cette transformation est le fait des fonctions particulières à chaque segment de cette tige osseuse. Et si je rappelle ce fait, c'est pour vous dire simplement, à vous qui avez ordinairement quelque peine à apprendre l'architecture comparée des vertèbres, qu'il vous suffit de raisonner un peu pour la graver en votre mémoire.

Voici par exemple les vertèbres cervicales. Je dis simplement ceci : la colonne cervicale est mobile ; cette mobilité (en ne tenant pas compte du rôle des articulations céphalo-rachidiennes) s'exerce dans le sens de la flexion, de l'extension et de l'inclinaison latérale ; et tout, dans chaque vertèbre, est disposé pour assurer cette mobilité.

Prenez le corps.

1° Le *diamètre vertical est égal en avant et en arrière et la convexité antérieure de la région est due exclusivement à la forme en coin des disques intervertébraux.* Mais ne voyez-vous pas qu'ainsi le disque peut céder, s'aplatir, plier sous le faix, tandis que les corps s'écraseraient dans les mouvements un peu forcés, si la forme du segment cervical était due comme la région dorsale à l'inégale dimension de leurs diamètres verticaux ?

2° *Il existe des crochets latéraux de chaque côté du corps (apophyses semi-lunaires).* Mais n'est-ce pas là une sorte de pièce d'engrenage destinée à suppléer à l'articulation folle des apophyses articulaires disposées pour la flexion et l'extension ?

3° *Les faces supérieure et inférieure du corps sont excavées.* C'est sans doute pour laisser plus de place aux disques intervertébraux, organe de mobilité.

Prenez le trou rachidien.

1° *Il est, tout pesé, plus grand que dans les autres régions.* — Il fallait bien assurer à la moelle une place suffisante pour qu'elle ne fût comprimée dans aucun mouvement.

2° *Son diamètre transversal est plus grand que le diamètre antéro-postérieur.* — N'est-ce pas là ce que nécessitait l'importance de l'inclinaison latérale beaucoup plus ample que la flexion et l'extension? Pensez à la place nécessitée par la naissance des gros nerfs rachidiens cervicaux qu'il fallait mettre à leur aise à cause des mouvements.

Prenez les lames.

1° *Elles sont minces, longues, inclinées et imbriquées pendant l'extension.* — C'est afin qu'elles ne se séparent pas trop les unes des autres dans la flexion et qu'elles ne laissent pas ainsi la moelle à nu.

Prenez les apophyses épineuses.

1° *Elles sont courtes et horizontales.* — Cette disposition n'est-elle pas favorable au mouvement d'extension? Imaginez en effet qu'elles soient longues, contiguës et inclinées; du coup, vous supprimez l'extension.

2° *Elles présentent une gouttière inférieure.* — C'est précisément pour recevoir, dans ce mouvement d'extension forcée, le bord supérieur de l'apophyse sous-jacente et permettre alors la meilleure imbrication des lames.

3° *Elles sont bi-tuberculeuses à leur sommet.* — Ne fallait-il pas multiplier autant que possible les attaches des muscles extenseurs?

Prenez les apophyses articulaires.

1° *Elles sont sur le même plan, inclinées sur l'horizon, les supérieures regardant en haut et en arrière, les inférieures en bas et en avant.* Comparez-les avec celles de la colonne dorsale et voyez si cette direction n'est pas seule capable d'assurer la flexion, l'extension et l'inclinaison latérale. Là, elles viennent s'appliquer les unes aux autres verticalement, à plat ; pas de flexion possible sans brisure de l'apophyse qui est en avant ; ici, elles se touchent en plan incliné ; le glissement s'opère sans risque.

Prenez les apophyses transverses.

1° *Leur extrémité libre est bifurquée ; elles sont sur le même plan que le corps et doublent ainsi par devant le diamètre transversal de la vertèbre.* — Ne trouvez-vous pas là une disposition néces-

saire à l'insertion des muscles prévertébraux (flexion) ? Où auraient-
ils trouvé des points d'appui si, les apophyses étant fortement rejetées en
arrière, ils n'avaient plus eu comme soutien que le maigre corps vertébral? Et leurs attaches, où donc les auraient-ils prises?

2º *Elles ont un double bord, l'un antérieur, l'autre postérieur.* —
Voilà bien de quoi assurer une solide attache au muscle inter-transversaire, agent du mouvement d'inclinaison latérale, et sans doute aussi
pour protéger le plus loin possible, dans la concavité d'une gouttière
profonde formée par l'accolement de ces deux bords transversaires,
tous les gros nerfs médullaires laissés pour ainsi dire à découvert
dans le cou par l'absence des côtes cervicales. Je le répète : ce ne
sont pas là des dispositions primitives, innées ; c'est la fonction qui
fait l'organe et lui imprime tel cachet qui lui convient.

Vous connaissez maintenant les vertèbres cervicales, sauf cependant deux de leurs importants caractères. Je vais essayer de vous les
expliquer.

1º *Elles portent, à la base de leur apophyse transverse, un large
trou par où passe l'artère vertébrale.*

2º *Les trous de conjugaison qui résultent de leur superposition
sont formés de deux échancrures pédiculaires égales.*

Pourquoi d'abord ce trou transversaire? Le voici :

Prenons, si vous voulez, une vertèbre type, une dorsale par exemple, puisqu'il n'en est pas de plus complète, et voyons sur quel plan
elle est bâtie.

De son corps, qui forme le centre de l'os, se détachent plusieurs
apophyses. Les unes, vulgaires, banales, ont, si je puis dire, un rôle
tout local et sont pour nous en l'espèce peu importantes : ce sont
les apophyses articulaires et les apophyses transverses. Les autres,
plus nobles, ont une fonction plus élevée et nous intéressent ici plus
particulièrement : ce sont les lames vertébrales et les apophyses
épineuses qui en dépendent, puis les apophyses costales. Les premières
s'unissent en arrière de la moelle pour former *l'arc neural;* les
secondes constituent, autour des viscères et de l'appareil vasculaire,
l'arc hœmal.

Les côtes sont donc, comme vous le voyez, une dépendance, une émanation des vertèbres. Or, examinez maintenant une vertèbre cervicale : ici, chez l'homme tout au moins, plus de côtes ; elles ont disparu. Mais elles n'ont disparu qu'en partie ; on les suit encore à la trace. Voyez cette apophyse qui limite en avant le trou de l'artère vertébrale et s'unit, en dehors de lui, à l'apophyse transverse : c'est le tubercule antérieur des apophyses transverses, et ce tubercule est un processus costiforme, une côte atrophiée mais une vraie côte; son extrémité représente bien la tubérosité d'une côte s'unissant à l'apophyse transverse, et sa base, pourvue d'une tubérosité arrondie qui se loge dans une dépression du corps de la vertèbre sous-jacente, est bien l'image de la tête d'une côte dorsale. A la dixième vertèbre l'apophyse costiforme est même parfois indépendante ; elle l'est presque toujours à la septième.

Ne voyez-vous pas maintenant que le trou transversaire n'a rien de vraiment spécial à la colonne cervicale ? Il n'est rien autre chose que l'espace situé à la région dorsale, entre l'apophyse transverse et le col de la côte, rien autre chose que cette fente limitée en dedans par l'articulation costo-vertébrale et en dehors par l'articulation costo-transversaire. Seulement, au cou, les articulations se sont soudées et l'artère vertébrale, par son passage, a dilaté l'orifice.

Pourquoi maintenant des échancrures égales sur les deux bords du pédicule?

Vous savez que la colonne vertébrale acquiert, en longueur, un développement plus considérable que la moelle épinière; il en résulte que celle-ci, qui occupait d'abord toute l'étendue du canal rachidien, finit par n'en plus habiter l'étage inférieur. Elle ne saurait, en effet, abandonner l'étage supérieur où la maintient sa continuité avec le mésocéphale. Les nerfs qui sortent par les trous de conjugaison sont obligés de suivre l'axe médullaire dans son ascension apparente; ils sont allongés, étirés, effilés en quelque sorte; plus ils naissent bas, plus ils sont obliques, et beaucoup, avant d'abandonner le canal rachidien, sont obligés de descendre au milieu de sa cavité ; là ils se groupent pour former la queue de cheval.

Les racines qui se détachent de la portion supérieure de la moelle (région cervicale) sortent donc transversalement du rachis et le trou qu'elles franchissent est formé de *deux échancrures égales* ; celles qui naissent de la portion moyenne (région dorsale) et de la portion inférieure (région lombaire) de l'axe spinal sortent au contraire obliquement du canal intravertébral pour se porter en bas et en dehors. Cette inclinaison est d'autant plus marquée que les nerfs sont plus inférieurs ; plus ils sont bas situés, plus ils sont obligés de peser, d'appuyer, de se creuser par pression une gouttière profonde, mesurée d'après leur obliquité, sur l'échancrure qui forme le contour inférieur du trou de conjugaison. Tant et si bien qu'au bas de la colonne lombaire celui-ci est presque tout entier formé par l'échancrure sus-pédiculaire. Car notez bien ceci : en raison de la superposition des vertèbres et du mode de constitution des trous de conjugaison, c'est l'échancrure *sus-pédiculaire* qui constitue *l'arc inférieur* du trou ; et quand vous dites « échancrure inférieure » par rapport au trou, cela signifie « échancrure supérieure » par rapport à la vertèbre.

Je ne veux point insister ici sur les caractères particuliers de l'atlas et de l'axis ; je ferai remarquer seulement qu'on les trouvera, au total, peu différentes l'une et l'autre de toutes les vertèbres cervicales si l'on veut songer que leur forme dépend presque exclusivement des modifications qui ont porté sur le développement du corps de l'atlas. Celui-ci a subi une sorte de division ; sa partie centrale s'est séparée de ses parties périphériques ; la première a été accaparée par l'axis qui en a fait son apophyse odontoïde ; les secondes qui sont devenues les masses latérales sont restées à l'atlas ; pour bien marquer leur dépendance et leur origine, elles sont restées unies l'une à l'autre tout autour du segment axial (apophyse odontoïde) par une double bande de tissu conjonctif qui s'ossifie en avant pour former l'arc antérieur et devient fibreuse en arrière pour constituer le ligament transverse. En dehors de ces deux caractères fondamentaux (présence de l'apophyse odontoïde sur l'axis et des masses latérales sur l'atlas), et des conséquences morphologiques secondaires qui en résultent (forme annulaire de l'atlas, grandes dimensions transversales, trou très large), il en est quelques autres qui sont imprimés aux deux vertèbres supérieures par leurs rapports et leurs fonctions ; tel existe, pour l'artère vertébrale, le canal inflexe de l'atlas ; telles se creusent sur la même vertèbre les apophyses articulaires supérieures qui se mouleront sur les condyles occipitaux ; telle aussi, sur l'axis, l'apophyse épineuse s'allonge, s'épaissit, s'élargit et se bituberculise pour donner attache aux muscles rotateurs de la tête. C'est, en effet, dans les articulations céphalo-rachidiennes que se passent les mouvements de rotation de la tête sur le cou, quoique à la vérité ils s'accompagnent d'une torsion de toutes les vertèbres cervicales autour de leur axe vertical.

Les muscles prévertébraux. — Sur la colonne cervicale sont appliqués quelques muscles auxquels on donne le nom de *muscles prévertébraux;* ils ont charge d'imprimer à cette colonne les mouvements que la disposition de ses osselets lui permet d'exécuter. Aussi forment-ils deux groupes : le *groupe prévertébral antérieur* ou groupe *de flexion*, et le *groupe prévertébral latéral* ou groupe *d'inclinaison*.

Étudiez comment la tête se fléchit sur le cou, et vous verrez que ce mouvement, de son degré le plus faible à son degré le plus accentué, se compose : 1° de la flexion de la tête sur la colonne cervicale ; 2° de la flexion du segment cervical supérieur sur le segment cervical inférieur ; 3° de la flexion du segment cervical inférieur sur la colonne dorsale. Eh bien ! vous avez un muscle pour chacun de ces mouvements.

Le grand droit antérieur assure le premier ; la portion oblique divergente du long cervical assure le second ; la portion oblique convergente du même muscle assure le troisième.

Ces notions acquises, il devient facile de comprendre les insertions de chacun d'entre eux.

Le *grand droit antérieur*, allongé, triangulaire rectiligne, s'implante sur l'apophyse basilaire au-devant du trou occipital, près de son congénère, puis se divise en plusieurs petites languettes charnues. Celles-ci se dirigent en bas et en dehors, et se terminent par autant de tendons délicats qui s'attachent aux tubercules antérieurs des apophyses transverses des troisième, quatrième, cinquième et sixième vertèbres cervicales. Il va donc de la tête à la colonne cervicale.

A ce muscle appartient le premier mouvement : *flexion de la tête sur la colonne cervicale.*

Le *muscle long du cou*, mince et plat, complexe et d'étude difficile, se compose de trois portions :

La première, ou *partie oblique descendante, supéro-externe*, se fixe en haut au tubercule antérieur de l'atlas où elle forme une langue musculaire plus épaisse qui lui a valu le nom de *muscle long de l'atlas*, se dirige en bas et en dehors, puis se partage en plusieurs faisceaux qui vont s'implanter par de petits tendons plats aux tubercules antérieurs des apophyses transverses des troisième, quatrième, cinquième et sixième vertèbres cervicales. Elle va donc de la colonne cervicale supérieure à la colonne cervicale inférieure.

Cette première bande du muscle long du cou commande le second mouvement : *flexion de la colonne cervicale supérieure sur la colonne cervicale inférieure.*

La seconde portion, ou *partie oblique ascendante, inféro-externe* du long du cou, naît sous forme de tendons ténus du corps des trois premières vertèbres dorsales, se porte en haut et en dehors, et se fixe aux tubercules antérieurs des apophyses transverses des quatrième, cinquième et sixième vertèbres cervicales. Elle va donc de la colonne cervicale inférieure à la colonne thoracique.

Ce segment du long cervical a pour rôle le troisième mouvement : *fléchir le cou sur le thorax.*

Entre ces deux ventres du muscle existent des faisceaux longitunaux, sortes de *fibres d'association* à l'ensemble desquelles on donne le nom de *troisième portion* ou portion *interne, longitudinale*, et qui allongée, pariforme, s'étend de la face antérieure du corps de la deuxième et troisième cervicales au même point des trois dernières cervicales et des premières dorsales.

Ce dernier fuseau du long du cou rend synergiques les deux mouvements suivants : *flexion de la colonne cervicale supérieure sur la colonne cervicale inférieure, et flexion de celle-ci sur la colonne dorsale.* Il est le complément des deux autres portions.

Chacun de ces muscles est en même temps rotateur de la tête. Si vous voulez savoir dans quel sens, ce qui est bien facile, rappelez-vous cette loi : Quand l'insertion fixe est externe par rapport à l'insertion mobile, le muscle est rotateur vers le côté où il se trouve; quand elle est interne, il est rotateur du côté opposé. Or n'oubliez pas ceci : c'est toujours l'insertion inférieure qui est l'insertion fixe, et l'insertion supérieure l'insertion mobile. En d'autres termes, c'est toujours le haut qui tourne, la tête pour le grand droit, l'atlas pour la première portion du long du cou, la partie inférieure de la colonne cervicale pour la seconde portion du même muscle.

Il vous suffit donc maintenant de savoir dans quels cas l'insertion fixe est externe et dans quel cas elle est interne. Eh bien ! en règle générale l'insertion mobile ou supérieure est interne par rapport à l'insertion fixe ou inférieure. Il n'y a d'exception que pour la portion oblique ascendante du long du cou. En voici la raison : les attaches inférieures de ce segment du muscle se font sur les trois premières vertèbres dorsales. Or vous savez que la face antérieure des apophyses transverses de ces vertèbres est cachée par les côtes ; pas d'insertion possible à cet endroit; c'est pour cela que les languettes se sont transportées sur le corps de la vertèbre et que l'attache inférieure est devenue interne par rapport à l'attache supérieure.

Le groupe d'inclinaison ou groupe prévertébral. latéral comprend deux ordres de muscles : les premiers inclinent la colonne cervicale sur elle-même, ce sont les *intertransversaires cervicaux;* les seconds l'inclinent sur le thorax, ce sont les *scalènes.*

Je laisse momentanément de côté les *scalènes* que je retrouverai plus tard dans l'aire du triangle sus-clavier qu'ils traversent pour aborder les côtes supérieures.

Les *intertransversaires* sont de petites lames musculaires de forme quadrilatère, verticalement dirigées d'une apophyse transverse à la voisine ; une de ces lames est *antérieure* et s'attache à la lèvre antérieure des deux apophyses transverses; l'autre est *postérieure* et s'implante à leur lèvre postérieure ; entre les deux lames cheminent l'artère vertébrale et les branches antérieures des nerfs cervicaux. On voit quelquefois ces petits muscles sauter par-dessus une ou plusieurs apophyses transverses et s'insérer plus bas sur une vertèbre sous-jacente ; ils portent alors le nom de *muscles intertransversaires longs*. Entre l'occipital et l'atlas, c'est-à-dire dans le premier espace inter-transversaire, il existe deux muscles semblables à tous les autres, mais ils portent un nom particulier ; l'un est le muscle *droit latéral antérieur*, l'autre le *droit latéral postérieur*.

Vous trouverez le premier décrit dans vos livres classiques sous le nom de *droit antérieur* tout court ; il y est placé parmi le groupe prévertébral médian. Comme Cruveilhier, je pense qu'il est plus rai-sonnable et plus facile de le considérer comme le premier intertrans-versaire. Quadrangulaire de forme, il part de l'apophyse basilaire où il s'attache en arrière et en dehors du grand droit, et s'implante en bas sur la base de l'apophyse transverse de l'atlas. Le second s'insère en haut à l'apophyse jugulaire de l'occipital, près et en arrière du trou déchiré postérieur, se dirige en bas et en dehors et vient se fixer à l'apophyse transverse de l'atlas, en arrière du précédent.

Pour en finir avec les muscles prévertébraux, je dois vous dire qu'au point de vue de leurs insertions vous trouverez pour chacun d'eux dans vos livres des différences d'une ou deux vertèbres ; ne vous en effrayez pas : c'est bien pis encore pour les muscles de la nuque.

Mais il nous faut jeter un coup d'œil d'ensemble sur la constitution de ce groupe charnu pré-rachidien. Cruveilhier, dans son admirable traité d'anatomie, divise les muscles des gouttières vertébrales en quatre classes : 1º *les interépineux* qui vont d'une apophyse épineuse à une autre apophyse épineuse ; 2º *les intertransversaires* qui vont d'une apophyse transverse à une autre apophyse transverse ; 3º *les épineux transversaires* qui vont d'une apophyse épineuse à une apophyse trans-verse ; 4º *les transversaires épineux* qui vont d'une apophyse trans-verse à une apophyse épineuse. Dans ces deux dénominations épineux-transversaires et transversaires-épineux, le premier mot indique l'insertion fixe, c'est-à-dire l'insertion inférieure. Les mêmes considé-

rations peuvent s'appliquer au groupe des muscles ante et latéro-
vertébraux; seulement l'apophyse épineuse est remplacée ici par le
corps vertébral. Les faisceaux interépineux (lisez plutôt les faisceaux
intercorporaires) sont représentés par la portion longitudinale du long
du cou; les faisceaux intertransversaires par les muscles intertransversaires cervicaux; les épineux transversaires par la portion oblique
ascendante du long du cou; les faisceaux transversaires épineux par la
portion oblique descendante du long du cou. Les interépineux sont des
extenseurs directs; les intercorporaires sont des fléchisseurs directs. Les
intertransversaires postérieurs portent la colonne vertébrale de leur côté
(extension); les intertransversaires antérieurs également (flexion). Les épineux transversaires et les transversaires épineux dorsaux sont des rotateurs; les épineux transversaires et les transversaires épineux ventraux le
sont aussi. Mais ici il y a une petite différence : a la nuque les transversaires épineux sont rotateurs du côté opposé, et les épineux transversaires rotateurs du même côté; c'est absolument le contraire à la
région prévertébrale. Cela est facile à comprendre; les mouvements de
rotation se font en effet autour d'un axe passant par le centre de la
vertèbre, si bien que si la partie postérieure de cette vertèbre tourne
dans un sens, sa partie antérieure tourne en même temps dans un sens
opposé; mais dans le langage anatomique on désigne toujours la rotation d'après la direction que prend le segment antérieur de la partie
qui tourne, parce que la figure regarde en avant, et que c'est par la
figure que nous jugeons.

Ainsi, par exemple, les faisceaux transversaires épineux et les faisceaux transverso-corporaires déterminent les uns et les autres la rotation du côté où ils sont; mais les premiers agissent sur le segment
antérieur de la partie qui tourne, c'est-à-dire sur le segment par
lequel nous jugeons; aussi les disons-nous rotateurs du même côté;
tandis que les seconds agissent sur le segment postérieur qui se
meut dans le sens contraire à celui du segment par lequel nous jugeons;
aussi les appellons-nous rotateurs du côté opposé.

L'aponévrose prévertébrale. — Sur cette couche musculaire

prévertébrale est tendue une toile fibreuse dite *aponévrose cervicale profonde.*

Elle bride le paquet charnu qu'elle fixe contre les os ; elle s'insère en haut sur l'apophyse basilaire au milieu et sur l'apophyse mastoïde de chaque côté ; latéralement elle s'implante sur le sommet des apophyses transverses; en bas, par l'intermédiaire de l'enveloppe qu'elle fournit aux deux scalènes, elle se confond sur la gaine de l'omo-hyoïdien leur voisin avec l'aponévrose omo-claviculaire.

Les parois du puits sus-clavier sont au nombre de trois ; l'une est antérieure, l'autre postérieure, la troisième inférieure ; elles s'agencent de façon à limiter entre elles un triangle.

2° LA PAROI ANTÉRIEURE

La paroi antérieure est formée par le *muscle sterno-cléido-mastoïdien.*

Le muscle sterno-mastoïdien. — Ce puissant muscle, tendu sur la face antéro-latérale du cou entre le crâne postérieur et la partie supérieure du thorax, s'attache, en haut, au bord antérieur et à la moitié antérieure de la face externe de l'apophyse mastoïde par un tendon très fort; par une aponévrose assez mince, il s'implante aussi sur les deux tiers externes de la ligne courbe occipitale supérieure. De là il se porte en bas et en avant croisant en écharpe la région cervicale, et se scinde en deux portions : l'une superficielle, plus volumineuse, de forme conoïde, qui recouvre la seconde; l'autre profonde, plus mince, aplatie, qui est cachée par la première.

Ces deux faisceaux ne tardent pas à se séparer ; le faisceau superficiel se dirige en avant et vient s'implanter sur la partie antérieure et supérieure de la première pièce du sternum par un tendon plat et solide dont les fibres s'entre-croisent sur la ligne médiane avec celles du côté opposé ; le faisceau profond descend presque verticalement et vient s'attacher par de courtes fibres aponévrotiques à la partie interne du bord antérieur et de la face supérieure de la clavicule. Entre les deux ventres musculaires existe un espace celluleux d'autant plus étendu que leur union tarde plus à se faire ; il y a même des cas où l'intervalle conjonctif se prolonge jusqu'à l'occipital, établissant ainsi chez l'homme la division complète du sterno-mastoïdien qu'on observe chez beaucoup de mammifères.

Mieux encore, comme l'ont bien montré Theile et le professeur Farabeuf, la dissection attentive permet de décomposer chacune de ces deux portions en deux chefs, l'un superficiel, l'autre profond ; on arrive alors, à la façon de Krause, à concevoir le muscle sterno-mastoïdien comme un muscle quadrijumeau ou quadriceps dont voici le schéma. Dans le *segment antérieur ou sternal,* on trouve : 1° *la bande sterno-occipitale* ou *superficielle* qui naît de la face antérieure du manubrium et se perd sur l'extrémité externe de la ligne demi-circulaire supérieure de l'occipital; 2° *la bande sterno-mastoïdienne* ou profonde, qui s'attache au sternum en dedans et à côté de la précédente, et va, plus considérable et plus forte, s'insérer à la face externe de l'apophyse mastoïde ainsi que sur la partie de la face externe de la portion mastoïdienne du temporal qui avoisine le mamelon osseux. Dans le *segment postérieur ou claviculaire,* on distingue : 1° *la bande cléido-occipitale,* mince, superficielle, qui s'élève du bord antérieur de la clavicule jusqu'à la partie externe de la ligne semi-circulaire de l'occipital; 2° *la bande cléido-mastoïdienne,* profonde, épaisse, qui se fixe à la face supérieure de la clavicule près de son bord postérieur, et s'élève obliquement, en croisant tous les autres chefs du muscle, pour aller s'implanter sur la face externe et la pointe de l'apophyse mastoïde.

Ceci vous paraît un peu difficile ; rien n'est plus simple cependant. Schématiquement dites : chacun des gros chefs apparents du sterno-mastoïdien peut se décomposer en deux faisceaux, l'un superficiel, l'autre profond. Pour les deux chefs le faisceau superficiel est le faisceau occipital, et le faisceau profond le faisceau mastoïdien. Regardez un crâne, et vous comprendrez facilement pourquoi toute la portion superficielle du muscle est occipitale et non mastoïdienne. La ligne courbe occipitale est située plus haut que le mamelon mastoïdien ; or le muscle vient d'en bas ; si donc la portion occipitale était la plus profonde, elle serait obligée de perforer la portion mastoïdienne superficielle. Or vous savez qu'il n'en est rien.

Il est des sujets chez lesquels il n'est pas besoin du bistouri pour mettre en évidence l'existence de ces quatre ventres musculaires ; chez eux comme chez certain animaux, la hyène par exemple, le chef sternal et le chef claviculaire sont nettement divisés en deux faisceaux ; on dit alors qu'il existe un *sterno-cléido-mastoïdien double,* ou si l'on veut un vrai *quadrijumeau de la tête.* Mais en fait cette séparation des différents faisceaux musculaires ne saurait être constatée, dans la grande majorité des cas, sans l'aide du scalpel : les deux portions superficielles s'unissent par exemple l'une à l'autre près de leur insertion supérieure, et masquant ainsi la dissociation du muscle sterno-mastoïdien qui apparaît alors comme un tout indivis, ne permettent pas de la considérer aussi facilement que chez certains mammifères comme composée d'une série de faisceaux erratiques détachés du muscle trapèze. Cette dernière conception du muscle sterno-mastoïdien qu'on trouve formulée dans le livre de Gegenbaur est, cependant, légitimée par plusieurs autres faits d'anatomie humaine et d'anatomie comparée.

Tels doivent être considérés les cas dans lesquels le trapèze s'unit au sterno-mastoïdien, comblant ainsi tout le creux sus-claviculaire; tels aussi ceux où l'on voit un faisceau anastomotique réunir les deux muscles ; tels encore ceux où le chef claviculaire du sterno-mastoïdien vient s'insérer à l'atlas (*muscle cléido-atloïdien*) ou à l'axis (*muscle cléido-axoïdien*) ; tels enfin ceux où existent des petits muscles surnuméraires intermédiaires entre le trapèze et le sterno-mastoïdien, comme le *cléido-occipital de Wood* ou le *cléido-transversaire* du même auteur, qu'on retrouve chez la plupart des mammifères et qui anormalement se développent quelquefois chez l'homme.

Le muscle sterno-cléido-mastoïdien est contenu dans une gaine qui, en raison des insertions solides de l'aponévrose cervicale superficielle dont elle n'est que le dédoublement, étale le muscle sur le cou et lui donne sa forme aplatie et quadrilatérale. Cette toile fibreuse se continue comme on le sait sur la face, où elle forme le sac parotidien et la gaine du masséter ; aussi peut-on considérer le muscle sterno-mastoïdien comme prenant attache, par son intermédiaire, sur la région maxillaire ; de ce fait M. Richet a donné au segment antéro-supérieur de son fourreau fibreux le nom *d'aponévrose d'insertion faciale.* Sans rappeler ici l'épaississement que cette aponévrose présente au point où elle sépare la loge parotidienne de la loge sous-maxillaire, je dirai seulement que cette façon de l'envisager comme un véritable tendon est légitimée par la disposition que le muscle présente sur certains animaux chez lesquels il s'attache à l'angle de la mandibule ou à l'arcade zygomatique (*sterno-maxillaire, sterno-mandibulaire*), et aussi par l'existence, chez l'homme, de faisceaux surnuméraires s'implantant à l'anneau tympanique, au pavillon de l'oreille et au ligament stylo-maxillaire.

3° LA PAROI POSTÉRIEURE

La paroi postérieure est formée par le muscle trapèze.

Le muscle trapèze. — C'est une vaste et large plaque musculaire, de forme triangulaire, appliquée sur tous les muscles de la région thoracique et cervicale postérieure qu'elle recouvre. Allongés par en bas, les deux muscles trapèzes envisagés dans leur ensemble représentent un capuchon de moine renversé sur le dos ; on les appelle, en raison de cette ressemblance, les muscles cucullaires (cucullus). L'un et l'autre s'insèrent à la protubérance occipitale externe et au tiers interne de la ligne courbe occipitale supérieure par une lame aponévrotique terne et mince, quatrilatérale, adhérente à la peau ; ils s'insèrent aussi au ligament cervical postérieur (raphé médian de Cruveilhier) tendu entre la protubérance occipitale externe et l'apophyse épineuse de la ~~dixième~~ *sixième* vertèbre cervicale puis à l'apophyse épineuse des deux dernières cervicales par un large tendon aponévrotique, triangulaire et puissant, qui forme en s'adossant à celui du côté opposé une forte ellipse fibreuse, et enfin à l'apophyse épineuse des dix premières et quelquefois des douze dorsales.

Au résumé, le trapèze s'implante sur la série épineuse et les ligaments inter-épineux depuis la nuque jusqu'aux lombes. De cette longue ligne d'insertion, il rayonne vers l'épaule que ses *faisceaux supérieurs* atteignent après un *trajet descendant*, ses *faisceaux moyens* après un *trajet transversal*, et ses *faisceaux inférieurs* après un *trajet ascendant*. Les premiers vont, après s'être contournés sur eux-mêmes, s'insérer au tiers externe du bord postérieur de la clavicule; les seconds s'attachent au bord postérieur de l'acromion, et par de solides fibres aponévrotiques à la lèvre supérieure du bord postérieur de l'épine scapulaire; les troisièmes enfin se condensent et se perdent sur un tendon aponévrotique triangulaire qui glisse, grâce à une petite synoviale, sur la facette plane et lisse située à l'extrémité interne de l'épine de l'omoplate, puis finalement s'implante sur le tubercule de cette épine et sur le territoire osseux qui l'entoure dans un rayon de deux ou trois centimètres.

En passant, je ferai remarquer que les insertions du trapèze à l'épine scapulaire, à l'acromion et à la clavicule confinent à celles du deltoïde sur les mêmes os ; aussi est-il juste de faire observer, avec Cruveilhier, que ces deux muscles ne forment, en réalité, qu'un seul corps charnu divisé en deux segments par une intersection osseuse Cette intersection est fibreuse chez les animaux non claviculés, les deux ventres se confondent alors. Ainsi, dit Testut, est constitué le grand muscle céphalo-huméral de la hyène, du cheval et du blaireau.

J'ai déjà parlé plus haut des connexions du trapèze avec le sterno-mastoïdien; je dois y revenir. Le trapèze anormal tend toujours à se confondre avec le sterno-mastoïdien. Suivant les cas, voici l'une des trois dispositions que l'on peut observer : 1°, ou bien le trapèze, devenu très large, s'avance jusque vers le milieu de la clavicule et diminue l'aire du triangle sous-clavier ; 2°, ou bien il laisse se détacher de son bord antérieur un faisceau qui parcourt en écharpe le triangle sus-clavier se dirige vers le sterno-mastoïdien et aboutit à l'extrémité interne de la clavicule; 3° ou bien enfin il y a fusion complète des deux muscles; le triangle sus-claviculaire disparaît alors et la veine jugulaire externe, pour devenir profonde, est obligée de traverser au-dessus de la clavicule une sorte d'arcade fibreuse sur laquelle viennent s'insérer quelques fibres musculaires du trapèze, et au pourtour de laquelle ses parois adhèrent solidement.

4º PAROI INFÉRIEURE

La paroi inférieure répond à la clavicule et à l'espace qui sépare cette clavicule de la première côte, de la seconde côte et du premier muscle intercostal. C'est cet espace étroit en dedans où il est comblé par le muscle sous-clavier, plus large en dehors où il est libre, que doivent traverser les vaisseaux claviers et les nerfs brachiaux, pour passer de la région cervicale dans la région pectorale ; sa hauteur se modifie suivant la position du moignon de l'épaule ; en abaissant fortement le bras nous pouvons comprimer l'artère sous-clavière au point d'arrêter presque complètement les battements du pouls.

La clavicule. — Je vous dirai deux mots seulement de la clavicule que vous avez déjà souvent étudiée. Vous connaissez cet os recourbé en *S* italique, articulé en dedans avec le sternum et en dehors avec l'omoplate, aplati en dehors de haut en bas, cylindrique en dedans, convexe en avant dans son tiers sternal, concave dans le même sens dans son tiers acromial. Il est muni d'une *face supérieure* lisse, convexe, sous-cutanée ; d'une *face inférieure* large en dehors et étroite en dedans comme la précédente, qui est creusée d'un sillon longitudinal où s'attache le muscle sous-clavier, qui domine la coracoïde, le premier espace intercostal et la première côte, et qui en raison de ces rapports, offre en dedans une facette et des rugosités pour l'articulation costo-claviculaire, ainsi qu'en dehors une tubérosité et une ligne raboteuse pour les attaches des ligaments cléido-coracoïdiens. La clavicule est pourvue d'un *bord antérieur*, mince, rugueux et concave en dehors, large, lisse et convexe en dedans ; d'un *bord postérieur*, courbé dans le sens opposé ; d'une *extrémité externe*, mince, aplatie, présentant une petite facette elliptique qui regarde en bas et en dehors et s'articule avec l'acromion ; d'une *extrémité interne* enfin, volumineuse et épaisse, qui déborde de toutes parts la facette que lui présente le sternum.

Je vous rappelle l'importance de la clavicule en anatomie comparée ; vous savez qu'on a divisé les animaux en *claviculés* et *non claviculés*. Je vous rappelle aussi le rôle important qu'elle joue dans les mouvements du membre supérieur, dont elle est pour ainsi dire le centre mobile. Aussi est-elle grêle, peu courbée, lisse, cylindrique chez les femmes et les hommes de cabinet ; puissante, rugueuse, fortement incurvée et angulaire chez les manouvriers.

En ce qui concerne le creux sus-claviculaire, vous voyez que la clavicule le regarde par son bord postérieur et sa face supérieure ; c'est en arrière d'elle, en effet, que passent les vaisseaux sus-claviers et les cordons du plexus brachial, derrière elle que les scalènes abordent les premières côtes, derrière elle que chemine le muscle omo-hyoïdien, par-dessus elle enfin qu'arrivent les branches inférieures du plexus cervical superficiel : tous organes que nous retrouverons bientôt.

Les articulations de la clavicule. — Appuyée d'une part sur le thorax et d'autre part sur l'omoplate, la clavicule est à la fois un boutant et un levier. Comme boutant elle prend un point d'appui sur le sternum ; comme levier, elle suit les mouvements de l'omoplate ; elle est à cet égard le centre mobile de tous les mouvements du membre supérieur ; elle suppose la préhension ; c'est à cause d'elle que l'homme nage autrement que le chien. Quand elle fonctionne comme boutant, la clavicule tend à être séparée du sternum sur lequel elle s'appuie ; quand elle fonctionne comme levier, elle tend à se séparer de l'omoplate qu'elle entraîne. Aussi des ligaments la fixent-ils à l'un et à l'autre.

L'ARTICULATION STERNO-CLÉIDO-COSTALE. — En dedans, la clavicule s'unit au sternum et au dernier cartilage costal. En fait, ces deux articulations n'en font qu'une. J'ai déjà montré la disposition de la surface cléido-articulaire ; elle se compose d'une facette large qui regarde en dedans, et d'une facette étroite qui regarde en bas ; leur grand axe à chacune est dirigé d'avant en arrière. Sur le sternum, la surface articulaire a son grand axe transversal ; elle est tournée en haut et en dehors. La facette costale est plane et regarde en haut ; elle a la forme d'un petit triangle dont la base qui est interne correspond au point où elle se continue avec la plaque articulaire du sternum.

Les anatomistes disent en général que non seulement les deux surfaces articulaires, celle de la clavicule et celle du sternum, se débordent réciproquement, leurs axes étant opposés, mais encore que les facettes ne se correspondent pas, au sens mathématique du mot, et qu'il n'y a pas emboîtement réciproque. M. Poirier, dans un récent travail, a écrit que, de son avis, la correspondance osseuse était évidente, que la convexité d'une surface était bien en rapport avec la concavité de l'autre, et qu'il n'était point besoin du ménisque pour assurer l'embrassement respectif.

Les facettes de la jointure sont, en effet, séparées l'une de l'autre par un fibro-cartilage qui est très développé entre le sternum et la clavicule et qui se prolonge, très réduit de volume, entre celle-ci et le premier cartilage costal. Ce ménisque est oblique en bas et en dehors; son bord supérieur, très épais, s'insère sur l'extrémité supérieure de la facette claviculaire; son bord inférieur, beaucoup plus mince, s'attache sur le côté externe de la facette costale. Il contourne donc ainsi toute la tête de la clavicule; mais il est séparé de la facette articulaire de la côte par deux bandelettes étroites et peu épaisses qui, éloignées à leur origine près du sternum, se dirigent en dehors, tapissent toute l'étendue de la surface costale qu'elles agrandissent, s'unissent l'une à l'autre par leur pointe, et forment ainsi un petit triangle fibro-cartilagineux à base interne et à sommet externe qui est en rapport par sa face supérieure avec le ménisque.

Ce sont là, à proprement parler, les moyens d'attache, les freins du ménisque. Celui-ci, comme le dit le professeur Farabeuf, représente donc une sorte de charnière en cuir, qu'on aurait clouée en bas sur la côte et en haut sur la clavicule, mais qui serait libre de toutes parts sur le sternum. M. Sappey fait remarquer avec raison que si le cartilage inter-articulaire prenait à la fois insertion sur le sternum et sur la clavicule, l'articulation serait immobilisée. Il constitue donc un moyen de contiguïté, mais non point un moyen d'union; il ne paraît tenir à la facette sternale que par son adhérence aux fibres des ligaments périphériques.

14

Ainsi attaché, disposé à la façon d'un véritable huit-ressorts, le ménisque est bien fait pour résister à la poussée et pour prévenir les effets des pressions et des chocs ; il ne cède que sous un très grand effort, même lorsque le sternum a été enlevé. Capable de se tordre, il se détend facilement dans les mouvements d'élévation de l'épaule et leur porte si peu obstacle que chez le fœtus la clavicule peut être placée sans peine dans la verticale, et que chez l'adulte l'extrémité externe de cet os peut se mouvoir vers le cou dans une étendue de sept à huit centimètres environ. Lorsqu'au contraire le moignon de l'épaule s'affaisse, le ménisque se tend et, du fait de sa résistance, la clavicule ne peut pas s'abaisser au-dessous de l'horizontale.

L'extrémité interne de la clavicule présente trois angles : le premier est supérieur ; le second antérieur ; le troisième postérieur. A chacun d'eux s'attache un trousseau fibreux venu du sternum ; leur ensemble constitue *l'appareil ligamenteux péri-articulaire.* Une forte bandelette tendue entre la première côte et la clavicule, et plus éloignée de la jointure que les précédents ligaments, est encore un puissant moyen d'union ; elle forme à elle seule *l'appareil ligamenteux para-articulaire.*

Je décris d'abord l'appareil péri-articulaire.

Les trois faisceaux qui le composent, séparables artificiellement par la dissection, sont assez bien unis les uns aux autres pour que quelques anatomistes, Cruveilhier par exemple, se refusant à établir entre eux une ligne de démarcation, décrivent à l'articulation sterno-claviculaire un *ligament orbiculaire.* Au fait il existe bien, sur toute la périphérie de la jointure, des fibres qui, parties du pourtour de la facette cléidale, se portent obliquement en bas et en dedans, pour s'implanter surtoute la bordure de la facette sternale ; mais il y a vraiment trois points où ces fibres prennent une épaisseur et une résistance qui leur valent le nom de *ligaments.*

Le ligament supérieur ou *ligament inter-claviculaire,* long de trois à quatre centimètres, prismatique et triangulaire, est étendu entre la partie supérieure de l'extrémité interne des deux clavicules ; par sa base il repose sur la fourchette sternale à laquelle il adhère sur les côtés, mais du tissu de laquelle il est séparé, au niveau de la ligne médiane, par un orifice que traversent quelques vaisseaux. Il n'est pas rare que de sa face inférieure se détache un prolongement vertical assez court qui se porte sur le sternum; cela lui a valu le nom de ligament en T.

Ce ligament, formé de faisceaux parallèles, peut être décomposé en trois couches : la première, *superficielle*, comprend les fibres qui vont d'une clavicule à l'autre (*bande inter-cléidale*); la seconde, *intermédiaire*, celles qui vont d'un ménisque à l'autre (*bande inter-ménisquale*); la troisième, profonde, celles qui relient la clavicule au sternum (*bande clavi-sternale*). Peut-être le ligament interclaviculaire n'a-t-il pas la signification ordinaire d'un ligament, et n'est-il que l'image, plus ou moins effacée, d'un organe qu'on rencontre chez certains animaux. Quelques mammifères, les monotrèmes, les édentés, les rongeurs, portent en effet, au-dessus du manubrium, un os qu'on appelle l'*épisternum* ou l'*interclavicule;* cette pièce squelettique s'articule sur la ligne médiane avec le sternum et de chaque côté s'unit à l'extrémité interne de la clavicule. Il est donc au moins rationnel de penser que, chez l'homme où l'épisternum n'existe pas, les deux ménisques inter-articulaires en représentent les parties latérales, tandis que le trousseau inter-ménisqual ou profond du ligament inter-claviculaire en représente le segment moyen. Cette opinion, défendue par Gegenbaur et Bardeleben, a été reprise par M. Poirier; elle est, entre autres raisons, rendue plausible par le développement, chez certains individus, au sein des fibres du ligament inter-claviculaire, d'une ou de deux petites lentilles osseuses auxquelles on donne le nom *d'os suprasternaux.*

Je dirai peu de choses du *ligament antérieur* et du *ligament postérieur;* ils se portent tous les deux de la poignée du sternum à l'extrémité interne de la clavicule, l'un en avant et l'autre en arrière; leurs fibres, obliques en bas et en dedans, adhèrent au ménisque inter-articulaire; peu marqués, mal différenciés de la capsule, de texture peu serrée, ils laissent entre leurs faisceaux écartés passer des vaisseaux et des lobules de graisse sous-synoviale.

L'appareil syndesmien para-articulaire est formé seulement par le *ligament costo-claviculaire*. Très épais, très résistant, très développé surtout chez les manouvriers à gros muscles, absolument indépendant du tendon du sous-clavier qui est en avant et en dehors de lui, le faisceau costo-claviculaire s'attache à une empreinte rugueuse de forme ovalaire située sur le tiers interne de la face inférieure de la clavicule, se porte en bas, en dedans et en avant, et rayonne vers le bord supérieur du premier cartilage costal où il se fixe. De forme trapézoïde (*ligament trapézoïde interne*) ce trousseau fibreux très oblique est, pour ainsi dire, couché sur la première côte; il est très puissant mais aussi très complaisant, en raison de la direction de ses fibres qui, à l'état habituel, sont dans le relâchement, et à la tension desquelles la clavicule ne fait appel que dans quelques cas particuliers. Il en est ainsi lorsqu'elle est portée en prépulsion forcée, ou lorsque, à la suite d'une brisure ou d'une luxation, son extrémité interne s'élève sollicitée par la contraction du sterno-mastoïdien.

Je n'ai pas besoin d'ajouter ici que le tendon interne du sous-clavier est un puissant soutien, un renfort actif du ligament costo-claviculaire.

En dehors, la clavicule est articulée avec l'apophyse acromiale et la coracoïde.

L'ARTICULATION ACROMIO-CLAVICULAIRE. — La jointure acromio-claviculaire est une amphiarthrose très simple; c'est une articulation ébauchée. Sur l'extrémité de l'acromion et sur l'extrémité de la clavicule il existe deux facettes horizontales, antéro-postérieures, recouvertes de fibro-cartilage, l'une regardant l'autre. Entre les deux, un ménisque imparfait, libre seulement par son extrémité inférieure, simple fragment détaché du fibro-cartilage acromial dont il doit être considéré comme une dépendance. Au résumé, pas de cavité articulaire; simple juxtaposition de deux surfaces mal disposées l'une par rapport à l'autre pour résister à la poussée qui tend à produire le chevauchement de la clavicule, mais bien agencées dans le sens vertical; elles sont en effet maintenues par une capsule très faible en avant et en arrière, médiocrement résistante en bas (*ligament inférieur*) mais très puissante en haut (*ligament supérieur*) où elle présente de nombreux faisceaux épais de plusieurs millimètres, d'autant plus courts et plus serrés qu'ils sont plus profonds, mais toujours assez lâches et assez complaisants pour permettre de légères oscillations claviculaires.

L'ARTICULATION CLÉIDO-CORACOÏDIENNE. — Hors des cas accidentels, on peut dire que l'articulation acromio-claviculaire est une articulation à distance; il est rare qu'on constate sur la face supérieure de la coracoïde un cartilage et une synoviale; entre les deux os il existe ordinairement et dans la position habituelle de l'épaule une distance d'un centimètre; mais comme ils se mettent en contact dans certains mouvements, ils sont entourés d'une atmosphère conjonctive qui se différencie en une masse de tissu cellulaire rougeâtre, lâche et humide, première modification qui la conduit quelquefois par degrés à la transformation séro-synoviale complète. Trois ligaments maintiennent en respect la coracoïde et la clavicule; deux sont externes, ce sont *les ligaments coraco-claviculaires externes;* un interne, c'est *le ligament coraco-claviculaire interne.*

Les ligaments *coraco-claviculaires externes* sont au nombre de deux; l'un est antérieur, on le nomme *ligament trapézoïde;* l'autre postérieur, on le nomme *ligament conoïde;* ils sont continus l'un avec l'autre; seule, la direction de leurs fibres permet de les distinguer.

Le *trousseau trapézoïde* s'attache en haut à la tête rugueuse de la face inférieure de la clavicule, se dirige très obliquement en bas et en dedans et vient se fixer sur la ligne raboteuse qui hérisse le bord interne de la coracoïde au niveau de son tiers moyen. Très puissant, plus large en haut qu'en bas, ce qui lui donne sa forme irrégulièrement quadrilatère, il paraît long et presque horizontal quand on le regarde par devant, court et presque vertical quand on le regarde par derrière.

En dedans et en arrière de lui, le *trousseau conoïde,* encore appelé *ligament rayonné,* de forme triangulaire, s'attache à un solide tubercule planté sur le bord postérieur de la face inférieure de la clavicule (*tubercule sus-coracoïdien*); puis il se rétrécit et ses fibres convergent vers l'empreinte rugueuse qui surmonte la base de l'apophyse coracoïde ; vertical et libre par son bord interne, il est oblique par son bord externe ; celui-ci, comme le ligament antérieur auquel il confine et avec lequel il paraît se confondre, se dirige en bas et en dedans ; le sommet du ligament conoïde est inférieur, sa base supérieure.

Je ne vois rien de particulièrement intéressant à vous signaler sur ces deux ligaments. Sachez cependant qu'ils forment, à eux deux, suivant. l'expression de Poirier, une sorte de niche ouverte en avant et en dedans, au fond de laquelle se rencontre quelquefois une bourse séreuse ; outre celle-ci, vous en trouverez plus régulièrement une autre infiltrée, pour ainsi dire, entre les deux feuillets que forment les faisceaux du ligament trapézoïde, puis une troisième, collée contre le conoïde et appliquée sur la base de l'apophyse coracoïde. Toutes les trois ont été décrites par Poirier.

Mon ami le Dr Bellini, d'Athènes, a décrit deux ligaments accessoires de l'articulation coraco-claviculaire qu'il a disséqués et étudiés dans mon pavillon de Clamart.

Il donne à l'un le nom de *petit ligament postérieur*. En forme d'Y à sommet supérieur, celui-ci s'attache au bord postérieur de l'apophyse coracoïde, en dehors du point où s'insère le ligament conoïde, sur une ligne allant de la base vers le sommet de l'apophyse, s'entrecroise avec le bord tranchant postérieur du ligament trapézoïde, et monte en haut s'insérer à la clavicule un peu en arrière du ligament trapézoïde avec lequel il se confond.

Le second ligament accessoire mérite, d'après Bellini, le nom de *ligament intermédiaire*. « Celui-ci est antérieur ; situé entre le trapézoïde et le conoïde, quadrilatère de forme, il s'insère en bas sur la face supérieure et d'un bord à l'autre de l'apophyse coracoïde, puis il monte et va s'attacher à une ligne oblique dont le sens est opposé à celui de la ligne d'insertion supérieure du trapézoïde avec lequel il s'accole vers son bord postérieur ; entre eux deux se trouve un espace triangulaire, profond, dont la base répond à la clavicule. »

Ces ligaments, suivant le mot pittoresque de Bellini, « se présentent pour la première fois à l'horizon anatomique ». Je crois que le consciencieux travail où ils sont décrits, trop court pour entraîner la conviction, est digne de nouvelles recherches capables de tirer au clair ce point délicat de syndesmologie.

Le trousseau *coraco-claviculaire interne,* très solide, fortement tendu, assez ferme et assez résistant pour être senti chez les individus maigres à travers le grand pectoral, est une dépendance de l'aponévrose du sous-clavier. Celle-ci s'attache par deux bords à la face inférieure de la clavicule, en avant et en arrière du muscle sous-clavier auquel elle forme une véritable gouttière; en dedans, elle accompagne le tendon du muscle jusque sur la première côte et vient se confondre avec la lame celluleuse des intercostaux externes; en dehors, elle l'abandonne et se prolonge horizontalement sous forme d'un faisceau fibreux, dense, épais, étroit et nacré, jusqu'au bord interne de l'apophyse coracoïde sur lequel elle s'implante solidement. C'est à ce segment externe de la gaine du sous-clavier qu'on donne le nom de ligament *coraco-claviculaire interne* ou *horizontal* (Sappey).

Je vous montrerai plus loin que cette gaine du muscle sous-clavier n'est autre chose qu'un tendon modifié, une sorte de fourreau fibreux d'insertion.

J'aurais également bien des choses à vous dire des ligaments trapézoïde et conoïde. Pour le moment, rappelez-vous simplement ceci : ces ligaments représentent un véritable tendon épanoui en éventail, dont il est facile de suivre la continuité avec le petit pectoral et avec les fibres de l'aponévrose du sous-clavier. Vous verrez plus tard à quelles conclusions nous conduira cette conception qui paraît étrange au premier abord, mais que légitiment de nombreux faits anatomiques.

8° LA MARGELLE ET LE COUVERCLE

Le couvercle du puits sus-claviculaire est double; il est formé d'un plan superficiel, la peau et son matelas musculo-celluleux, et d'un plan profond, l'aponévrose cervicale superficielle. Le premier passe au-dessus de l'orifice du puits sans adhérer à la margelle; le second est fixé contre le bord antérieur et le bord postérieur de cette margelle, mais passe librement, sans contracter attache, au-dessus de son bord inférieur. Si bien, comme vous le voyez, qu'on ne saurait pénétrer dans le puits directement, par simple décollement, sans déchirure, qu'en soulevant par en bas la partie profonde du couvercle.

a). — LE PLAN SUPERFICIEL DU COUVERCLE

La peau. — La peau est souple, mobile, fine et glabre; à travers elle transparaissent en bas les jugulaires externe et antérieure; sous elle, on voit quelquefois ces deux vaisseaux qui bombent et sont animés des battements du pouls veineux.

Le peaussier. — Le paussier descend du menton jusque dans la région sus-claviculaire dont il n'atteint pas, du reste, les limites postérieures. Je n'ai rien à vous dire de ce muscle que je vous ai déjà décrit avec le creux sous-maxillaire et dont la contracture peut, au dire de certains chirurgiens, produire certaines variétés de torticolis. Il est comme engainé entre les deux lames du fascia superficialis.

Le fascia superficialis. — Celui-ci se dissocie, en effet, assez aisément en deux assises : la couche superficielle, *aréolaire*, contient quelques lobules graisseux; la couche profonde, *lamelleuse*, renferme la jugulaire externe; elle adhère assez solidement au peaussier. Les deux lames du fascia superficialis deviennent plus lâches, plus épaissés, plus souples du côté de la clavicule; elles sont plus denses et plus conjonctives vers le sommet du triangle sus-clavier.

L'assise sous-cutanée. — Le tissu cellulaire sous-cutané devient plus abondant aussi à mesure qu'il atteint les confins inférieurs de la région; il est lamelleux; une assez grande quantité de vésicules adipeuses l'infiltrent; c'est lui qui « chez la femme contribue à adoucir les formes et les lignes du cou. »

C'est au sein de ce matelas sous-cutané que l'on trouve deux troncs

veineux très importants : la veine jugulaire externe et la veine jugulaire antérieure.

La veine jugulaire externe. — La veine jugulaire externe naît,
comme je l'ai déjà dit, non pas dans la parotide, mais au niveau de
l'angle de la mâchoire; là elle débouche dans la veine faciale postérieure, ou dans la veine faciale antérieure, ou bien encore dans le
tronc commun qui résulte de l'union de ces deux vaisseaux. Elle se
dirige en bas et en arrière, sous le peaussier aux fibres duquel elle est
parallèle, croise à angle très aigu le muscle sterno-mastoïdien et
traverse sous un angle plus ou moins aigu les branches du plexus
cervical superficiel; elle passe en dehors de la branche cervicale
transverse et en dedans de la branche sous-claviculaire. Quelquefois
presque verticale, ailleurs flexueuse et fortement incurvée, la jugulaire
externe atteint le tiers externe de la base du creux sus-clavier, se
dirige en bas, en dedans et en arrière, perfore l'aponévrose cervicale
superficielle, s'applique sur la face antérieure du scalène antérieur où
elle est recouverte par l'origine de la jugulaire antérieure qui la sépare
du tendon du sterno-mastoïdien, et vient enfin se jeter dans le tronc
veineux brachio-céphalique, après un trajet horizontal de trois centimètres, au point d'union de la jugulaire interne et de la sous-clavière.
Des vaisseaux et des ganglions lymphatiques l'entourent. Chemin
faisant la jugulaire externe reçoit deux ou trois branches transversales
par lesquelles elle s'anastomose avec la jugulaire antérieure et plusieurs veines sous-cutanées. Elle conduit à la veine sous-clavière la
cervicale postérieure superficielle, la *scapulaire supérieure* et la
scapulaire postérieure qui sont satellites des artères homonymes.

Assez souvent la jugulaire externe se dédouble en deux branches qui
descendent parallèlement, le long du sterno-mastoïdien, et se rejoignent après un trajet de longueur variable, formant ainsi une sorte de
boucle elliptique allongée verticalement. Au point où elle débouche
dans la sous-clavière, elle se dilate en ampoule et au-dessous de ce
petit sinus présente une valvule ordinairement insuffisante.

Quand la jugulaire externe rétrograde pour s'engager derrière le chef claviculaire du sterno-mastoïdien, puis derrière la clavicule, elle reçoit une anastomose de la veine céphalique qui passe soit en dessus, soit en dessous de la clavicule. Cette branche n'est pas constante chez l'homme; elle l'est chez le singe au dire de Pilade Lachi; ce serait donc chez nous la marque, le souvenir d'une disposition ancestrale.

La jugulaire externe n'est autre chose qu'un canal anastomotique entre deux segments de la jugulaire interne; c'est un gros et long canal de sûreté dédoublé ou non; elle reçoit à la vérité quelques veinules superficielles, mais c'est là un rôle accessoire; elle les prend en passant, parce qu'elle les rencontre. Si on l'a décrite comme pénétrant dans la parotide, c'est qu'au lieu de se jeter au niveau de l'angle de la mâchoire dans la jugulaire interne, elle débouche d'ordinaire dans la veine faciale postérieure qui paraît alors la continuer; mais, je le repète, c'est là une pure apparence. Qu'importe, en effet, que la jugulaire externe se jette dans la jugulaire interne isolément et directement, ou profite pour y déboucher de la terminaison d'une des grosses branches d'origine de cette jugulaire interne? Tel canal qui relie deux rivières, part de l'une directement et ne rejoint l'autre que par l'intermédiaire d'un de ses affluents. Et celle-ci n'en reste pas moins son aboutissant. Ainsi fait la jugulaire externe.

La veine jugulaire antérieure. — Je vais vous en dire autant de la jugulaire antérieure.

Celle-ci naît dans la région sus-hyoïdienne, non pas, comme on l'écrit d'habitude, de l'union des veines superficielles sous-mentales, mais bien du tronc de la veine faciale antérieure, tout près de l'embouchure de celle-ci dans la jugulaire interne ou de l'une quelconque des veines du système profond. De même qu'il y a deux jugulaires externes, de même il y a deux jugulaires antérieures.

La veine jugulaire antérieure descend en dedans du ventre préhyoïdien du digastrique, en avant du sterno-hyoïdien, à une distance variable de la ligne médiane; au niveau du bord inférieur du corps thyroïde, elle se porte en dehors, atteint le sterno-mastoïdien dans son quart inférieur, s'engage sous sa face profonde, soit en passant sous son bord antérieur, soit en pénétrant entre ses deux tendons inférieurs, mais toujours en perforant l'aponévrose cervicale superficielle, traverse ensuite le feuillet omo-hyoïdien, croise par devant les gros vaisseaux du cou, s'infléchit en bas et en dehors et vient se jeter dans la sous-clavière soit en dehors, soit en dedans, mais toujours tout près de l'embouchure de la jugulaire externe. Dans le cas où elle débouche en dehors de celle-ci, elle croise en avant son segment terminal qu'elle sépare du sterno-mastoïdien.

La jugulaire antérieure communique avec l'externe par deux ou trois branches transversales qui cheminent superficiellement dans le cou au travers du sterno-mastoïdien, dans le tissu cellulaire sous-cutané ; une d'elles se détache ordinairement de la première au point où elle s'engage sous le bord antérieur de ce muscle. Une autre veine assez grosse unit l'une à l'autre, chez beaucoup de sujets, les deux jugulaires antérieures ; elle naît de la partie profonde de chacune d'elles, reste profonde aussi, et forme une sorte d'arcade transversale qui passe derrière le bord supérieur de la fourchette sternale.

Dans son parcours, la veine jugulaire antérieure reçoit plusieurs petites veines sous-cutanées ; les plus importantes naissent dans la région sus-hyoïdienne : ce sont les *sous-mentales*. Elle reçoit aussi quelquefois la *veine médiane du cou* que quelques auteurs ont prise à tort pour la jugulaire antérieure et qui n'est qu'une veinule superficielle de la région cervicale.

Je le répète, la jugulaire antérieure n'est, comme l'externe, qu'un grand canal collatéral de sûreté creusé dans le cou entre deux segments de la jugulaire interne. Elle non plus ne se rend pas directement d'une portion à l'autre de ce gros fleuve ; elle emploie pour le drainer quelques-unes des rivières affluentes qu'il reçoit. Ainsi doivent s'expliquer les communications qui existent entre la jugulaire antérieure d'une part, d'autre part la veine faciale antérieure, l'arcade des veines thyroïdiennes supérieures et les veines thyroïdiennes inférieures médianes. Quant aux petites branches superficielles que reçoit cette jugulaire antérieure, elle sont sans importance. La jugulaire antérieure collecte bien le sang de la région cervicale médiane sous-cutanée; mais cela ne compte pas; c'est une fonction de complaisance.

La jugulaire interne, la jugulaire externe, la jugulaire antérieure et la sous-clavière, convergent comme on le voit, vers le même point : il y a là, au lieu où elles se rencontrent, un véritable confluent : c'est une sorte *de pressoir rétro-claviculaire.*

Les branches sus-acromiale et sus-claviculaire du plexus cervical superficiel. — Nées tout près l'une de l'autre de l'arcade que forment en s'unissant le troisième et le quatrième nerfs cervicaux, les branches sus-acromiale et sus-claviculaire du plexus cervical superficiel se dégagent de la face profonde du muscle sterno-mastoïdien au niveau du bord postérieur de ce muscle ; toutes deux se portent en bas et en dehors, traversent le peaussier et gagnent la partie supérieure du thorax. L'une, la *sus-claviculaire,* est antérieure ; elle se divise en rameaux *sus-sternaux* et en rameaux *sus-claviculaires* qui se répandent dans la peau du creux sus-clavier et vont finir dans les téguments de la région mammaire. L'autre, la *sus-acromiale,* est postérieure ; elle s'épuise dans la peau du moignon de l'épaule.

b). — LE PLAN PROFOND DU COUVERCLE

Le plan profond du couvercle est formé par l'aponévrose cervicale superficielle.

L'aponévrose cervicale superficielle. — Rien n'est plus facile à comprendre que la disposition de cette aponévrose. Suivez-la d'avant en arrière et vous la verrez se détacher du raphé médian cervical antérieur, atteindre le bord antérieur du sterno-mastoïdien, se dédoubler pour l'enchasser, recouvrir, à la façon d'une toile tendue, le creux sus-clavier, aborder le trapèze, l'engainer, puis se reconstituer en un feuillet uni-lamelleux qui se fixe au sommet des apophyses épineuses cervicales ; suivez-la maintenant de haut en bas, et vous la verrez descendre de l'apophyse zygomatique et du conduit auditif externe, tapisser la face superficielle de la parotide, rejoindre le sommet du creux sus-claviculaire, se développer pour tapisser toute l'aire de son triangle, rejoindre la clavicule et passer au-devant d'elle sans y prendre insertion, pour aller former, sur la face antérieure du grand pectoral, l'aponévrose de revêtement de ce muscle.

II. — LES ORGANES DU PUITS SUS-CLAVIER

Si vous disséquez le creux sus-claviculaire, vous trouverez vers son milieu un petit muscle à deux ventres qui se détache de l'omoplate, se dirige en haut et en avant, traverse obliquement la région et va se fixer à l'os hyoïde : ce petit muscle, c'est l'*omo-hyoïdien*.

Le muscle omo-hyoïdien et l'aponévrose cervicale moyenne. — Il s'insère, en bas, par une mince lamelle aponévrotique derrière l'échancrure coracoïdienne, se porte en avant le long du bord postérieur de la clavicule, devient tendineux, se réfléchit en haut et en dedans, et forme un nouveau ventre musculaire qui s'implante par l'intermédiaire d'une mince bandelette fibreuse au bord inférieur de l'os hyoïde. Ce muscle, après dissection, vous paraît isolé et dépourvu sur toute sa longueur de connexions fermes ; son trajet, que je viens pourtant de vous décrire comme réfléchi, vous semble, au contraire de ce que je vous ai dit, absolument direct. Il n'en est rien.

Vous vous reppelez qu'en étudiant la région sus-hyoïdienne je vous ai montré les deux ventres antérieurs du digastrique unis l'un à l'autre par une lame aponévrotique comblant l'aire du triangle à sommet supérieur qu'ils laissent entre eux (*aponévrose interdigastrique*) ; eh bien! il existe ici la même disposition : les deux muscles omo-hyoïdiens sont séparés l'un de l'autre par un triangle à base inférieure dont la surface est couverte par une toile conjonctive qui les fixe, les bride et immobilise sur la région cervicale latérale la demi-écharpe qu'ils y forment. Cette toile, je l'appellerai par comparaison *l'aponévrose inter-omo-hyoïdienne.* C'est l'aponévrose *cervicale moyenne des auteurs*, l'aponévrose *omo-claviculaire* de Richet, l'aponévrose omo-

hyoïdo-claviculaire de Paulet, ou encore la *thoraco-hyoïdienne* de Testut. Pour l'étudier, suivez-la d'abord d'avant en arrière : vous la voyez naître du raphé médian cervical antérieur, se dédoubler pour engainer le sterno-hyoïdien et le sterno-thyroïdien, pénétrer dans l'aire du creux sus-clavier, et rencontrer enfin l'omo-hyoïdien auquel elle fournit une enveloppe adhérente. Elle se confond en arrière avec l'aponévrose cervicale superficielle pour s'attacher à la colonne vertébrale; suivez-la maintenant de haut en bas, et vous la verrez, disent au moins les auteurs, s'enfoncer derrière le sternum dans le thorax pour aller s'attacher au péricarde, et derrière la clavicule envoyer dans le médiastin une expansion pour la veine sous-clavière et le tronc veineux brachio-céphalique; au niveau de l'apophyse coracoïde enfin elle plonge dans l'aisselle pour y aller former l'aponévrose du petit pectoral et le ligament suspenseur.

Il y a mieux; je vous ai dit qu'on voyait quelquefois dans la région sus-hyoïdienne les ventres antérieurs du digastrique devenir penniformes, et former, au-dessous du maxillaire inférieur, en s'attachant ensemble sur le raphé antérieur du cou, un plan musculaire continu qui remplaçait alors l'aponévrose interdigastrique et venait, véritable mylo-hyoïdien superficiel, renforcer le plancher de la bouche.

La même chose se passe pour l'omo-hyoïdien; chez certains animaux, comme les sauriens, il s'élargit considérablement, se confond avec le sterno-thyroïdien pour s'unir avec son congénère sur la ligne médiane, et forme alors une vaste plaque musculaire qui, de l'os hyoïde, descend sur le cou vers l'enceinte supérieure du thorax (muscle sterno-omo-hyoïdien). Il n'est pas très rare, comme l'ont démontré Gegenbaur, Testut et son élève Marcondès, de voir chez l'homme une disposition qui rappelle plus ou moins complètement la précédente, apanage des vertébrés inférieurs; du sternum à l'épine scapulaire, tout le long de la clavicule et de la corocaïde, se detachent alors des faisceaux de renforcement qui sont quelquefois assez nombreux pour remplacer dans toute son étendue l'aponévrose omo-claviculaire. Fort de ces anomalies, image de caractères ancestraux, Gegenbaur considère la toile thoraco-hyoïdienne comme le reliquat d'un muscle dont le sterno-hyoïdien et le sterno-thyroïdien forment le segment antérieur, dont l'omo-hyoïdien constitue le segment postérieur, et dont elle représente les faisceaux moyens, désormais atrophiés.

D'ailleurs, chez les enfants, l'aponévrose omo-claviculaire contient presque toujours de nombreux faisceaux de fibres striées.

Quant au tendon intermédiaire de ce muscle, il n'est autre chose qu'une intersection aponévrotique analogue à celles qu'on rencontre sur le sterno-hyoïdien, le sterno-thyroïdien et le grand droit de l'abdomen; ce sont là des vestiges de la division primitive de chacun d'eux en segments correspondant aux métamères du corps.

Mais revenons au contenu du creux sus-claviculaire. Voyez l'omo-hyoïdien traverser obliquement la région : il la divise en deux triangles, l'un inférieur *omo-claviculaire*, l'autre supérieur *omo-trapézo-mastoïdien*. L'aire de ces deux triangles est superficielle et transversale. Voyez maintenant descendre de la colonne cervicale vers les côtes supérieures deux muscles qui traversent verticalement les deux triangles précédents : ce sont les *scalènes ;* ils se touchent par le haut et se séparent par le bas; entre eux se forme donc un nouveau triangle dont l'aire est profonde et verticale : *c'est le triangle inter-scalénique.*

Le *triangle omo-claviculaire* est limité en bas par la clavicule, en avant par le bord postérieur du sterno-mastoïdien, en haut par l'omo-hyoïdien; son sommet, qui est postérieur, correspond au point où l'omo-hyoïdien s'engage, au-dessus de la clavicule, sous le muscle trapèze.

Le *triangle omo-trapézo-mastoïdien* est bordé en bas par l'omo-hyoïdien, en avant par le bord postérieur du sterno-mastoïdien, en arrière par le bord antérieur du trapèze; son sommet qui est supérieur et que la dissection peut à volonté élever jusqu'à l'occipital, existe à l'état normal là où confinent l'un à l'autre le trapèze et le sterno-mastoïdien.

L'appareil scalénique. — Le *triangle inter-scalénique* a comme bord antérieur le muscle scalène antérieur, comme bord postérieur le scalène postérieur et comme base le premier espace intercostal; son sommet est supérieur; il répond au point où les deux scalènes convergent.

Le *scalène antérieur* s'attache par quatre languettes tendineuses au tubercule antérieur des apophyses transverses des 4e, 5e et 6e dernières cervicales en arrière des languettes tendineuses du muscle *long du cou*, se dirige en bas en dehors et en avant, et par un tendon très épais s'attache sur la face supérieure de la première côte, près du cartilage costal, au niveau du tubercule de Lisfranc.

Le *scalène postérieur*, plus long et plus volumineux, s'implante en arrière du précédent sur la lame osseuse qui réunit les tubercules antérieurs aux tubercules postérieurs des six ou sept dernières vertèbres cervicales : il se porte en bas, en dehors et en arrière, puis se divise en un nombre variable de faisceaux et de languettes qui s'attachent suivant des types divers sur la face superficielle de la première, de la seconde et souvent de la troisième côtes, au niveau desquelles les fibres se continuent souvent avec celles d'un muscle intercostal externe. Les Allemands donnent à la portion antérieure du muscle scalène postérieur le nom de *scalène moyen;* cela est, à mon avis, sans raison.

Le muscle scalène postérieur ne s'insère donc pas, comme cela est écrit dans nos meilleurs livres et dans plusieurs ouvrages étrangers, sur les tubercules postérieurs des apophyses transverses cervicales, mais bien, comme le dit Krause, sur les tubercules antérieurs de ces apophyses. Au premier abord il ne semble pas qu'il en soit ainsi, et ces tubercules antérieurs paraissent nettement séparés des languettes tendineuses du muscle par la série des nerfs cervicaux ; mais, en fait, voici ce qu'on observe : au niveau de chaque nerf cervical, le petit tendon s'engage sous la face inférieure du cordon rachidien qui lui est immédiatement sus-jacent, se place très légèrement en avant de lui et se fixe définitivement sur la partie tout à fait inférieure du tubercule antérieur, le long du bord libre, émoussé, de la gouttière transversaire. Il en résulte, que d'une façon générale, les insertions du scalène antérieur sont très voisines de celles du scalène postérieur ; elles leurs sont contiguës.

Ce fait que j'ai démontré par de nombreuses et attentives dissections doit trancher désormais le différend qui divise les anatomistes. Ceux en effet qui décrivent les muscles scalènes moyen et postérieur comme s'attachant aux tubercules postérieurs, en font, de toute nécessité, des muscles longs sur-costaux : un muscle sur-costal s'étend, en effet, d'une vertèbre à la côte. Ceux qui, comme Krause, Dollo et moi admettent au contraire l'insertion des scalènes postérieurs aux tubercules antérieurs, les rangent dans le groupe des intercostaux ; un muscle intercostal, en effet, se porte d'une côte à une autre côte, et l'on sait que les tubercules vertébraux antérieurs de la colonne cervicale et la lame qui les unit aux tubercules postérieurs, ne sont pas autre chose que des côtes rudimentaires, des apophyses costiformes, comme on dit, tandis que les tubercules postérieurs font, au sens propre du mot, partie de la charpente vertébrale.

Il est à remarquer, en effet, que la disparition des côtes et du sternum dans l'organisme humain au niveau de la région cervicale et de la région abdominale n'a pas entraîné celle des muscles qui leur sont annexés, mais a seulement modifié leur disposition ; le muscle pré-sternal du thorax n'est-il pas en effet représenté au cou par le sterno-thyro-hyoïdien, et à l'abdomen par le grand droit? Les scalènes cervicaux et les obliques abdominaux ne sont-ils pas aussi l'image du système des intercostaux thoraciques?

On a décrit aux muscles scalènes de nombreux faisceaux surnuméraires, erratiques, insolites ; mais ce ne sont pas là des faisceaux distincts, détachés de la masse commune et sans relation avec elle ; ce sont simplement des languettes d'attache plus ou moins irrégulière ou bien encore des languettes d'anastomose entre les deux muscles ; mais leur apparition ne trouble en rien, de mon avis, l'homogénéité de la masse scalénique pour laquelle il faut, je crois, revenir à la conception qu'en avaient autrefois formulée les anciens anatomistes.

« *Le scalène*, disait Dionis, *a deux origines qui, étant éloignées l'une de l'autre, laissent un espace entre elles par où passent les vaisseaux.* » C'est ainsi que je comprends l'appareil scalénique.

En haut, jusqu'à la quatrième vertèbre cervicale, le muscle, formé par la réunion de deux ou trois minces languettes, est encore étroit, presque lamelleux; les nerfs rachidiens passent en avant de lui facilement; mais plus bas, à mesure qu'il reçoit des faisceaux nouveaux venus des vertèbres inférieures, il se gonfle; son ventre s'épaissit et forme barrière aux cordons qui se dirigent en dehors et en bas pour aller, en s'anastomosant, former le plexus brachial.

Et comme il faut que ceux-ci passent, ils se frayent une route au milieu du muscle qui se dissocie complaisamment en deux grands faisceaux entre lesquels ils s'engagent.

C'est, du reste, une loi générale de l'anatomie que cette division des muscles ou de leurs tendons pour laisser la voie libre aux vaisseaux et aux nerfs ; le rond pronateur et le fléchisseur superficiel se dissocient pour le médian; le cubital antérieur pour le cubital; le coraco-brachial pour le musculo-cutané; le court supinateur pour la branche profonde du nerf radial.

Il faut donc écrire : Les trois scalènes forment une seule masse. Celle-ci, simple en haut parce qu'elle n'a pas de raison d'être double, se divise en bas pour faire place aux organes de passage. Ce qui est en avant forme le scalème antérieur, dont une partie, celle qui s'insère sur la septième cervicale, se différencie pour la suspension du dôme pleural; ce qui est en arrière forme le scalène postérieur, que la dissection permet ordinairement de partager en plusieurs faisceaux.

J'étaye cette opinion sur plusieurs faits. Les voici :

1° *La masse scalénique possède des insertions supérieures uniformes ;* tous ses faisceaux s'attachent, en effet, sur les tubercules antérieurs des apophyses transverses. Seulement, comme il est facile de le comprendre, dès le moment où cette masse se dissocie, ses languettes d'origine, au point où elles s'implantent sur l'os, deviennent plus larges (puisqu'elles doivent, en fait, donner naissance à deux muscles), s'étalent d'avant en arrière, et se fixent non seulement sur le tubercule antérieur, mais encore sur le bord libre du plancher de la gouttière transversaire jusqu'au voisinage du tubercule postérieur.

2° *Il existe entre le scalène antérieur et le scalène postérieur des faisceaux anastomotiques* qui témoignent en quelque sorte de l'unité du bloc scalénique.

3° *L'artère sous-clavière s'engage quelquefois entre deux faisceaux du scalène antérieur.*

4° *Le scalène postérieur est, dans certains cas, perforé par quelques branches du plexus brachial.*

Comme si ces deux variétés d'organes, l'artère et les nerfs, tenaient à montrer par quelques faits anormaux qu'il ne tient qu'à eux de diviser, autrement qu'elle n'est divisée d'habitude, la masse scalénique, et qu'ils ont sous leur exclusive dépendance la formation de ses plus ou moins nombreux faisceaux !

Il y a donc, je le répète, un muscle, un seul muscle scalène. Ce muscle est formé par une série d'intercostaux modifiés ; ce sont tous de longs intercostaux ; seul le dernier faisceau, celui qui s'attache à la septième cervicale, est un intercostal ordinaire. Tous les autres franchissent plusieurs espaces superposés et descendent jusqu'à ce qu'ils aient rencontré le premier arc osseux qui puisse leur offrir surface d'implantation. Mettez des côtes dans le cou, et le scalène se décompose en une série d'intercostaux externes. N'en a-t-il pas la direction, les attaches, le rôle ?

Le scalène est un long intercostal pour trois raisons.

La première, c'est que les languettes qui lui donnent naissance s'attachent au tubercule antérieur des apophyses transverses et sur la lame osseuse qui réunit les tubercules antérieurs aux postérieurs. Or le tubercule antérieur est une côte rudimentaire, un *processus costal;* comme le fait remarquer Krause, la lame intertuberculeuse elle-même ne fait pas partie de l'apophyse transverse, mais bien elle aussi du prolongement costal atrophié. Le scalène s'étend donc d'une côte à une autre.

La seconde, c'est qu'il est facile de constater, sur le cadavre, l'espèce de fusion qui existe, dans le premier espace intercostal, entre les fibres terminales du scalène et les faisceaux du muscle intercostal externe.

La troisième, enfin, c'est la manière dont se confondent, sur la partie supérieure du bonnet pleural, les fibres éparpillées du muscle pleuro-transversaire dépendance du scalène, et celles du ligament costo-pleural que je vous décrirai plus tard l'un et l'autre. N'y a-t-il pas là, en effet, l'image de deux muscles intercostaux différenciés, d'une part, des faisceaux qui sont leurs homologues, mais d'autre part, intimement unis ensemble pour la mise en œuvre d'une fonction spéciale, la suspension du dôme de la plèvre? L'un, le système transverso-pleural, représenterait l'intercostal externe ; l'autre, le système pleuro-costal, représenterait l'intercostal interne.

Le scalène est donc, sur la face superficielle des côtes, ce que le sous-costal est sur leur face profonde.

Tous les deux enjambent plusieurs espaces ; mais l'un saute par-devant les côtes, c'est le *scalène;* l'autre saute par-derrière, c'est le *sous-costal.*

L'un est un intercostal externe; l'autre est un intercostal interne.

Le premier, c'est le grand oblique de l'abdomen; le second, c'est le petit oblique.

Il va être facile maintenant d'étudier le contenu du creux sus-claviculaire ; je vais passer en revue, l'un après l'autre, les organes qui traversent le triangle omo-claviculaire et le triangle omo-trapèzo-mastoïdien, et dans la description de chacun de ces triangles, suivant tout naturellement le plan que me trace l'anatomie, j'envisagerai successivement ce qui est en avant, au milieu, ou en arrière du triangle interscalénique. Cette procédure sera d'autant plus légitime que l'on voit assez fréquemment un pont musculaire (faisceau d'anostomose), jeté entre les scalènes, diviser la cavité qu'ils limitent en deux segments, l'un supérieur qui appartient au triangle omo-trapézo-mastoïdien, l'autre inférieur qui appartient au triangle omo-claviculaire.

a). — **Le triangle omo-claviculaire**

LES ORGANES SITUÉS EN AVANT DU TRIANGLE INTERSCALÉNIQUE

La veine sous-clavière. — Le premier organe que rencontre le bistouri dans la dissection du puits sus-claviculaire est *la veine sous-clavière* ; celle-ci s'étend du bord inférieur de la clavicule au confluent de la veine jugulaire interne et du tronc brachio-céphalique, situé derrière l'articulation sterno-claviculaire.

C'est dire, comme je le montrerai plus loin, qu'elle se comporte comme une artère sous-clavière à laquelle on aurait retranché une partie de son premier segment (segment préscalénique). Moins longue que l'artère et plus antérieure, elle n'a pas à se contourner comme elle, puisqu'elle est à peu près tout le temps extra thoracique, pour contourner le sommet du poumon ; aussi son trajet est-il direct ; de son embouchure, elle gagne par le plus court chemin l'espace inter-cleïdo-costal au niveau duquel elle devient axillaire, formant ainsi la corde de l'arc que décrit l'artère. A droite et à gauche, conséquence de ce que je viens de dire, les veines sous-clavières ont la même longueur, la même direction, le même trajet, la même origine, la même terminaison, les mêmes rapports. En avant la clavicule et le muscle sous-clavier, en arrière le scalène antérieur qui la sépare de l'artère ; en haut l'aponévrose omo-claviculaire qui l'engaine, en bas la première côte sur laquelle elle laisse son empreinte, et la plèvre qui recouvre le sommet du poumon. Le phrénique croise perpendiculairement la veine sous-clavière par derrière ; le nerf sous-clavier la croise perpendiculairement par devant ; un filet anastomotique qui se recourbe en anse sous la face inférieure du vaisseau les unit l'un à l'autre.

J'ai déjà montré comment les veines jugulaire antérieure et jugulaire externe se jetaient dans la veine sous-clavière ; ce sont ses seules branches. Et encore se terminent-elles l'une et l'autre à son embouchure tout près de la jugulaire ; quelquefois cependant la céphalique brachiale se divise en deux branches dont l'une passe sous la clavicule

pour prendre fin dans l'axillaire, et dont l'autre croise la face antérieure de l'os pour aboutir à la sous-clavière. Au résumé, le bassin
veineux sous-clavier est réduit à rien, puisque d'une part la veine ne
reçoit pas une seule branche correspondant aux troncs émanés de
l'artère homonyme, et que, d'autre part, la jugulaire externe et la
jugulaire antérieure, débouchant dans le pressoir rétro-claviculaire,
peuvent être considérées indifféremment, au point de vue de l'anatomie descriptive, comme se jetant, à parties égales, dans la jugulaire
interne et dans la sous-clavière. J'ajoute que l'anatomie générale les
indique comme une dépendance véritable du système jugulaire interne.

La grosse veine sous-clavière est donc simplement un canal qui
passe, une sorte de gros fleuve arrivé près de son embouchure et qui,
par crainte que son cours soit en cet endroit gêné et que les affluents
d'origine n'aient désormais plus leur libre écoulement, se refuse à
recevoir les petites rivières qui serpentent au voisinage ; alors celles-ci
vont directement à la mer. Telle l'intercostale supérieure se rend à
la grande azygos près de la veine cave ; telle la thyroïdienne, la mammaire interne, la vertébrale, débouchent dans le tronc veineux brachio-céphalique ou dans la veine cave supérieure. Ainsi la circulation
en retour du membre supérieur est mieux assurée.

A son embouchure dans le tronc veineux brachio-céphalique, la
veine sous-clavière est munie d'un double repli valvulaire très marqué
et physiologiquement suffisant.

L'appareil lymphatique. — Mais par compensation la veine sous-
clavière reçoit plusieurs gros troncs lymphatiques : à gauche le *canal
thoracique ;* à droite le *grand canal lymphatique ;* des deux côtés le
tronc sous-clavier.

Mais voilà qui me conduit à étudier devant vous les lymphatiques de
la région sus-claviculaire.

Celle-ci contient deux groupes ganglionnaires. Le premier que j'ai
déjà mentionné, peu important, superficiel, composé de deux ou trois
ganglions, flanque la veine jugulaire externe et donne naissance à des
vaisseaux qui perforent l'aponévrose et se jettent dans le groupe pro-

fond ; c'est le *chapelet jugulaire externe ou sus-claviculaire superficiel.*
Le second s'étale dans le tissu cellulaire de la fosse sus-claviculaire,
se loge dans l'angle que forment en s'unissant la jugulaire interne et
la veine sous-clavière, et comprend dix à douze gros ganglions auxquels
aboutissent des vaisseaux afférents venus de toutes les directions : c'est
le *chapelet cervical profond inférieur* ou *sus-claviculaire profond.*

D'en haut, il reçoit les vaisseaux venus du groupe cervical profond
supérieur, satellite de la carotide primitive; de dedans, les vaisseaux
venus du larynx, de la trachée et de l'œsophage; de derrière, les vaisseaux profonds de la nuque ; de devant les vaisseaux émanés du chapelet jugulaire externe; de partout enfin les absorbants superficiels et
profonds du cou.

Les vaisseaux efférents des ganglions sus-claviculaires profonds
suivent des voies différentes, et à cet égard on peut les diviser en trois
districts.

Les glandes du district externe, celles qui sont en rapport avec le
bord antérieur du trapèze, donnent naissance à un tronc collecteur
appelé *canal sus-claviculaire* qui se dirige en dedans, parallèlement au
bord supérieur de la clavicule, au-dessus de la veine sous-clavière, au
devant du scalène antérieur; après avoir reçu le *canal jugulaire* dont
je parlerai plus loin, il aboutit, sous le nom de tronc *brachio jugulaire,* à gauche dans le canal thoracique, à droite dans la grande veine
lymphatique, tout près de l'embouchure de l'un et de l'autre dans la
veine sous-clavière.

Les glandes du district moyen donnent naissance à quelques vaisseaux descendants qui viennent, après un court trajet, confluer au
tronc sous-clavier ; celui-ci qui émane comme le précédent des ganglions axillaires, puisqu'ils sont l'un et l'autre leurs deux grosses
voies efférentes, chemine le long de la face inférieure de la veine sous-
clavière et vient enfin se jeter dans le canal thoracique ou la veine
lymphatique, près du confluent terminal de chacun d'eux, à moins,
ce qui arrive quelquefois, qu'ils ne s'ouvrent directement dans la sous-
clavière.

Les glandes du district interne déversent leur lymphe dans quelques vaisseaux efférents qui convergent vers deux ou trois canaux communs, volumineux, appelés *troncs jugulaires ;* ceux-ci, du côté gauche, sont tributaires du canal thoracique, et du côté droit aboutissent à la grande veine lymphatique ou au confluent de la jugulaire et de la sous-clavière.

En dernière analyse, c'est par l'intermédiaire du canal thoracique et de la veine lymphatique que la lymphe, qui descend de la région cervicale et qui remonte du membre supérieur, vient, dans la veine sous-clavière, se mêler au torrent général de la circulation.

Du premier je n'ai pas grand chose à dire ici, puisque sa description trouvera naturellement place dans celle de la région médiastinale ; je vous rappelle cependant qu'au sortir du médiastin *le canal thoracique* monte sur le côté gauche de l'œsophage et de la trachée, entre l'artère carotide et l'artère vertébrale, atteint, dilaté en plusieurs petites ampoules, le niveau du bord inférieur du corps thyroïde, contourne l'artère carotide, s'engage entre elle et la jugulaire interne, décrit une sorte de courbe qui se dessine en crosse, descend, plusieurs fois étranglé, derrière le sterno-mastoïdien et au devant du scalène antérieur, se retrécit enfin et vient s'ouvrir par un orifice large dans le confluent veineux rétro-claviculaire. Dans le cou, le canal thoracique se contourne donc, comme l'aorte dans le thorax, en véritable crosse. La grande branche de cette crosse est postérieure pour l'un et pour l'autre, la petite branche antérieure ; seulement, la courbe de l'aorte s'infléchit d'avant en arrière, celle du canal thoracique d'arrière en avant. Dans le premier le sang circule du sternum vers la colonne vertébrale, dans le second la lymphe coule de la colonne vertébrale vers le sternum. Circulation d'aller et d'apport pour le premier ; circulation de retour et de rapport pour le second.

Quant à la *grande veine lymphatique,* elle forme un tronc de deux centimètres de longueur environ qui naît, dans le creux sus-claviculaire, de trois racines séparées, se porte en bas et en dedans derrière la veine sous-clavière, et, au niveau de l'angle que forme celle-ci avec la veine jugulaire interne, s'ouvre dans sa cavité par un orifice muni d'une petite valvule. Des trois racines de cette veine lymphatique, l'une *inférieure et interne* émane des ganglions bronchiques et des ganglions mammaires ; l'autre *supérieure et externe*, représentée par le canal sus-claviculaire, vient des ganglions cervicaux profonds inférieurs ; la troisième enfin, *inférieure et externe*, formée par le tronc sous-clavier, part de l'aisselle.

Ainsi, par ces trois branches d'origine, la grande veine lymphatique conduit au torrent circulatoire la lymphe du membre supérieur droit, celle de la moitié droite de la tête, celle du poumon droit, celle enfin du côté droit du thorax, du cœur, de l'œsophage et de la trachée.

Les trois artères préscaléniques. — En avant du scalène antérieur et appliquées sur lui, cheminent trois artères ; deux le croisent perpendiculairement et se dirigent en arrière et en dehors parallèlement au bord supérieur de la clavicule, au-dessus de la veine sous-clavière ; l'autre monte parallèlement à lui le long de sa face antérieure. Toutes les trois émanent du tronc thyro-cervical que je décrirai plus loin.

Les deux branches transversales sont la *cervicale superficielle* et la *scapulaire supérieure* ; elles sont à peu près parallèles et cheminent l'une au-dessus de l'autre, la première étant sus-jacente à la seconde ; la branche verticale est la *cervicale ascendante*.

La CERVICALE SUPERFICIELLE. — La cervicale superficielle qu'on appelle encore *cervicale transverse* (ne la confondez pas avec *la scapulaire postérieure*) se porte transversalement en arrière, en dehors et légèrement en haut sur la face antérieure du scalène antérieur, à trois centimètres au-dessus de la clavicule, recouverte seulement par le peaussier, l'aponévrose cervicale superficielle et quelques ganglions lymphatiques ; puis elle s'engage sous le ventre postérieur de l'omo-hyoïdien et disparaît enfin sous le muscle trapèze au sein duquel elle se perd après avoir nourri de plusieurs rameaux les scalènes, l'angulaire, le rhomboïde et les splénius. Cette branche est *l'artère trapézienne* de Cruveilhier qui la fait venir de la scapulaire postérieure.

La SUS-SCAPULAIRE. — La sus-scapulaire naît aussi de l'artère sous-clavière par l'intermédiaire du tronc thyro-cervical en dedans des scalènes, se porte d'abord en bas puis presque transversalement en dehors, chemine à deux cents mètres au-dessous de la précédente le long du bord postérieur de la clavicule, passe derrière le ligament coraco-claviculaire, donne un rameau postérieur, *rameau acromial*, atteint le bord supérieur de l'omoplate, franchit l'échancrure sus-scapulaire en passant au-dessus du ligament qui la ferme, plonge dans la fosse sus-épineuse dont elle vascularise le muscle, se réfléchit sur le bord concave de l'épine scapulaire et s'enfonce dans la fosse sous-épineuse où elle s'épuise en rameaux musculaires et en rameaux anastomotiques avec la circonflexe venue de l'axillaire. Cette artère s'appelle encore *scapulaire supérieure* ou *transverse de l'épaule*.

LA CERVICALE ASCENDANTE. — La cervicale ascendante, venue du point où s'épanouit le tronc thyro-cervical, monte verticalement sur la face antérieure du scalène antérieur, puis sur le long du cou jusqu'à la hauteur de l'atlas où elle s'anastomose avec la branche inférieure de l'occipitale après avoir fourni, chemin faisant, des rameaux aux muscles prévertébraux et des branches cervico-spinales qui s'engagent à la faveur du trou de conjugaison dans le canal rachidien où elles forment des artérioles osseuses, médullaires et méningiennes.

Deux veines accompagnent chacune de ces artères ; elles portent le même nom qu'elles ; les unes et les autres se jettent dans le segment terminal de la jugulaire externe.

LES ORGANES SITUÉS DANS LE TRIANGLE INTERSCALÉNIQUE

L'artère sous-clavière. — Entre les deux scalènes passe l'artère sous-clavière. Le sommet du poumon dépassant chez presque tous les sujets l'orifice supérieur du thorax, il en résulte que les deux artères sous-clavières qui côtoient la face interne de ce sommet, sont obligées, pour aborder la première côte au-dessus de laquelle elles doivent passer et qui marque l'origine de leur segment vraiment chirurgical, de décrire une courbe soit au-dessus, soit en avant de la pointe du cône pulmonaire.

Or, si l'on fait sur le cou d'un sujet congelé une coupe transversale absolument perpendiculaire à la surface du sol (je suppose le cadavre couché) et passant par le point où l'artère sous-clavière franchit la première côte, on constate qu'au niveau de la gaine vasculaire l'instrument a tranché, à droite, le tronc artériel brachio-céphatique, et à gauche, naturellement, l'artère sous-clavière, puisque celle-ci naît dans la cavité thoracique de la crosse de l'aorte.

On peut donc dire que l'artère sous-clavière droite naît à la base du cou, un peu au-dessus (deux centimètres environ) du plan passant

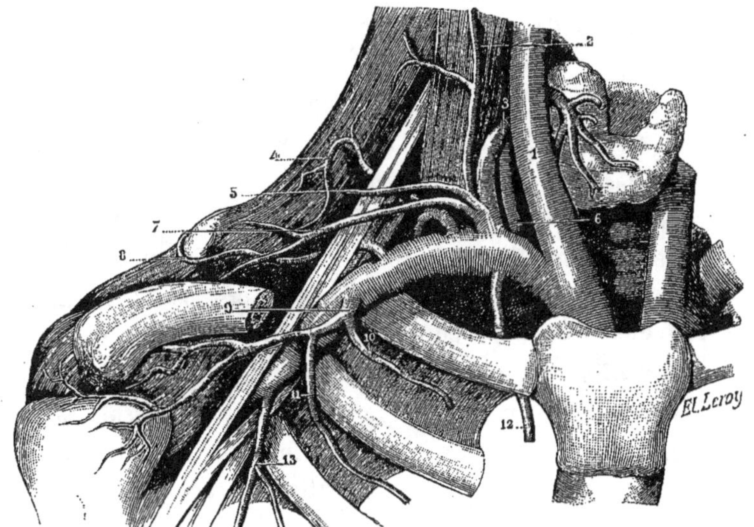

Fig. 33. — *L'artère sus-clavière et ses branches* (d'après HEITZMANN)

1. Artère carotide primitive — 2, artère cervicale ascendante — 3, artère thyroïdienne inférieure — 4, artère cervicale profonde — 5, artère cervicale superficielle — 6, artère vertébrale — 7, artère scapulaire transverse — 8, artère transverse du cou — 9, artère acromio-thoracique — 10, artère du grand pectoral — 11, artère du petit pectoral — 12, artère mammaire interne — 13, artère mammaire externe.

par le cap qu'elle doit doubler plus tard (la première côte) ; tandis que l'artère sous-clavière gauche, qui sort du médiastin, devient cervicale dès qu'elle s'est élevée à la hauteur de ce plan.

Aussi la première n'a-t-elle, pour ainsi dire, qu'à se porter directetement en dehors pour atteindre la côte ; *sa courbe sus ou anté-pleurale est donc peu marquée et l'ensemble de son trajet rectiligne,* tandis que la seconde est obligée de monter d'abord et de descendre ensuite, pour rejoindre cette même côte ; *sa courbe sus ou anté-pulmonaire est donc plus accentuée et sa direction nettement curviligne.*

Bien entendu, ces différences ne portent en réalité que sur le premier segment de l'artère. Pour aboutir à la clavicule où elles se terminent, les sous-clavières sont obligées de cheminer en travers de la base du cou, ce qui permet de les diviser en plusieurs portions : *les portions pré, sus, et post-costales.* Or à droite et à gauche, de la première côte à la clavicule qui marque la fin de leur parcours, les deux vaisseaux ont le même trajet, les mêmes rapports et la même direction. Les différences que j'ai signalées appartiennent donc exclusivement à la portion située en amont des scalènes ou partie précostale.

PORTION CERVICALE PRÉCOSTALE. L'ARTÈRE SOUS-CLAVIÈRE DANS LE COU EN AMONT DES SCALÈNES. — Il est bien facile de comprendre et de retenir les différences que présentent les rapports des deux artères sous-clavières, dans la région cervicale avant qu'elles abordent les scalènes. L'artère sous-clavière droite se détache du tronc brachio-céphalique, et l'artère sous-clavière gauche de la crosse aortique. Or, le tronc brachio-céphalique naît le *premier* de la crosse de l'aorte qui se dirige en *arrière et à gauche;* il est donc antérieur, dans le médiastin, à la sous-clavière gauche et situé à droite d'elle ; aussi, à la base du cou, la sous-clavière droite qui le continue est-elle naturellement plus rapprochée que sa congénère de l'articulation sterno-claviculaire correspondante ; l'une, la droite, se met en contact avec les attaches claviculaires du sterno-mastoïdien et les insertions sterno-cléidales du sterno-hyoïdien et du sterno-thyroïdien, tandis que l'autre, la gauche, s'applique en arrière contre la colonne vertébrale.

J'ai montré plus haut que, dans le premier segment de leur parcours cervical, la sous-clavière droite était presque transversalement dirigée en dehors et que la sous-clavière gauche était verticale. Il en résulte que le nerf grand sympathique, le nerf pneumo-gastrique et le nerf phrénique qui, des deux côtés, descendent du cou dans le thorax et passent en avant des artères, sont perpendiculaires à la première et parallèles à la seconde.

Mais ceci demande quelques explications complémentaires. Il est donc entendu qu'à droite et à gauche, le pneumogastrique, le grand sympathique et le phrénique sont situés sur un plan antérieur à celui de l'artère ; il est entendu aussi que tous les trois sont parallèles à la sous-clavière gauche et perpendiculaires à la sous-clavière droite. Mais quels rapports exacts affectent-ils avec chacune d'elles ?

A droite les trois cordons nerveux passent entre la veine sous-clavière qui est en avant et l'artère sous-clavière qui est en arrière ; c'est le pneumogastrique qui est le plus interne, le phrénique le plus externe ; le grand sympathique est au milieu et croise les vaisseaux en descendant entre le pneumogastrique et le phrénique. Chose curieuse, chacun de ces nerfs, au moment où il passe en avant de l'artère, abandonne un rameau qui contourne la face inférieure du vaisseau et décrit au-dessous de lui une sorte d'anse ; du pneumogastrique se détache le récurrent sur lequel je vais bientôt revenir ; du sympathique partent plusieurs petits filets qui vont, derrière l'artère, se coller contre le récurrent pour partager sa distribution ou se jeter dans le premier ganglion thoracique en formant l'arc antérieur de l'*anneau de Vieussens* ; du phrénique enfin, plusieurs petits rameaux qui s'engagent sous l'artère, arrivent sur sa face postérieure, contribuent à former le plexus vasculaire qui l'entoure et se perdent dans l'arc postérieur de l'*anneau de Vieussens*. Chacune des anses conserve, cela va sans dire, les rapports du tronc principal dont elle émane, c'est-à-dire que l'anse du récurrent est interne, celle du phrénique externe, celle du sympathique intermédiaire. La première est la plus volumineuse ; la seconde la plus petite ; la troisième tient le milieu entre les deux premières.

A gauche les trois nerfs pneumogastrique, sympathique et phrénique longent l'artère ; le pneumogastrique est en avant et en dedans de la sous-clavière, entre elle et la carotide, le grand sympathique presque directement en avant, le phrénique en avant et en dehors. Le premier ne donne point son rameau récurrent ; le second et le troisième fournissent les mêmes branches qu'à droite, mais ces rameaux ne forment point d'anse sous l'artère, puisque leurs troncs d'origine sont parallèles au vaisseau.

Voyons maintenant comment se comportent les deux artères sous-clavières par rapport aux veines qui les accompagnent, et pour cela, suivez bien ce que je vais vous dire. Lorsque deux cours d'eau cheminent parallèlement l'un à l'autre et que vous les regardez se dérouler devant vous, dans quelque position que vous vous trouviez vis-à-vis d'eux, l'un est à votre droite, l'autre à votre gauche. Lorsqu'à un moment donné ces cours d'eau, toujours parallèles l'un à à l'autre et ne changeant en rien leur situation respective, se recourbent au point de former une anse complète et, pour ainsi dire, de rebrousser chemin, vous observateurs étant restés à la même place, que voyez-vous ? Vous voyez, cela est tout simple, que le cours d'eau qui était à votre droite est passé à votre gauche, et inversement que celui qui était à votre gauche est passé à votre droite.

Vous allez voir où je veux en venir. La veine cave supérieure est, vous le savez, à droite de l'aorte ; le tronc veineux brachio-céphalique en avant et à droite du tronc artériel brachio-céphalique, et la veine sous-clavière avant à gauche de l'artère sous-clavière (je ne parle ici, bien entendu, que de l'artère et de la veine sous-clavières droites). Mais ces vaisseaux, artère et veine sous-clavières, n'ont pas continué la direction à peu près verticale des troncs brachio-céphaliques artériels et veineux ; ils se sont recourbés ; ils sont revenus sur leurs pas. Il en résulte, par conséquent, que la veine sous-clavière, en passant à gauche de l'artère homonyme, a conservé vis-à-vis d'elle la situation parallèle qu'occupait vis-à-vis le tronc artériel brachio-céphalique le tronc veineux brachio-céphalique cependant placé à sa droite, et celle qu'occupait l'aorte par rapport à la veine cave. C'est-à-dire, en somme, que la veine cave inférieure pour se continuer avec le tronc veineux brachio-céphalique, et le tronc veineux brachio-céphalique pour se continuer avec la veine sous-clavière, n'ont eu ni les uns ni les autres à changer leur position relative par rapport aux troncs artériels homonymes collatéraux. Ceci, traduit en proposition générale, veut dire : *Du cœur à l'aisselle, les grosses veines restent, du côté droit, partout et toujours parallèles aux grosses artères.*

Mais la veine cave supérieure dont je vous ai parlé est un tronc collecteur général ; il ne porte pas seulement à l'oreillette le sang de la moitié droite, mais encore celui de la moitié gauche de la partie supérieure du cou. Le tronc veineux brachio-céphalique gauche est donc obligé, puisqu'il n'y a pas de veine cave supérieure de son côté, de se porter transversalement à droite en coupant par le travers la partie supérieure du médiastin antérieur. Dans ce parcours, comment voulez-vous qu'il ne croise pas la carotide primitive, absolument verticale? Et comment voulez-vous que la veine sous-clavière qui continue directement ce tronc brachio-céphalique, ne croise pas aussi l'artère sous-clavière qui est verticale et chemine parallèlement à l'artère carotide, en arrière et en dehors d'elle? Ceci signifie : *A gauche, du cœur à la clavicule, les gros troncs veineux sont perpendiculaires aux troncs artériels.*

Ainsi donc, sur la face antérieure de l'artère sous-clavière, passe, la croisant par devant, la veine sous-clavière qui tout près de là, un peu en dedans de l'artère, conflue avec la veine jugulaire interne pour former le tronc veineux brachio-céphalique gauche.

Je reviens au récurrent. Du tronc pneumogastrique au point où il croise l'artère sous-clavière droite, se détache, vous ai-je dit, un important filet collatéral qui se réfléchit sur la face inférieure du vaisseau, remonte le long de sa face postérieure, se porte en dedans et en haut, se place dans l'intervalle intertrachéo-œsophagien, chemine derrière le conduit aérien, et rejoint enfin le bord inférieur du larynx dans lequel il s'épuise en rameaux musculaires. Ce nerf, que je décrirai avec plus amples détails à propos de la région sterno-mastoïdienne, est nommé en raison de son trajet *nerf récurrent.* Du côté gauche il naît plus bas, dans le médiastin, et embrasse la crosse de l'aorte autour de laquelle il se réfléchit ; disposition en apparence irrégulière, mais dont l'embryologie nous fournit l'explication.

Trois questions se posent, en effet, à propos de l'anatomie du récurrent :

1º Pourquoi ce trajet étrange du nerf qui revient sur ses pas ?

2º Pourquoi le nerf récurrent gauche est-il plus en avant que le nerf récurrent droit ?

3° Pourquoi le nerf récurrent gauche embrasse-t-il la crosse de l'aorte et le récurrent droit l'artère sous-clavière ?

Premier point. Le récurrent a un trajet rétrograde parce que le cœur et les arcs aortiques qu'il embrasse sont ▉ués, au début de la vie embryonnaire, dans le cou, sous la bouche. Ils descendent peu à peu dans le thorax où ils prennent droit de domicile ▉nitif, entraînant avec eux les nerfs récurrents. Quand je dis qu'ils descendent, c'est là un vice de langage ; c'est, en réalité, le cou qui se développe au dessus d'eux ; leur descente n'est qu'apparente ; c'est le cou qui monte. Qu'importe ? Le résultat n'est-il pas le même ?

Deuxième point. Le nerf récurrent gauche est situé sur un plan antérieur à celui du récurrent droit à cause de la rotation, de l'inflexion, de la torsion du cœur qui entraîne son extrémité artérielle, la crosse de l'aorte et le nerf récurrent qui la contourne en avant, derrière le sternum, tandis que son extrémité veineuse se porte en arrière.

Troisième point. Le nerf récurrent s'infléchit autour de la crosse aortique et le nerf récurrent droit autour de l'artère sous-clavière parce que l'un de ces deux vaisseaux est l'homologue de l'autre. Tous les deux, en effet, se développent aux dépens du quatrième arc aortique.

Du segment préscalénique de l'artère sous-clavière naissent : 1° en haut et en arrière *l'artère vertébrale ;* 2° en bas *l'artère mammaire interne ;* 3° en haut et en avant le *tronc thyro-cervical.*

On trouvera plus bas la description *de la vertébrale* qui passe en arrière du triangle interscalénique ; la *mammaire interne* sera étudiée avec la région costale qu'elle ne tarde pas à aborder après s'être recourbée en bas et en dedans, derrière la veine sous-clavière.

Le tronc thyro-cervical. — Le tronc thyro-cervical est long de trois centimètres environ ; né de la face postéro-supérieure de la sousclavière, il se dirige en haut, en arrière et en dehors, et s'épanouit bientôt en quatre branches d'inégale importance : la première est interne, c'est la *thyroïdienne inférieure ;* la seconde supérieure, c'est la *cervicale ascendante ;* la troisième externe et supérieure, c'est la *cervicale transverse ;* la quatrième externe et inférieure, c'est la *sus-scapulaire.*

Née au-devant de la vertébrale, près du bord interne du scalène antérieur, entre la jugulaire interne qui est en dehors, et la carotide primitive qui est en dedans, la *thyroïdienne inférieure* monte presque verticalement jusqu'au niveau d'un plan transversal et horizontal coupant en deux parties égales le corps thyroïde, s'enfonce plus profondément dans le cou, s'infléchit en dedans derrière la carotide primitive et forme ainsi une première courbe à concavité postéro-inférieure dans l'arc de laquelle descend, en avant et en dehors de l'artère thyroïdienne, le paquet vasculo-nerveux cervical (carotide-jugulaire-pneumogastrique-symphatique) ; elle redescend ensuite le long du flanc externe du lobe thyroïdien correspondant, puis enfin, pour atteindre l'angle inférieur de celui-ci, décrit une nouvelle courbe à concavité supéro-postérieure qui embrasse le nerf récurrent. En cheminant ainsi d'arrière en avant et de dehors en dedans, la thyroïdienne inférieure croise successivement la vertébrale, la colonne cervicale, l'œsophage et la trachée, tous placés en arrière et en dedans d'elle.

Avant d'aborder la thyroïde, l'artère donne des *rameaux musculaires prévertébraux,* des *rameaux trachéens, œsophagiens, pharyngiens,* et l'artère *laryngée postérieure,* qui, très grêle, traverse la paroi latérale du larynx au-dessous du constricteur inférieur et remonte le long de la face postérieure de l'organe au sein de laquelle elle s'enfonce pour s'y épanouir en rameaux musculaires et muqueux. Au niveau de la thyroïde, l'artère thyroïdienne inférieure se divise en trois branches : l'une inférieure longe le bord inférieur du corps thyroïde ; l'autre, postérieure, monte le long de son bord postérieur ; la troisième, profonde, s'enfonce entre la trachée et l'isthme de la glande dans la face postérieure de laquelle elle se perd.

J'ai déjà décrit dans le district anté-scalénique la sus-scapulaire, la cervicale transverse et la cervicale ascendante.

Portion cervicale sus-costale. — L'artère sous-clavière dans le cou entre les scalènes. — L'artère est appliquée sur la portion moyenne de la première côte où elle se creuse une dépression peu marquée, immédiatement en dehors du tubercule costal de Lisfranc ; le scalène antérieur, qui est en avant d'elle, la sépare de la veine ; le scalène postérieur la protège en arrière. Le premier de ces muscles lui forme quelquefois une boutonnière à travers laquelle elle passe ; ailleurs c'est elle qui, se divisant en deux branches et se reconstituant presque aussitôt en un tronc unique, se dispose en une sorte d'anneau vasculaire dans lequel s'engage le tendon du muscle. On l'a vue, dans certains cas, passer purement et simplement en avant du scalène antérieur flanquée de la veine. Mais cette anomalie est exceptionnelle ; rappelez-vous donc ce fait, presque unique dans l'économie : une artère séparée de sa veine par une cloison charnue.

De l'artère sous-clavière naît, entre les muscles scalènes, le *tronc costo-cervical ;* très court, il se dirige en haut et en arrière derrière le scalène antérieur et se divise rapidement en deux branches : l'une inférieure, *intercostale supérieure,* l'autre postérieure, *cervicale profonde,* que je décrirai plus loin parmi les organes rétro-scaléniques.

L'artère intercostale supérieure. — L'artère intercostale supérieure naît au niveau de ce que je vous décrirai bientôt sous le nom de fossette sus-rétro-pleurale ; elle se dirige en arrière et légèrement en haut, passe entre le bord externe du troisième ganglion cervical et le bord interne du biceps sus-pleural, aborde bientôt, après un trajet de trois centimètres, le col de la première côte sous lequel elle s'engage et abandonne alors la région pour suivre, à la façon de toutes les artères intercostales, la face inférieure de cet os. Chemin faisant, tandis qu'elle traverse la fosse sus-rétro-pleurale, elle donne naissance à un vaisseau important qui porte le nom de *rameau dorso-spinal ;* celui-ci monte presque verticalement, en croisant la face antérieure du col de la côte, puis après trois centimètres de trajet se divise en deux branches : l'une, supérieure, pénètre dans le canal rachidien par le trou de conjugaison que franchit la huitième paire cervicale et court soit en dessus soit en dessous d'elle ; l'autre, postérieure, croise le bord supérieur de la côte et va se perdre dans les muscles de la région postérieure. La première est le rameau spinal ; la seconde est le rameau dorsal.

L'artère intercostale supérieure n'appartient donc au creux sus-clavier que par son rameau dorso-spinal ; elle-même doit être décrite avec la région costale.

PORTION CERVICALE PRÉCOSTALE. — L'ARTÈRE SOUS-CLAVIÈRE DANS LE COU EN AVAL DES SCALÈNES. — Quand elle abandonne l'espace interscalénique, c'est-à-dire au moment où elle s'est éloignée déjà de quatre doigts de l'articulation sterno-cléidale, l'artère sous-clavière entre dans le district le plus accessible du creux sus-claviculaire et devient, pour ainsi dire, superficielle. A son point culminant, elle n'est protégée en avant que par un diaphragme de parties molles, la peau, le peaussier, l'aponévrose cervicale, du tissu cellulaire et des ganglions lymphatiques ; plus bas elle descend un peu, se cache derrière la clavicule, le muscle sous-clavier, la veine sous-clavière et l'artère scapulaire supérieure, puis elle franchit l'intervalle cléido-costal au niveau d'une ligne que marque à l'extérieur le sommet de la courbe de l'arc interne de la clavicule ; ici l'artère quitte son nom pour prendre celui d'*artère axillaire*. Au-dessus d'elle se trouvent l'omo-hyoïdien et l'artère cervicale transverse qui passe sous ce muscle ; en bas, voyez le premier muscle intercostal et la languette supérieure du grand dentelé ; en arrière, les cordons du plexus brachial qui étaient sus-jacents à l'artère dans le triangle interscalénique, mais qui sont descendus peu à peu, se rapprochant d'elle graduellement, et qui maintenant, au point où elle va franchir la clavicule, la côtoient par derrière.

En aval des scalènes, la sous-clavière donne une seule branche qu'il n'est pas très rare de voir naître dans l'espace qu'ils circonscrivent : c'est la *scapulaire postérieure*.

La scapulaire postérieure. — Cette artère se porte transversalement en dehors et en arrière, passe d'abord entre les deux scalènes, traverse le plexus brachial entre les troncs duquel elle s'interpose, sort bientôt du triangle interscalénique, parcourt la base du triangle sus-claviculaire, parallèlement à la scapulaire supérieure qui est au-dessous d'elle et à la cervicale transverse qui est moins profonde et plus haut située, s'engage sous le trapèze, se porte en arrière, traverse les faisceaux de l'angulaire et gagne ainsi l'angle postérieur et supérieur du scapulum. Là elle fournit une *branche cervicale ascendante*, qui monte dans le trapèze, entre l'angulaire et le splénius auxquels elle se distribue, et un petit *rameau sus-épineux* qui se dirige en dehors dans la fosse homonyme où il se perd. Puis l'artère s'infléchit autour de l'angle postéro-supérieur de l'omoplate, descend le long de son bord interne sous le rhomboïde, sur la face postérieure du petit dentelé supérieur, et atteint enfin la pointe du scapulum au niveau de laquelle elle s'anastomose avec la scapulaire supérieure et la scapulaire inférieure.

Ne confondez pas l'artère scapulaire postérieure avec la cervicale transverse : ce sont là deux troncs parfaitement distincts. La première est plus profonde; elle chemine entre les deux scalènes; la seconde est plus superficielle ; elle passe en avant du scalène antérieur. L'une est plus haute que l'autre ; c'est la cervicale transverse.

La dôme pleural. — A la partie inférieure du creux sus-claviculaire, dans cet espace limité en dedans par l'œsophage et la trachée, en arrière par la colonne vertébrale, en avant et en dehors par la première côte, apparaît le *cul-de-sac supérieur de la plèvre* logeant le *sommet du poumon*. L'étendue en surface et la hauteur de ce cul-de-sac sont assez variables.

Chez certains sujets, toute l'aire du polygone dont je viens d'indiquer les limites est remplie par le dôme pleural qui la comble ; le médiastin est alors étroit par le haut et son orifice supérieur n'est pas évasé. Chez d'autres, au contraire, le cul-de-sac supérieur de la plèvre est moins étalé; il se blottit, pour ainsi dire, dans la région postérieure et tend à se loger tout entier dans l'angle circonscrit par la colonne rachidienne et la première côte; pour plonger dans le thorax, il descend très obliquement vers le sternum ; le médiastin est alors largement ouvert en haut et son orifice supérieur est fortement évasé.

La hauteur du cul-de-sac pleural est aussi sujette à de grandes variations; ordinairement il dépasse la face supérieure de la première côte de trois bons centimètres; il est des cas où il ne la déborde pas; d'autres, enfin, où il atteint à peine son niveau. Ruendinger prétend qu'à gauche le poumon est plus élevé qu'à droite; Braun pense le contraire; l'un et l'autre ont tort, il n'y a pas de différence.

L'appareil suspenseur de la plèvre. — D'après cette description, on peut dire qu'une partie de la plèvre abandonne la cage thoracique, envahit la région cervicale et vient plonger au milieu du tissu cellulaire qui en remplit la base. Cet avis n'est pas celui de tous les anatomistes ; pour quelques-uns, le cul-de-sac de la séreuse est séparé des organes du cou par un plan fibreux qui ferme l'orifice supérieur du thorax et qui, refoulé par la saillie du cône pulmonaire, se constitue en une sorte de dôme, de voûte, de diaphragme supérieur.

C'est Degrusse qui en 1849 décrivit, sur les indications de Deville, prosecteur à Clamart, cette cloison cervico-thoracique : « Elle s'insère, écrivait-il, sur tous les points du pourtour de l'orifice supérieur du thorax et présente des trous destinés à livrer passage aux organes qui passent du cou dans la poitrine. »

Plus tard, Bourgery décomposa le diaphragme cervico-thoracique en plusieurs segments et lui reconnut deux folioles latérales et une foliole médiane dont il étudia la disposition, la structure et les insertions ; dense en dehors au niveau des attaches costales, l'aponévrose était, selon cet auteur, mince et celluleuse en dedans au point où elle confine aux organes cervicaux sur la paroi desquels il la faisait perdre.

Le diaphragme de Deville, de Degrusse et de Bourgery n'eut pas une heureuse fortune ; je ne connais pas de traité d'anatomie où il en soit fait mention. Seul M. Richet lui consacre quelques lignes.

« Il ne m'a pas été donné de le voir, écrit-il, et il est certain que les auteurs ont pris pour une aponévrose particulière les adhérences qui unissent la pseudo-aponévrose cervico-péricardique aux divers organes qui pénètrent en ce point dans le médiastin. »

Il existerait donc, selon Deville, Degrusse et Bourgery, une cloison.

fibreuse séparant le cou de la poitrine, une sorte de diaphragme non musculaire, circonscrit par la première côte et comblant l'aire du cercle qu'elle décrit avec le sternum et la colonne vertébrale. Cette cloison, dense en dehors au niveau de son insertion circulaire costale, serait plus mince et plus celluleuse en dedans, au point où elle confine aux organes cervicaux sur la paroi desquels elle se termine.

J'ai cherché chez de nombreux sujets, par des dissections très attentives, la cloison cervico-péricardique ; je ne l'ai point trouvée et je puis affirmer qu'elle n'existe pas.

Mais dans le cours de cette étude j'ai découvert au niveau de la partie supérieure du thorax, à la base du cou, dans la profondeur du creux sus-claviculaire, l'existence d'un *appareil suspenseur de la plèvre*. Ce sont les fibres de ce système de soutènement qui ont donné le change à Deville, à Degrusse, à Bourgery ; ils n'en ont vu qu'une partie ; ils les ont mal observées, mal comprises et mal décrites ; leur description est d'un bout à l'autre érronée ; je dirai plus loin comment et pourquoi ils se sont trompés.

FAISCEAU SUPERFICIEL DE L'APPAREIL SUSPENSEUR

Voici, d'abord, la disposition de l'appareil suspenseur de la plèvre : le cul-de-sac pleural supérieur déborde un peu l'orifice supérieur du thorax ; il est là *encerclé* dans la concavité de l'arc de la première côte ; l'artère sous-clavière le contourne en passant, non pas toujours, comme on l'écrit à tort, sur le faite de son dôme, mais le plus ordinairement, au contraire, sur son versant antérieur.

Sur le sommet de ce cône pleural, derrière l'artère, aboutissent des fibres blanches, nacrées, sortes de petites languettes tendineuses venues vers lui, d'arrière en avant et de haut en bas, de la colonne vertébrale et du segment postérieur du dernier arc costal ; ces fibres s'épanouissent sur la partie antérieure du bonnet pleural où elles irradient en éventail, se fixent solidement sur la charpente conjonctive de de la séreuse et vont enfin s'attacher, de manière variable, sur le segment antérieur de la première côte, à moins, ce qui arrive pour

quelques-unes d'entre elles, qu'elles ne s'épuisent sur la face extérieure du cul-de-sac.

Cet appareil suspenseur est formé de deux faisceaux qui se confondent plus ou moins à leur extrémité antéro-inférieure, mais qui sont
absolument et parfaitement distincts à leur extrémité postéro-supérieure ; l'un est superficiel supérieur et interne ; l'autre profond,
inférieur et externe. Le premier s'appelle *transverso-pleural ;* le
second *costo-pleural.*

Muscle transverso-pleural. — Le muscle transverso-pleural se
détache de la septième, quelquefois de la sixième et de la septième
vertèbres cervicales, descend vers le cul-de-sac pleural, étale ses fibres
sur lui, s'y attache et vient enfin s'implanter sur la première côte. Il
est long de six à huit centimètres, d'épaisseur variable, gros ordinairement comme un lombrical de la main, quelquefois plus petit, complètement atrophié dans certains cas, mais alors remplacé par un
ligament.

Il y a des variantes dans la disposition de ce muscle ; son épaisseur,
ses insertions supérieures, la forme et la largeur de son tendon pleural,
ses connexions avec la séreuse, ses attaches inférieures, ses relations
avec l'extrémité des tendons des scalènes, tout enfin chez lui peut
présenter, suivant les sujets où on l'étudie, quelques différences; mais
à la vérité, celles-ci sont toujours légères et ne portent jamais sur les
grands caractères du muscle. L'on peut dire, en résumé, qu'entre le
tubercule antérieur du septième os cervical et la première côte est
tendu un petit muscle qui, chemin faisant, éparpille l'ensemble de ses
petits tendons sur le sommet et la face antérieure du cône pleural
auquel il adhère fortement ; mais que, suivant la largeur et le point
d'origine de cet éventail fibreux, les connexions qu'il présente avec la
séreuse sont plus ou moins étendues dans le sens transversal et dans
le sens vertical.

Ligament pleuro-transversaire. — Quand le muscle suspenseur de
la plèvre n'existe pas, il est remplacé par un ligament qui, d'une façon

générale, présente les mêmes insertions, la même direction, la même situation, joue le même rôle et a la même signification que lui.

C'est un faisceau assez grêle mais résistant, qui se détache du tuber-

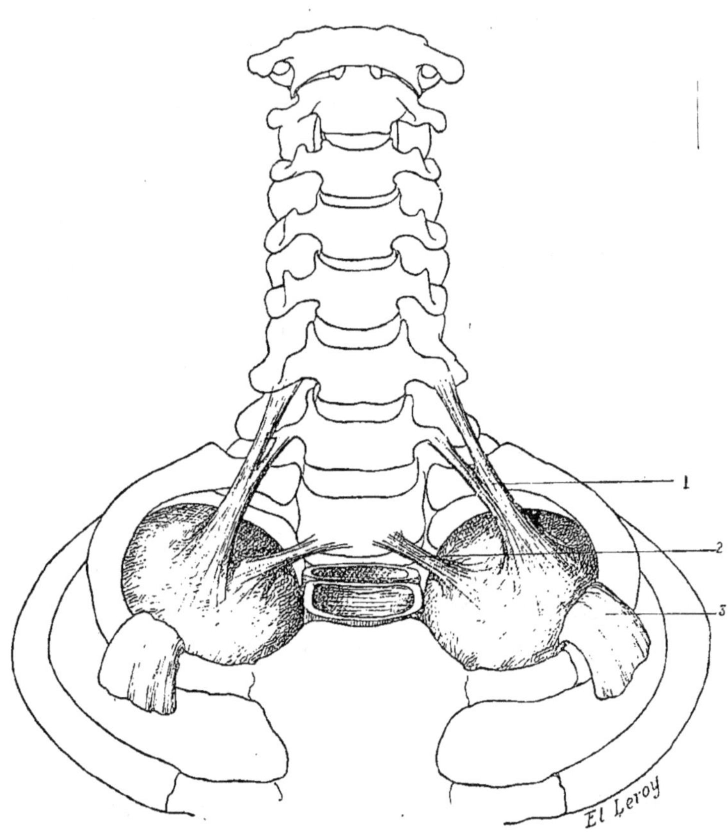

Fig. 34. — *L'appareil suspenseur de la plèvre* (d'après nature)

1. Muscle pleuro-transversaire — 2, bandelette vertébro-pleurale — 3, muscle scalène antérieur

cule antérieur de la septième apophyse transverse et se porte en bas et en dehors à la rencontre du cul-de-sac de la plèvre qu'il aborde par son sommet. A ce moment, il s'élargit à la façon du muscle dont il est l'image, et se confond avec la charpente de la séreuse sur laquelle on distingue ses fibres blanches cheminant d'arrière en avant vers la première côte où elles s'implantent derrière le scalène antérieur.

Comme je l'ai déjà dit plus haut, l'existence du *ligament transverso-pleural* est beaucoup plus rare que celle du muscle du même nom; ses dimensions comparées à celle du faisceau charnu sont petites; il échappe assez facilement aux recherches parce qu'on le détruit dans la dissection de cette région qui est profonde ; sa couleur ne permet pas, en effet, de le distinguer aussi bien du tissu cellulaire qui l'entoure, et comme sa résistance est moins grande, on le dilacère en voulant dissocier la masse adipo-ganglionnaire qui le masque.

Relations entre les insertions du muscle pleuro-transversaire et les insertions des muscles scalènes. — Il est facile de se rendre compte, en lisant la description que je viens de donner, que rien, dans la disposition du muscle suspenseur de la plèvre, n'est plus fixe, plus constant, que son insertion au tubercule antérieur de la septième vertèbre cervicale. Il remplace là, en quelque sorte, le faisceau du scalène antérieur qui ne dépasse pas la sixième cervicale.

Or l'apophyse transverse de la septième vertèbre est très effacée et très déjetée en arrière par rapport à celle des vertèbres sus-jacentes ; son tubercule antérieur est peu marqué, situé à fleur d'os, tandis que les autres sont saillants, apophysaires.

Il en résulte que le muscle suspenseur de l'aisselle au niveau de son insertion supérieure paraît situé et est situé, en réalité, en arrière du scalène antérieur. Par contre on le dirait situé bien en avant de l'attache vertébrale du dernier faisceau du scalène postérieur dont il semble séparé par toute l'épaisseur d'une grosse paire nerveuse. Il n'y a là qu'une apparence. En réalité, l'attache supérieure du petit muscle suspenseur de la plèvre confine à celle du dernier faisceau du scalène postérieur.

Il se peut même qu'une des languettes de celui-ci, croisant la face antérieure du muscle pleuro-transversaire, vienne s'implanter en avant de lui.

Au niveau de la côte, l'appareil pleuro-transversaire s'implante ordinairement entre le scalène antérieur et le scalène moyen, quelquefois derrière le scalène antérieur, rarement, et toujours alors sur une très petite étendue, en avant du scalène moyen. Ses attaches costales sont très larges, ce qui tient à ce qu'il s'épanouit en éventail sur le cul-de-sac de la plèvre ; on constate dans la plupart des cas qu'une partie de ses fibres tendineuses, avant de se fixer à la côte, se confondent avec celles du scalène antérieur.

FAISCEAU PROFOND DE L'APPAREIL SUSPENSEUR DE LA PLÈVRE

Sous la portion superficielle de l'appareil suspenseur, et en dehors d'elle, se rencontre la portion profonde dont elle cache, au moins en partie, la disposition et les attaches; celle-ci constitue le faisceau postérieur ou *costo-pleural*.

Ce faisceau diffère par plusieurs caractères du précédent. Il est plus régulier dans sa structure ; je l'ai toujours trouvé ligamenteux et n'ai jamais vu qu'il y eût sur lui apparence de fibres musculaires. Mais il est plus irrégulier dans sa disposition; ses insertions, sa forme, son volume, sa résistance, sa fibrosité si je puis dire ainsi, varient d'un sujet à l'autre. Comme le muscle, il est constant.

Il s'attache en haut sur la première côte, à trois centimètres environ de son articulation vertébrale; il prend insertion sur le bord antérieur et la face supérieure de l'os, en avant de sa tubérosité, dans une étendue transversale d'un centimètre environ; puis il se porte en bas et légèrement en dehors et se divise bientôt, après un court trajet, en deux faisceaux qui sont dans la plupart des cas bien nettement séparés : le premier moins oblique et plus volumineux constitue le *ligament costo-pleural interne;* le second moins puissant et plus oblique forme le *ligament costo-pleural externe.*

Le *ligament costo-pleural interne.* — Celui-ci se porte en bas et légèrement en dehors, formant une bandelette ou un cordon fibreux qui sont ordinairement cachés, dans presque toute leur étendue, par le muscle transverso-pleural. Arrivées sur la plèvre ses fibres s'y étalent en éventail derrière celles du muscle pleuro-transversaire. Toutes font corps avec la séreuse ; mais quelques-unes qui s'amincissent peu à

peu, ne peuvent bientôt plus être distinguées de la charpente pleurale ;
elles s'y perdent ; d'autres, au contraire, poursuivent leur trajet jusqu'à
la côte. Les unes et les autres se confondent, en réalité, avec celles du
muscle transverso-pleural. Ainsi ces deux systèmes forment une espèce
d'appareil à deux chefs. Le chef superficiel est musculaire ; le chef
profond ligamenteux ; en bas tous les deux se confondent en un seul
tendon. C'est là un vrai biceps : le *biceps sus-pleural.*

Le *ligament costo-pleural externe.* — Voici la disposition du trousseau *pleuro-costal externe.* Dès qu'il se détache du précédent, on le

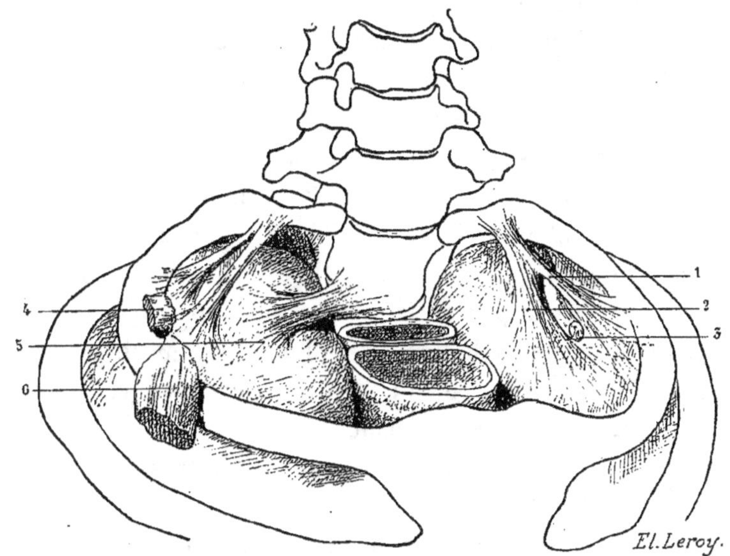

Fig. 35. — *Le ligament costo-pleural de l'appareil suspenseur de la plèvre* (d'après nature)

1. Ligament costo-pleural externe — 2, ligament costo-pleural interne — 3, premier nerf thoracique —
4, muscle pleuro-transversaire — 5, bandelette vertébro-pleurale — 6, muscle scalène antérieur renversé en
même temps que le muscle pleuro-transversaire.

voit s'épanouir ; ses fibres externes se dirigent en dehors vers le bord
interne de la première côte sur lequel elles s'implantent ; ses fibres
internes se portent en bas et légèrement en dedans et viennent se
confondre avec celles du ligament costo-pleural interne dont elles
partagent les insertions. Toutes, du reste, adhèrent au cul-de-sac
pleural qu'elles contribuent à maintenir soulevé.

Cette dernière bandelette est moins forte que la précédente ; elle est souvent mince, peu résistante à la traction ; on la déchire généralement sans grand'peine ; elle s'isole quelquefois dans toute son étendue du faisceau interne et s'insère alors isolément sur la côte en dehors de lui.

RAPPORTS DE L'APPAREIL SUSPENSEUR DE LA PLÈVRE

L'artère sous-clavière. — J'ai déjà montré que la hauteur du cul-de-sac pleural supérieur et ses rapports avec la première côte étaient sujets à d'assez nombreuses variations.

C'est, je crois, l'appareil suspenseur qui est le régulateur de la forme et de la disposition du cul-de-sac pleural. Plus il s'insère près du faîte, plus le dôme est tiré par lui en haut et en arrière ; plus il s'éloigne de ce faîte pour prendre ses attaches sur la face antérieure, plus le bonnet séreux s'étale et s'abaisse. Et quand la portion verticale ou transverso-pleurale de cet appareil est réduite à ses plus simples proportions, le dôme s'affaisse encore et ne s'élève guère au-dessus du plan costal supérieur. Voilà pourquoi l'artère sous-clavière n'a pas avec le cul-de-sac de la plèvre des rapports immuables ; quand celui-ci ne domine pas l'orifice supérieur du thorax, l'artère passe au-dessus du dôme sur lequel elle marque quelquefois son empreinte ; quand au contraire il s'élève vers la région cervicale, l'artère passe en avant du dôme, en croisant sa face antérieure, et s'éloigne d'autant plus du sommet que celui-ci émerge davantage de la cage osseuse.

Quand l'appareil suspenseur s'étale rapidement pour former l'éventail fibreux qui double la séreuse, c'est sur cet éventail que l'artère chemine, s'accotant ainsi contre une surface fibreuse large, uniformément résistante : elle passe sur la plèvre capitonnée de petits tendons ; si, au contraire, il conserve pendant un grande partie de son trajet sa forme de faisceau et tarde à s'épanouir, l'artère le croise encore, mais elle est comme à cheval, comme en équilibre sur la corde tendue du muscle ou du ligament, et celui-ci l'éloigne alors de la plèvre qu'elle côtoie mais qu'elle ne touche pas.

La bandelette vertébro-pleurale. — La plèvre est doublée, dans les régions où elle confine à la trachée, à l'œsophage et à la colonne vertébrale, d'une couche de tissu cellulaire qui la sépare de chacun d'eux.

Au point où elle chemine sur les flancs de la gouttière vertébrale, ce tissu se condense en une sorte de lamelle conjonctivo-fibreuse qui, par-

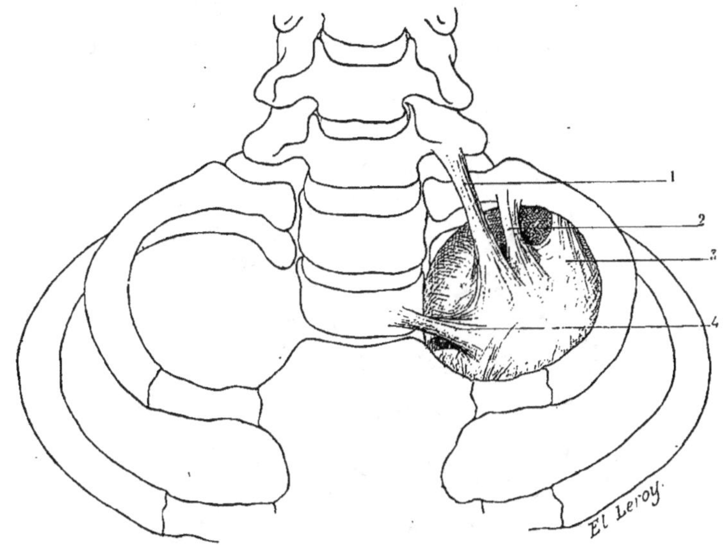

Fig. 36. — *L'appareil suspenseur de la plèvre* (d'après nature)

1. Muscle pleuro-transversaire — 2, ligament costo-pleural interne — 3, ligament costo-pleural externe — 4, bandelette vertébro-pleurale.

tie de la face antérieure du rachis, se perd sur la face médiastinale de la séreuse : c'est là, si l'on veut, une longue *bandelette vertébro-pleurale* verticalement dirigée et qui limite à droite et à gauche le médiastin postérieur; la coupe transversale ci-jointe en montre bien la disposition.

Cette lamelle n'offre pas partout la même résistance; quand on essaie de l'isoler on y parvient sans peine, mais l'on constate que, sous la dissociation du bec d'une sonde cannelée, son tissu se déchire en certains points et ne cède pas en d'autres. C'est ainsi qu'on arrive à constituer un peu artificiellement, au niveau du cul-de-sac de la plèvre où la bandelette est plus ferme, un véritable ligament aplati, large suivant les sujets de 1, 2 ou 3 centimètres, qui se détache de la face antérieure du rachis au niveau des dernières cervicales ou des deux premières dorsales, se dirige en dehors et en bas, d'autant plus vertical qu'il est né plus haut, et vient se perdre sur la face interne du sommet du cul-de-sac pleural qu'il soulève d'une façon très évidente; il s'épanouit dès qu'il s'est confondu avec la charpente de la séreuse et l'on peut, quand il est bien marqué, suivre certaines de ses fibres jusque près de la première côte; les plus externes vont rejoindre en

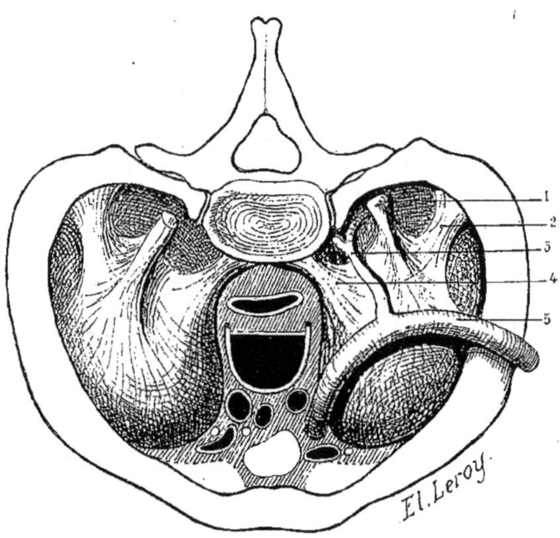

Fig. 37. — *La bandelette vertébro-pleurale*

1. Ligament pleuro-transversaire — 2, ligament costo-pleural — 3, artère intercostale supérieure — 4, bandelette vertébro-pleurale — 5, artère sous-clavière.

dehors celles du muscle suspenseur. Je crois qu'on pourrait donner à cette bandelette le nom de *ruban vertébro-pleural;* mais je dois ajouter qu'elle n'a point l'importance anatomique de l'appareil que j'ai déjà décrit ; elle n'est jamais musculaire; elle est rarement très fibreuse ; elle est inégale de puissance dans un cas et dans l'autre; elle n'est pas, en un mot, bien différenciée; et ce sont là, à mon avis, des caractères qui en font, en anatomie, un ligament de second ordre.

La fosse sus-rétro-pleurale. — Néanmoins cette lamelle forme avec le muscle ou le ligament pleuro-transversaire, en raison de la direction qu'elle prend, une sorte de creux situé en haut et en arrière du cul-de-sac pleural.

Cette fossette est limitée en dedans par la bandelette vertébro-pleurale, et en dehors par le muscle pleuro-transversaire; en arrière, l'extrémité postérieure des deux premières côtes et la colonne vertébrale en forment le fond.

Dans la fosse on trouve, au milieu du tissu cellulo-adipeux assez abondant et de quelques ganglions lymphatiques peu volumineux, plusieurs organes importants: l'artère-sous-clavière quelquefois, l'artère intercostale supérieure toujours, et toujours aussi le troisième ganglion cervical du sympathique avec plusieurs branches d'anastomose.

L'artère sous-clavière, qui passe toujours en avant du muscle transverso-pleural, croise aussi, le plus ordinairement, la face antérieure de la bandelette vertébro-pleurale; mais on peut la voir s'engager sous le bord inférieur de ce ruban fibro-celluleux, cheminer le long de sa face postérieure, apparaître ensuite dans le fond de la fosse, d'où elle émerge enfin entre la bandelette pleuro-vertébrale et le muscle pleuro-transversaire, pour venir croiser la face antérieure de celui-ci qui déjà s'est épanoui.

NATURE ET SIGNIFICATION DE L'APPAREIL SUSPENSEUR DE LA PLÈVRE

L'appareil suspenseur de la plèvre me paraît appartenir au système des scalènes.

Le professeur Testut et Macalister ont décrit sous le nom de *scalène intermédiaire* ou *scalène accessoire* une languette charnue « étendue des tubercules antérieurs ou postérieurs des trois ou quatre dernières cervicales à la première côte. »

Eh bien! le muscle suspenseur de la plèvre n'est pas autre chose lui non plus qu'un faisceau erratique de ce système scalénique. Je crois même que ce muscle est le même que celui décrit par Testut sous le nom de scalène intermédiaire et par Macalister sous le nom de scalène accessoire; mais, à l'encontre de mon maître, j'en fais un muscle fixe, constant et non anormal, toujours et invariablement pleural avant d'être costal, un muscle enfin parfaitement différencié et adapté à des fonctions spéciales, la principale pièce d'un appareil qui ne manque chez aucun sujet et qui est destiné à maintenir dans sa forme et dans sa place le sommet du dôme pleural.

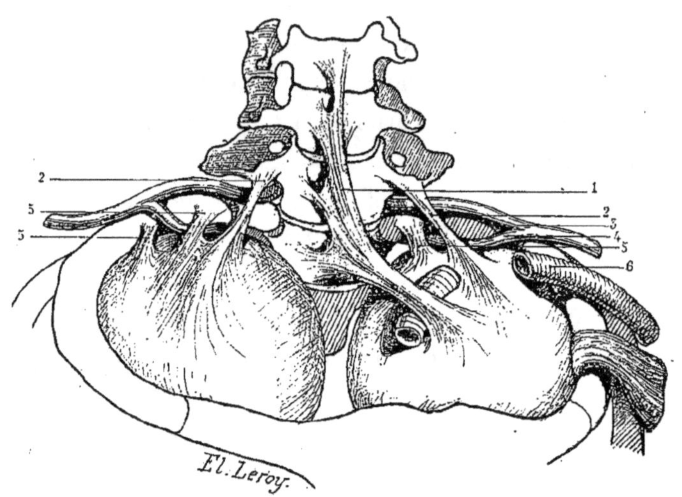

Fig. 38 — *L'appareil suspenseur de la plèvre et ses rapports* (d'après nature)
1, Bandelette vertébro-pleurale — 2, ligament pleuro-transversaire — 3, huitième nerf cervical — 4, premier nerf dorsal — 5, ligament costo-pleural — 6, artère sous-clavière.

Le petit muscle scalène de la plèvre s'attache, comme je l'ai montré, à la première côte et au tubercule antérieur de la sixième ou septième apophyse transverse; comme ce tubercule n'est qu'une apophyse costiforme, une côte rudimentaire, on peut dire que le muscle fait partie du système des intercostaux; c'est le dernier muscle intercostal de la région du cou, car il y a des intercostaux du cou chez les animaux qui ont des côtes cervicales. J'ajoute que c'est un intercostal externe; il en a la direction, les attaches sur le bord supérieur de la côte sous-jacente, les insertions sur la face externe et le bord inférieur de la côte supérieure (centre et contour inférieur du tubercule transversaire).

Le faisceau profond de l'appareil suspenseur de la plèvre toujours

fibreux, composé de faisceaux qui vont d'un segment à l'autre de la
première côte, me paraît pouvoir être considéré comme le premier
muscle intercostal interne atrophié. Sa situation sous le muscle pleuro-
transversaire qui le cache, le passage entre eux deux de la dernière
paire cervicale qui est une branche rachidienne antérieure et qui
représente un nerf intercostal, le prolongement de ses fibres jusque sous
la face inféro-interne de la côte à la façon des bandelettes musculaires de l'intercostal interne, toutes ces raisons semblent légitimer
pour une part cette opinion. Mais le muscle ne trouvant pas en haut
d'arc osseux cervical sur lequel il puisse se fixer, vient, émané des
trois quarts antérieurs de la première côte, s'attacher dans son quart
postérieur tout près de la dernière apophyse costiforme, sur le bord
antérieur et la face supérieure de l'os, le plus haut possible, comme
pour se rapprocher de la côte cervicale qui n'existe pas.

COMMENT ON DOIT INTERPRÉTER LE DIAPHRAGME CERVICO-THORACIQUE

On comprend maintenant comment Deville, Degrusse, et Bourgery ont
été amenés à concevoir et à décrire leur diaphragme thoraco-cervical ;
ils ont été trompés par l'apparence sous laquelle se présentent, au point
où elles confinent à la première côte, les fibres de l'appareil suspenseur de la plèvre. Elles forment là une sorte de large lame continue,
appliquée sur le sommet du cul-de-sac pleural, un grand éventail
fibreux remplissant en partie l'aire de l'orifice supérieur du thorax
et rayonnant vers la première côte. Quand on étudie cette région sur
des coupes transversales passant au niveau même de la face supérieure
de cette première côte, on sectionne le muscle pleuro-transversaire ;
on ne voit plus alors de lui que la partie inférieure de ses fibres au
moment où déjà elles se sont étalées sur le dôme de la plèvre; or,
parmi les faisceaux qui forment cet éventail fibreux du cul-de-sac de
la séreuse, il en est (ceux du ligament profond) qui se rendent au
segment postérieur du bord antérieur de la première côte; on les confond alors, rien ne pouvant plus les en distinguer, avec ceux du liga-

ment ou du muscle superficiel qui ne s'y attache pas ; et on fait de l'ensemble une véritable cloison s'implantant sur toute l'entendue du bord interne de la première côte.

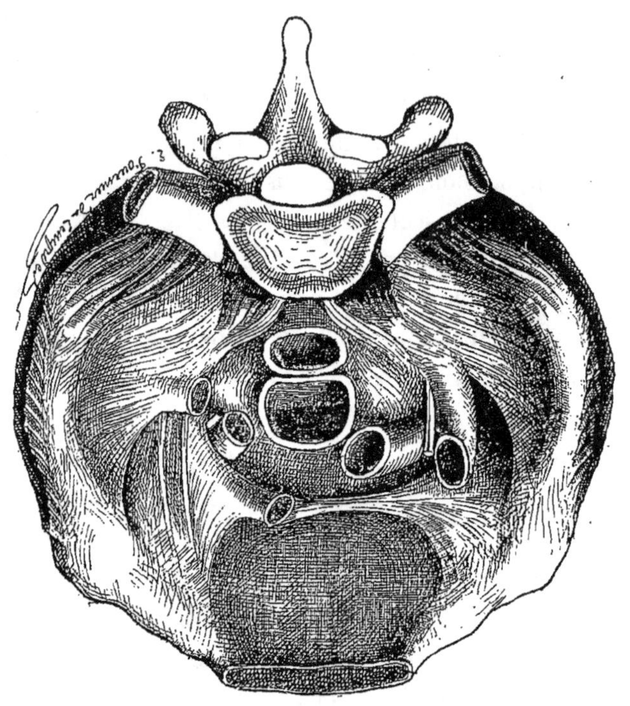

Fig. 39. — *Le diaphragme cervico-thoracique* (d'après BOURGERY)

C'est ainsi, sans doute, que quelques observateurs ont été induits en erreur ; et comme en anatomie, quand une fois l'imagination s'est mise de la partie, on n'en est plus à compter avec les vues de l'esprit, ils ont voulu poursuivre en dedans, jusque vers le médiastin (il fallait bien les faire insérer quelque part) les faisceaux de fibres si denses qu'ils avaient disséqués en dehors et les ont signalés comme devenant de plus en plus minces pour se perdre enfin sur les organes de passage dans la région, en formant une collerette autour de chacun d'eux.

Je le répète : rien de tout cela n'existe ; du diaphragme de Degrusse et de Bourgery il ne reste que l'éventail fibreux que j'ai décrit au-dessus du cône pleural; éventail qu'ils avaient vu mais qu'ils n'avaient su ni observer ni comprendre, ne l'ayant pas suivi jusqu'à son origine.

PHYSIOLOGIE DE L'APPAREIL SUSPENSEUR DE LA PLÈVRE

Bourgery, toujours dominé par l'idée « de la cloison », avait interprété d'une étrange façon le rôle du diaphragme découvert par Deville. Cet appareil fibreux était, selon lui, destiné à empêcher le sommet du poumon de repousser en haut le tissu cellulaire du cou, les épanchements pleurétiques de communiquer dans la loge cervicale et les infiltrations cervicales de faire irruption dans la poitrine.

Cette conception physiologique est naturellement aussi fausse que le conception anatomique dont elle découle. Ce n'est ni pour empêcher la hernie du poumon dans le cou, ni pour s'opposer à l'infiltration dans le thorax des suppurations cervicales, que s'est différencié du reste de l'appareil scalénique dont il fait partie le petit muscle que j'ai décrit. Voici, à mon avis, comment il faut comprendre ses fonctions :

A l'état anormal, comme on le sait, le poumon des animaux supérieurs est sollicité par deux forces antagonistes; l'une tend à le rétracter vers le hile : c'est l'élasticité de sa charpente musculo-conjonctive; l'autre le maintient dilaté et fixé contre la paroi thoracique : c'est le vide intra-pleural. La lutte incessante de ces deux puissances opposées assure le jeu de la respiration. Dans l'inspiration la première triomphe, le poumon s'élargit, l'air pénètre dans l'intérieur des alvéoles; dans l'expiration la seconde est mise en action, le poumon se rétrécit, et l'air, abandonnant les cavités lobulaires, fuit par les bronches.

Pendant l'inspiration, le thorax mu par des muscles nombreux se dilate; l'étendue de tous ses diamètres augmente; la pression négative intra-pleurale s'accroît; il y a tendance au vide et le poumon, poussé d'une part par la pression positive intra-bronchique, attiré de l'autre par la pression négative intra-séreuse, suit le thorax dans son excursion, obéissant alors à une double force dont la puissance totale équivaut à une colonne de 78 cent. de mercure environ.

Pour que, cette ampliation thoracique une fois produite, le poumon se gonfle et continue, contre son élasticité, à se mouler sur la parois de la boîte ostéo-musculaire où il est enfermé, il faut que l'enveloppe pariétale de la cavité pleurale dans laquelle se meut l'organe soit absolument adhérente ; il n'y aurait pas sans cela de vide possible ; le feuillet périphérique s'affaisserait, se déprimerait vers l'intérieur, comme les parois trop faibles d'un tube en caoutchouc dans lequel on ferait le vide ; il n'y aurait plus dès lors entre le thorax et le poumon cette espèce de solidarité physiologique qui fait, suivant l'expression de Pitres et Denucé, que les moindres variations de l'un se transmettent aussitôt à l'autre. L'inspiration serait supprimée et le poumon, cédant aux efforts constants de ses fibres élastiques, se ratatinerait dans la poitrine. Cette immobilité de la plèvre pariétale sur les organes sous-jacents est assurée partout par des adhérences physiologiques qui la fixent aux côtes, aux muscles intercostaux et au diaphragme. Seul le cul-de-sac supérieur, qui saille hors du thorax et plonge dans la base du creux sus-claviculaire, est en apparence privé de tout soutien musculaire ou osseux et libre de toute charpente sur laquelle il puisse demeurer plaqué. Faut-il donc qu'il s'affaisse quand s'opère la dilatation du thorax et que le sommet du poumon, ne pouvant seul obéir à la pression négative, demeure en état perpétuel d'élasticité satisfaite sans prendre part au phénomène de l'inspiration ?

Évidemment non.

Ici, en effet, l'appareil suspenseur entre en jeu et par ses différents faisceaux maintient toujours élevé, toujours fixe, toujours immobile, le sommet du dôme pleural ; celui-ci ne subit pas, comme tout le reste du feuillet pariétal, l'influence des excursions plus ou moins grandes des parois de la cage thoracique et ne tend pas à s'éloigner comme lui du feuillet viscéral ; mais il trouve au moins un obstacle quand il veut s'enfoncer dans la poitrine et permet ainsi que la pointe du poumon inspire et se dilate comme les autres portions de l'organe, et sous les mêmes influences.

Tel est, je crois, le rôle de cette partie jusqu'à présent inconnue du système scalénique ; elle représente le dernier des intercostaux du cou modifié, différencié pour une fonction spéciale : la suspension du dôme de la plèvre.

LES ORGANES SITUÉS EN ARRIÈRE DU TRIANGLE INTER-SCALÉNIQUE

L'artère vertébrale et la veine vertébrale. — En arrière du scalène postérieur sont situées seulement : *l'artère vertébrale* et *l'artère cervicale profonde*.

Née du segment précostal de la sous-clavière, *l'artère vertébrale* monte presque verticalement, légèrement inclinée en arrière et en dedans, dans le sillon qui sépare les scalènes de la colonne cervicale et du muscle long du cou, cachée par la carotide primitive et la thyroïdienne inférieure; elle atteint, légèrement flexueuse, la face antérieure de la septième apophyse transverse, se coude un peu au-dessus d'elle pour pénétrer dans le trou dont est creusée la base de la sixième, et continue ainsi son parcours dans le canal que forme la série des anneaux osseux superposés des autres apophyses transverses, entre l'intertransversaire antérieur et l'intertransversaire postérieur. Au sortir du tunnel axoïdien, l'artère gagne celui de l'atlas; mais comme celui-ci est situé plus en dehors, le vaisseau est obligé, pour l'atteindre, de décrire une courbe verticale à convexité externe. Le trou atloïdien franchi, l'artère devient horizontale, contourne d'arrière en avant la masse latérale de l'atlas dans le fond d'une gouttière dont est creusé son arc postérieur, s'infléchit en dedans pour traverser la membrane occipito-atloïdienne et pénétrer dans le canal rachidien, perfore la dure-mère, monte sur les faces latérales du bulbe en avant du nerf spinal et du ligament dentelé, change de nouveau de direction pour se rapprocher de sa congénère, gagne la ligne médiane et enfin, au niveau du bord postérieur de la protubérance, s'unit angulairement à la vertébrale opposée pour former le *tronc basilaire*. Remarquez ces flexuosités supérieures de l'artère vertébrale : comparez-les à celles de la carotide interne et demandez-vous si elles ne sont pas destinées les unes et les autres à briser le courant du sang destiné au cerveau.

Pensez aussi que ces inflexions allongent l'artère et que c'est sans doute à cause d'elles qu'elle n'est point tiraillée dans la rotation du segment cervical supérieur. Elle a de la longueur en réserve.

Je dirai peu de choses des branches de la vertébrale ; dans le cou elle donne des *vaisseaux musculaires* (masse prévertébrale) et des *vaisseaux spinaux* (moelle et méninges) ; au sortir du trou rachidien, elle irrigue les méninges des fosses occipitales inférieures (*méningée postérieure*) et fournit deux branches qui descendent verticalement le long de la moelle (*spinale antérieure* et *spinale postérieure*) ; dans le crâne enfin, alors qu'elle est déjà devenue tronc basilaire, elle émet les trois *artères cérebelleuses* (deux inférieures et une supérieure), des *vaisseaux protubérantiels* et l'*artère acoustique*.

L'artère cervicale profonde. — L'artère cervicale profonde naît du tronc costo-cervical, se dirige en haut et en arrière, aborde l'apophyse transverse de la septième cervicale, la contourne de haut en bas, s'engage entre elle et le col de la première côte, fournit une branche qui s'enfonce dans le dernier trou de conjugaison pour la moelle et ses enveloppes, se dégage de l'espace intertransversaire au niveau de la base de la nuque et se divise en deux rameaux : l'un inférieur verticalement descendant se perd dans le sacro-spinal ; l'autre supérieur verticalement ascendant se distribue jusqu'à l'axis, aux muscles de la couche moyenne et profonde de la nuque.

Comparez cette artère à la branche musculo-spinale d'une artère intercostale aortique : vous comprendrez aisément de quel bon droit Gegenbaur compare le tronc *costo-cervical* de la sous-clavière au tronc *costo-dorsal* que représente une intercostale aortique ; l'un et l'autre n'émettent-ils pas deux branches, l'une antérieure pour l'espace intercostal, l'autre postérieure pour le canal rachidien, son contenu et les muscles des gouttières vertébrales ?

b). — **Le triangle omo-trapézo-mastoïdien**

LES ORGANES CONTENUS EN AVANT DU TRIANGLE INTER-SCALÉNIQUE

Couché sur la face antérieure du scalène antérieur, et comme lui traversant la région sous-clavière dans le sens vertical, descend du cou vers le thorax un petit cordon nerveux appelé *nerf phrénique.*

Le nerf phrénique. — Branche du plexus cervical profond, le nerf phrénique se détache au niveau du bord supérieur du cartilage thyroïde, au-dessous de la quatrième vertèbre cervicale, par quatre racines d'inégale importance, de la 3e, de la 4e, de la 5e et de la 6e paires rachidiennes; il se porte ensuite verticalement en bas, accompagné de l'artère cervicale ascendante située un peu en dedans de lui, croise l'omo-hyoïdien, l'artère cervicale transverse et l'artère sus-scapulaire à leur origine, et abandonne le scalène antérieur au point où celui-ci dévie en dehors pour aborder le tubercule de Lisfranc. Il passe alors entre la veine et l'artère sous-clavière au segment préscalénique de laquelle il est parallèle à gauche et perpendiculaire à droite, rencontre l'artère mammaire interne le long et en dedans de laquelle il chemine et qui lui est parallèle, puis enfin pénètre dans le thorax en décrivant, sur le sommet du cône pulmonaire, une légère courbe qui le conduit en dedans, en plein médiastin. Au milieu de celui-ci il fait, pour descendre vers le diaphragme, un long parcours qu'on peut diviser en deux segments : l'un supérieur ou *para-vasculaire*, l'autre inférieur ou *para-cardiaque*. Ces deux portions n'ont à droite et à gauche ni les mêmes rapports ni la même direction. Les phréniques entrent à droite et à gauche dans le médiastin en passant entre l'artère et la veine sous-clavières; mais à peine y ont-ils pénétré qu'ils y prennent l'un et l'autre des connexions différentes.

A droite, le nerf descend en arrière du tronc veineux brachio-céphalique, puis à droite de la veine cave supérieure; il est parallèle à tous les deux. A gauche, il abandonne la veine innommée qui se porte à droite pour rejoindre la veine cave, et à laquelle il est par conséquent perpendiculaire, puis il descend parallèlement à la carotide primitive, en avant et en dehors d'elle, jusqu'à ce qu'il atteigne la portion horizontale de la crosse de l'aorte, en avant et à gauche de laquelle il est placé.

Passé les gros vaisseaux du médiastin, les phréniques rencontrent le cœur et cheminent entre le péricarde et la plèvre; à droite le nerf descend *verticalement* le long du bord droit, *vertical*, du cœur; à gauche le nerf, repoussé en dehors par la saillie du ventricule, se dirige *obliquement* en bas et à gauche, comme le bord gauche, *oblique*, du cœur; puis plus bas, comme si ayant atteint les limites de sa mobilité latérale, il lui était impossible de dévier davantage, il se laisse dépasser en dehors par la pointe du cœur qui le recouvre et dont il se dégage sur la convexité du dôme diaphragmatique. Le nerf phrénique gauche est donc plus long que le nerf phrénique droit. Au niveau du second cartilage costal, l'un et l'autre sont rejoints par les artères et veines diaphragmatiques supérieures, branches des vaisseaux mammaires internes, qui descendent en les suivant jusqu'au diaphragme, couchés comme eux dans un petit lit de tissu cellulo-adipeux jaunâtre.

Ces vaisseaux diaphagmatiques se collent contre le nerf au point où celui-ci croise l'artère mammaire interne. Comment et où la croise-t-il donc? Sur la face antérieure du dôme pleural, voyez d'abord le phrénique descendre en dehors de l'artère mammaire interne; un peu plus bas, voyez-le se rapprocher d'elle, la croiser en passant sur son front, et au niveau de la première côte, lui devenir interne. Le Pr Farabeuf use, pour démontrer ce rapport, d'une très heureuse comparaison. La voici : éloignez légèrement du tronc vos deux bras qui restent presque pendants, mais dont les mains sont ramenées sur la face antérieure des cuisses par une légère flexion du coude. Dans la concavité de ce coude maintenez une longue canne qui s'appuie sur le sol, monte le long du tronc et s'applique sur la face antérieure de la clavicule. Votre avant-bras c'est le nerf phrénique, votre canne l'artère mammaire interne; l'avant-bras croise la canne de haut en bas, de dehors en dedans et d'arrière en avant; c'est là une bonne démonstration de cours.

Chemin faisant, les nerfs phréniques abandonnent, à leur entrée dans le médiastin, des filets à la plèvre costale (*rameaux pleuraux*) et au thymus (*rameaux thymiques*); puis plus bas, de chaque côté du cœur, des branches au péricarde (*rameaux péricardiques*) et à la plèvre médiastine (*rameaux pleuraux*). Au niveau du diaphragme, ils se divisent l'un et l'autre en plusieurs branches dont la plupart, après s'être anastomosées pour former le *plexus diaphragmatique supérieur*, se dirigent en tous sens (*filets internes, antérieurs, postérieurs, externes*) et couvrent de leurs ramifications les deux faces du muscle (*rameaux sous-pleuraux et sous-péritonéaux*).

Un seul de ces rameaux traverse de chaque côté le diaphragme pour entrer, sous le nom de nerf *phrénico-abdominal,* dans la cavité abdominale où sa distribution varie à droite et à gauche.

Des deux côtés, au moment où il passe entre les fibres musculaires, il émet plusieurs filets grêles qui se rendent aux deux piliers; mais le phrénico-abdominal gauche donne seulement quelques filets ténus au plexus solaire et au ganglion semi-lunaire, tandis que le phrénico-abdo-minal droit, après avoir traversé l'orifice diaphragmatique de la veine cave inférieure, s'épanouit en nombreuses branches qui s'anas-tomosent ensemble et se renflent par endroits en petits ganglions, pour former *le plexus et les ganglions sous-diaphragmatiques;* de ce plexus se détachent des filets qui se rendent au plexus solaire, et d'autres qui divergent en plusieurs directions pour se perdre dans le péritoine, les capsules surrénales, la veine cave inférieure, le sillon longitudinal du foie et le ligament coronaire de cet organe.

Le nerf phrénique présente plusieurs anastomoses : les unes sont des *anastomoses directes ;* elles occupent la région sus-claviculaire, et partent du grand sympathique et du plexus brachial; les autres sont des *anastomoses en plexus,* des anastomoses terminales ; elles appartiennent au thorax et à l'abdomen et dépendent du système sympathique.

Deux petits rameaux unissent, au cou, le sympathique et le phré-nique : l'un supérieur, non constant, se détache du ganglion cervical moyen et se perd sur le tronc du phrénique; l'autre, inférieur, naît

du dernier ganglion cervical, contourne la demi-circonférence inférieure de l'artère sous-clavière, et remonte en avant vers le nerf
diaphragmatique qu'il atteint un peu au-dessus de la clavicule.

Avant d'aborder le muscle auquel il est destiné, le nerf du sous-
clavier, branche du plexus brachial, émet un petit filet qui descend,
passe en avant de la veine sous-clavière, pénètre dans le thorax et se
perd un peu plus bas dans le tronc du nerf phrénique.

Jusqu'à plus ample informé, il faut considérer comme de simples
anomalies les quelques faits qui ont été signalés d'anastomose entre
le phrénique d'une part, le pneumogastrique et le grand hypoglosse
d'autre part.

Quant aux connexions en plexus qu'il présente dans la poitrine ou
dans le ventre avec le grand sympathique, j'ai peu de choses à en
dire; j'ai déjà parlé du plexus diaphragmatique inférieur formé par
l'union des rameaux du phrénique avec ceux du plexus solaire ; j'ajoute
seulement que, d'après quelques auteurs, le phrénique envoie des
branches au thymus, au sein duquel elles s'anastomoseraient avec les
filets sympathiques que les branches de l'artère mammaire interne y
conduisent.

LES ORGANES SITUÉS DANS L'ESPACE INTERSCALÉNIQUE

Entre les deux scalènes on voit descendre de haut en bas et de
dedans en dehors les racines antérieures des quatre derniers nerfs
cervicaux et celle du premier nerf dorsal. Les anastomoses de ces
nerfs constituent le *plexus brachial.*

Le Plexus brachial. — Je connais peu de choses aussi difficiles à
comprendre et à expliquer que le plexus brachial. Essayons de tirer au
clair les détails de son architecture compliquée, et pour cela voyons
successivement ce que nous apprennent de lui :

1° Un coup d'œil d'ensemble jeté sur le plexus;

2° Une dissection plus attentive de ses cordons permettant d'étudier leurs relations respectives;

3º Certains faits de pathologie et d'expérimentation qui nous renseigneront peut-être sur quelques points de structure échappant aux moyens d'investigation de l'anatomie descriptive.

A première vue, les cordons du plexus brachial paraissent enchevêtrés de telle sorte qu'il semble difficile ou impossible de saisir l'origine des branches qui en émanent et de démêler l'entrelacement des filets qui le constituent. J'ajoute qu'on est frappé, si on l'étudie sur plusieurs sujets, de la diversité des aspects sous lesquels il se présente.

Cependant il est une chose qui saute aux yeux. C'est celle-ci : le plexus brachial, étendu de la colonne cervicale au creux de l'aisselle, est d'abord composé de cinq racines; puis il se tasse, se ramasse, pour ainsi dire, sur lui-même et se simplifie; il se complique ensuite, le nombre des branches qui le constituent se multipliant; plus bas, au niveau de la clavicule, il se condense de nouveau en un nombre moindre de cordons; il s'épanouit enfin en plusieurs gros troncs qui le terminent.

Il y a longtemps que les anatomistes ont essayé de marquer par une comparaison facile les principaux caractères de cette disposition. Ils ont dit que le plexus brachial ressemblait à deux X allongés, renversés et superposés, entre lesquels cheminait un Y dont la queue regardait la colonne vertébrale, les trois lettres tendant, à mesure qu'elles devenaient périphériques, à se fusionner les unes avec les autres. Cela donne, en effet, une idée générale à peu près juste du mode de division et de fusion des éléments constitutifs du plexus; ainsi l'on comprend comment les cinq branches primitives forment bientôt trois troncs, puis six, et comment enfin les cordons de bifurcation des deux X et de l'Y se confondant plus bas, suivant un mode que j'indiquerai plus loin, les uns avec les autres, le plexus, avant son épanouissement terminal, se trouve réduit à trois puissants faisceaux qui le résument tout entier.

C'est, permettez-moi ces deux néologismes, ce mode de ramescence et de coalescence des cordons que je vais essayer de vous expliquer maintenant.

Conservons, si vous le voulez, la comparaison des anciens anatomistes : aussi bien en vaut-elle une autre.

L'*X supérieur* est formé par la rencontre, près des scalènes, de la cinquième cervicale très obliquement descendante, avec la sixième cervicale moins oblique.

L'*X inférieur* provient de la fusion, entre les scalènes, de la huitième cervicale transversalement dirigée avec la première dorsale ascendante.

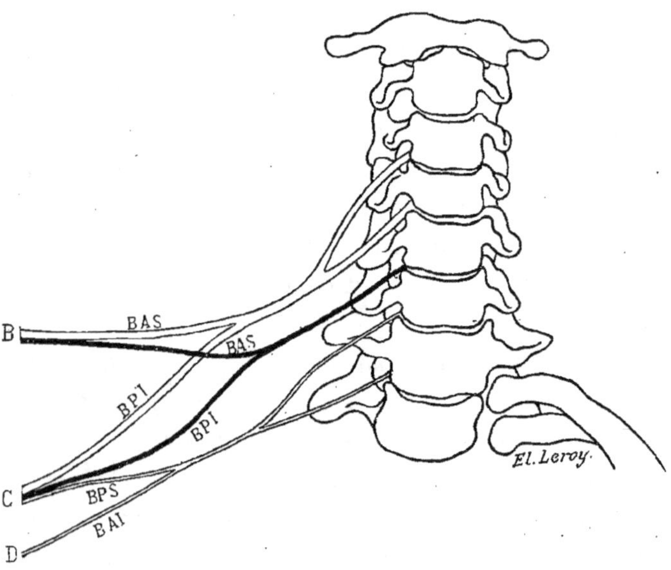

Fig. 40. — *Schéma du plexus brachial.*

B. Système médio-cutané externe. — C, système radio-circonflexe — D, système cubito-cutané interne — B A I, branche antérieure et supérieure — B P I, branche postérieure et inférieure — B P S, branche postérieure et supérieure — B A I. branche antérieure et inférieure.

L'*Y intermédiaire* n'est autre chose que la septième cervicale se divisant, entre les deux X, au niveau de la clavicule, en deux rameaux secondaires.

Cela dit, suivez bien :

L'X supérieur se divise bientôt en deux branches : l'une antéro-supérieure, l'autre postéro-inférieure.

L'X inférieur fait de même, et l'on voit naître de lui une branche postéro-supérieure et une branche antéro-inférieure.

Vous voilà embarrassés : pourquoi, dites-vous, la branche antérieure de l'X d'en haut étant supérieure, et sa branche postérieure
étant inférieure, n'en est-il pas de même pour l'X d'en bas? et pourquoi est-ce précisément tout l'opposé?

Voici pourquoi : l'Y qui est intermédiaire, dans le sens vertical, aux
deux X et forme ainsi l'axe du plexus, est avant tout et surtout
postérieur aux X. Donc, quand les X seront bifurqués, celle-là sera,
pour chacun d'eux, la branche postérieure qui se rapprochera le plus

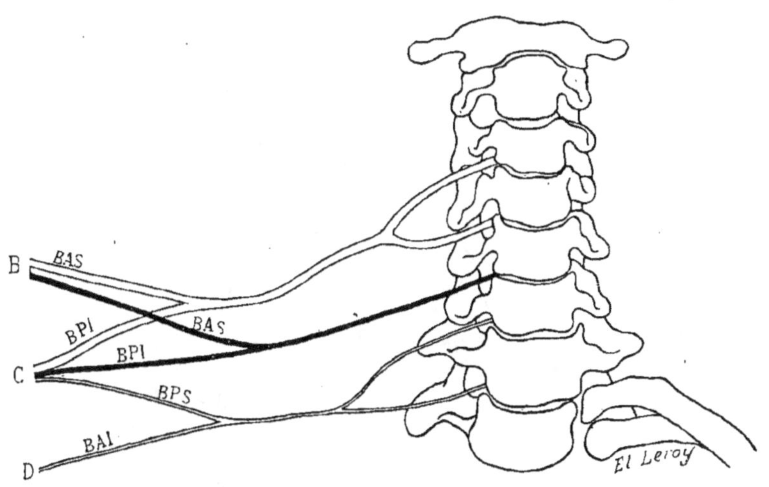

Fig. 41. — *Schéma du plexus brachial.*

B. Système médio-cutané externe — C, système radio-circonflexe — D, système cubito-cutané interne
— BAS, branche antérieure et supérieure — BPI, branche postérieure et inférieure — BPS, branche
postérieure et supérieure — BAI, branche antérieure et inférieure.

dans le sens vertical de l'Y : telle la branche inférieure pour l'X d'en
haut, et la branche supérieure pour l'X d'en bas.

Maintenant je continue : l'Y se bifurque à son tour en deux cordons : l'un antéro-supérieur, l'autre postéro-inférieur. Ici ne me
demandez pas d'explication : c'est un fait, il faut le retenir.

Chacun de ces rameaux se rend : le supérieur à l'X supérieur, et
l'inférieur à l'X inférieur; mais, et ce point est très important, va
s'anastomoser, pour chacun de ces X, non pas comme le disent les
livres (ce qui peut induire en erreur sur des schémas où on ne peut

représenter qu'un plan), non pas, dis-je, avec la branche la plus voisine, mais avec la branche de même nature. Et ce qui fait la nature d'un cordon du plexus brachial, ce n'est pas d'être supérieur ou inférieur, mais bien antérieur ou postérieur. Ainsi, le nerf *antéro-supérieur* de l'Y aboutit au nerf *antérieur* de l'X *sus-jacent ;* et le nerf *postéro-inférieur* de l'Y aboutit au nerf *postérieur* de l'X *sous-jacent*.

Mais bientôt les branches postérieures des deux X vont confluer

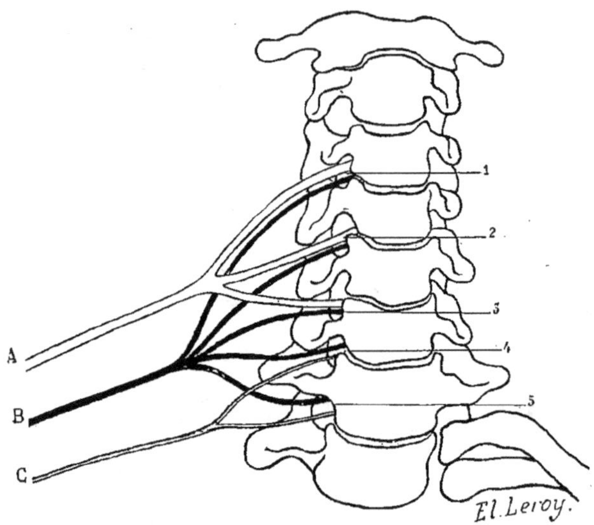

Fig. 42. — *Schéma du plexus brachial.*
A. Système médio-cutané externe — B, système radio-circonflexe — C, système cubito-cutané interne — 1, 2, 3, 4, racines cervicales — 5, racine dorsale.

l'une vers l'autre et former un seul tronc constituant ainsi un nouvel Y, que nous appellerons, si vous voulez, l'Y *périphérique,* pour le distinguer du précédent qui sera l'Y *central ;* tous les deux s'opposent leur bifurcation : la queue du premier regarde le bras, la queue du second la colonne vertébrale. A ce moment, le plexus brachial n'est plus composé que de trois cordons; plus loin nous verrons comment ceux-ci se bifurquent pour donner naissance aux branches terminales.

Vous pouvez encore exprimer d'une autre façon, comme quelques auteurs, le mode de division et de fusion du plexus brachial en disant : Des deux divisions de l'Y, l'antérieure vient se confondre avec la branche antérieure de l'X sus-jacent ; la postérieure, au contraire, continue directement son chemin vers la périphérie après avoir reçu, chemin faisant, la branche postérieure de l'X sus-jacent et celle aussi de l'X sous-jacent.

Vous n'avez qu'à comparer les schémas ci-joints pour voir que ces deux descriptions conduisent à la même conclusion. J'aime moins cette dernière qu'il est plus difficile de retenir parce que la symétrie des branches, qui aide beaucoup la mémoire, y manque.

Voici maintenant une autre manière plus simple de dire la même chose : elle est comme le résumé des descriptions précédentes. Le plexus brachial résulte de l'anastomose entre eux de trois gros troncs ; de ces trois troncs, deux sont antérieurs, l'un supérieur, l'autre inférieur ; le troisième, qui est postérieur, est dans le sens vertical interposé aux deux autres. Le tronc antéro-supérieur émane des trois premières racines qui contribuent à former le plexus ; le tronc antérieur vient des deux dernières ; le tronc postérieur de toutes.

Voulez-vous quelques explications complémentaires ?

Prenez, par exemple, l'avant-bras : vous avez des muscles fléchisseurs, ils sont en avant ; puis des muscles extenseurs, ils sont en arrière. Les muscles fléchisseurs eux-mêmes forment deux groupes : l'un externe innervé par le médian ; l'autre interne innervé par le cubital. Tous les muscles extenseurs, au contraire, sont innervés par le radial.

Eh bien ! cette espèce de dissociation se poursuit jusque dans le plexus brachial.

Vous avez deux gros cordons nerveux pour les muscles antérieurs ; l'un est externe et l'autre est interne. Le cordon externe vient des racines supérieures (V, VI, VII Cerv.) ; le cordon interne vient des racines inférieures (VIII Cerv. 1ère Dors.) ; le cordon supérieur est donc le résultat de l'anastomose de trois branches ; le cordon inférieur le résultat de l'anastomose de deux branches.

Pourquoi donc le cordon externe vient-il des racines supérieures et le cordon interne des racines inférieures ? Le voici : appliquez le bras le long du tronc ; attachez à la colonne cervicale, à dix centimètres l'une de l'autre dans le sens vertical, deux ficelles que vous ferez venir jusqu'à la main par le plus court chemin. Dites-moi si la ficelle supérieure ne suit pas la face externe, et la ficelle inférieure la face interne du membre supérieur?

Pourquoi maintenant le cordon externe a-t-il trois racines, et le cordon interne deux seulement? Eh bien! est-ce que le premier n'a pas une distribution beaucoup étendue? Toute la face antérieure du bras, presque toute celle de l'avant bras. C'est même au point que le cordon interne sera obligé de lui donner une branche de renfort. Vous verrez cela quand je vous dirai où et comment le médian prend son origine dans l'aisselle.

Vous avez maintenant, à côté de ces deux cordons antérieurs, un cordon postérieur. Comme il est unique, il faut bien qu'il prenne origine partout, sur toutes les branches d'origine. Les racines ne peuvent pas se partager. A qui se partageraient-elles puisque le tronc est seul?

Voulez-vous encore une autre forme de description du plexus brachial? Je vous dirai alors : toutes les racines de ce plexus portent en elles des *fibres de flexion* et des *fibres d'extension :* les premières se distribuent à *deux troncs ;* elles n'ont qu'un *groupement incomplet ;* les secondes se livrent toutes à un *seul tronc ;* elles ont un *groupement complet.*

Je vous montrerai plus loin combien compréhensifs doivent être, dans l'espèce, ces mots de flexion et d'extension, et vous verrez alors quelle facilité cette façon d'entendre le plexus brachial nous donnera pour l'étude de ses branches collatérales et terminales.

Mais il nous reste maintenant à voir si on ne peut pas pousser plus avant l'étude du plexus brachial.

Comme vous devez le voir à cette heure, non seulement il ne semble pas y avoir dans le plexus brachial de systématisation nerveuse, mais même celui-ci présente au premier abord le type de la diffusion. Au reste, ces deux mots plexus et systématisation ne semblent-ils pas se détruire l'un l'autre? Voici ce que je veux dire : le nerf cubital par exemple semble aller porter indifféremment, à tous les muscles qu'il innerve, les fibres prises par lui, en même temps, à la huitième

cervicale et à la première dorsale ; de même le radial paraît aller distribuer à tous les extenseurs sans distinction l'influx pris à la fois aux
quatre dernières cervicales et à la première dorsale.

Eh bien! cela est-il vrai, ou n'est-ce, au contraire, qu'une apparence?
et y a-t-il alors dans les branches de division de ce plexus, dans ce
plexus lui-même et dans la moelle ensuite, des localisations certaines
et constantes à établir? Ainsi par exemple : le filet du biceps ou celui
du long supinateur suivent-ils, dans les différentes ramifications du
plexus et dans ses branches d'origine, *une route donnée, fixe,* pour
aboutir à un *point donné, fixe,* de la moelle? Y a-t-il, en d'autres
termes, localisation, systématisation, dans les nerfs terminaux, dans
les cordons, dans le plexus, dans la paire rachidienne, dans l'axe
spinal?

Cela est probable, mais rien encore ne peut être affirmé à cet égard.
La dissection semble être contraire à cette hypothèse; elle montre,
en effet, dans l'intérieur des nerfs, de véritables petits plexus périphériques qui indiquent que l'enchevêtrement des faisceaux se continue au
loin, et que les fibres d'un muscle viennent sans doute, par plusieurs
racines, de plusieurs points de la moelle. Mais cela n'est point une
preuve; ce n'est qu'une apparence.

La démonstration ne peut venir, dans l'espèce, que de la méthode
anatomo-clinique. Quand on aura vu plusieurs fois la moelle atrophiée
en des *points déterminés* à la suite de *l'atrophie déterminée* de telle
ou telle partie d'un membre; quand on aura vu telle *lésion localisée* de
la moelle provoquer une *dégénération descendante localisée* dans tel
nerf et dans tel muscle, alors la réponse, si elle vient jamais, sera
décisive.

Mais d'ici là, il faudra se contenter d'une simple probabilité. Probabilité que confirment cependant en partie la systématisation malheu-
reusement non constante qu'on observe dans certaines paralysies radicu-
laires du plexus brachial, les expériences pratiquées sur les animaux
qui démontrent chez eux une *dissociation physiologique* du plexus,
enfin quelques faits d'anatomie anormale comme celui qui a permis à
Féré de suivre le nerf du long supinateur jusque dans la sixième paire

18

cervicale qui ne recevait que lui et la branche antérieure du nerf radial.

Tel est le mode de constitution du plexus brachial.

Né de cinq racines, il n'est plus, au moment où il franchit la clavicule pour passer dans l'aisselle, composé que de trois troncs volumineux. L'un de ces troncs est postérieur et médian : je l'appelle le système *radio-circonflexe*, car en effet il formera dans l'aisselle le radial et l'axillaire. Les deux autres troncs sont antérieurs et latéraux : l'un est externe ; je l'appelle *système médian cutané externe :* c'est de

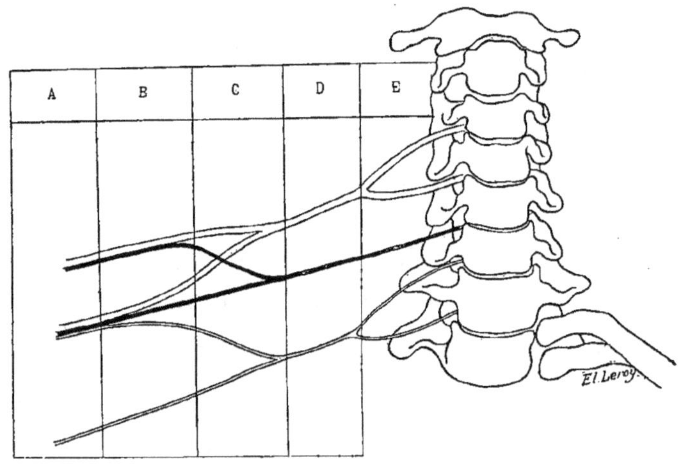

Fig. 43 — *Schéma du plexus Brachial*

A. Branches d'épanouissement du plexus (excessivement large). — B, trois troncs forment le plexus (étroit C, six troncs forment le plexus (très large). — D, trois troncs forment le plexus (rétréci) — E, cinq troncs d'origine du plexus (large).

lui, en effet, que naîtront dans l'aisselle le médian et le musculocutané ; l'autre est interne : c'est le *système cubital cutané interne,* car il sera l'origine du cubital et des deux cutanés internes. Cependant le médian cutané externe, chargé d'animer presque toute la musculature du membre et une grande partie de sa surface cutanée n'avait pas assez des trois racines qui le rattachent à la moelle ; aussi le voit-on recevoir une anastomose importante du cubital cutané interne. Voici comme : les deux cordons latéraux se partagent en deux divisions, l'une axiale, l'autre distale : les deux divisions axiales s'unissent l'une à l'autre au devant du faisceau postérieur et forment un nerf, le médian, dont elles constituent les deux racines périphériques ; la division distale du tronc externe donne naissance au musculo-cutané ; de la division distale du tronc interne se détachent le cubital, le brachial cutané interne et son accessoire.

Ainsi, grâce à cette anastomose périphérique, nous pouvons dire du système fléchisseur ce que nous disions plus haut du système extenseur : à savoir qu'il provient de toutes les racines du plexus brachial sans exception ; seulement, dans un cas, groupement parfait, un cordon ; dans l'autre, groupement imparfait, deux cordons.

Etudions maintenant la topographie de ce plexus brachial.

Pour arriver à s'unir comme je l'ai montré plus haut, les racines qui forment le plexus brachial sont obligées de converger les unes vers les autres ; aussi les supérieures sont-elles obliques en bas et en dehors, les inférieures obliques en haut et en dehors, les moyennes directement transversales ; cela donne au segment supérieur du plexus brachial la forme d'un triangle dont la base supérieure est appliquée sur la face latérale de la colonne vertébrale et dont le sommet inférieur répond à la face postérieure de la clavicule.

A partir de ce point, le plexus continue, comme on le sait, à descendre vers le bras ; mais comme son treillage se dissocie bientôt en plusieurs troncs secondaires, on le voit s'élargir par divergence de ses branches, au point d'affecter à nouveau la disposition d'un triangle dont le sommet supérieur est claviculaire et la base inférieure brachiale.

Au total on peut dire que le plexus, dans son ensemble, représente deux triangles opposés par leur sommet.

Dans le creux sus-clavier, tous les nerfs qui le forment sont, sans exception, situés au-dessus et en arrière de l'artère et d'autant plus éloignés d'elle, naturellement, qu'ils naissent plus haut.

Dans le creux sous-clavier, les cordons se rapprochent de l'artère ; on les voit tous les trois, collés les uns contre les autres, cheminer à l'étroit, pour ainsi dire dans l'espace intercléido-costal, le long du flanc externe de l'artère; puis, dans l'aisselle, ils se pressent davantage encore autour de l'artère, l'abordent enfin et ne tardent pas à l'entourer. Les troncs émanés des racines supérieures se placent sur son flanc externe; ceux qui naissent des racines inférieures s'appliquent sur sa face interne; ceux qui continuent le faisceau postérieur la côtoient par derrière. C'est pour cette raison qu'on appelle externe le cordon supérieur et interne le cordon inférieur.

Tel est le plexus brachial envisagé au point de vue de sa topographie générale; ce que j'en ai dit indique suffisamment quels rapports il affecte dans la région sus-clavière et avec quels organes. Mais il se met de telle manière en relation avec l'appareil suspenseur de la plèvre que je dois donner ici quelques détails sur ce point d'anatomie.

La cinquième et la sixième paires cervicales en sont assez éloignées; elles émergent de la gouttière sus-transversaire au-dessus du point où naît le faisceau le plus élevé du biceps pleural.

La septième paire, en général, sort également au-dessus de lui; mais quand le muscle pleuro-transversaire s'attache en même temps à la septième et à la sixième vertèbre cervicales, sa languette supérieure est appliquée contre la face antérieure du septième cordon qui la croise presque perpendiculairement, tout près de son petit tendon d'origine, et se trouve par conséquent placé entre elle et le ventre du scalène postérieur.

Les rapports du huitième nerf cervical sont constants; il s'engage toujours, dès qu'il a franchi le trou de conjugaison, dans la boutonnière triangulaire que forment en se séparant l'un de l'autre, vers leur insertion supérieure, le muscle transverso-pleural et le ligament pleurocostal; à peine a-t-il traversé, en se portant en bas en dehors, cet anneau fibro-musculaire, qu'il s'unit au premier nerf dorsal; il le rencontre sur le tiers postérieur du bord interne de la première côte, dans le point où ce bord est côtoyé par les fibres les plus *axiales* du scalène postérieur qui en suit le contour et en émousse l'arête un peu vive.

Le premier nerf dorsal naît dans le thorax; il émerge du canal rachidien par l'orifice qui sépare la première de la seconde vertèbre dorsale, se dirige en dehors et en haut en croisant le bord interne de la première côte un peu en dehors de son col, et vient à la rencontre du huitième cordon cervical. Pour suivre cette voie il s'engage entre les deux faisceaux du ligament pleuro-costal qui lui forment une espèce de pont dont la disposition est quelque peu variable. Chez des sujets, ces deux languettes fibreuses sont unies au-dessous du nerf par quelques fibres arciformes à concavité supérieure, de telle sorte que celui-ci traverse un orifice ovalaire complet, limité de toutes parts par un rebord net et bien marqué. Chez d'autres, au contraire, les deux faisceaux continuent leur chemin vers la plèvre, isolément, sans fibres d'union; entre eux alors ils limitent une sorte d'arcade dont ils sont les piliers, et sous laquelle passe le cordon nerveux; quans ils sont assez épais pour former sur le dôme pleural un relief accentué, les deux piliers de l'arcade se dessinent, et entre eux se creuse une gouttière oblique, en bas et en dehors, dont le fond répond à la plèvre et dans laquelle chemine le premier nerf dorsal, au point où, émergeant du thorax, il apparaît au niveau de la face supérieure de la première côte.

Quand la languette externe du ligament costo-pleural n'existe pas, ou qu'elle est réduite à quelques faisceaux celluleux que la dissection détruit facilement, la première paire thoracique passe entre la languette interne et le rebord costal. Comme je l'ai déjà dit, celui-ci est émoussé, à cet endroit, par des fibres tendino-musculaires appartenant au scalène postérieur.

Dans le creux sus-claviculaire le plexus brachial émet plusieurs branches destinées à des muscles voisins; une est descendante et antérieure, celle du sous-clavier; trois descendantes et postérieures, la branche du grand dentelé, la sus-épineuse et la sous-scapulaire; deux postérieures, celles de l'angulaire et du rhomboïde.

Mais avant de donner naissance à un seul de ces rameaux, le plexus brachial reçoit du plexus cervical une grosse branche que lui envoie la quatrième paire et s'anastomose, d'autre part, avec le troisième ganglion cervical.

Ce ganglion s'unit au premier ganglion thoracique pour former avec lui ce qu'on appelle le *ganglion de Neubauer*. Celui-ci a la forme d'une demi-lune à concavité supérieure; il est collé contre le col de la première côte, bien derrière l'artère vertébrale qui naît à peu près à son niveau.

Il est uni au ganglion cervical moyen par deux filets qui passent, l'un en avant, l'autre en arrière de l'artère sous-clavière; ce sont ces deux filets qui constituent *l'anneau de Vieussens*. L'anneau de Vieussens

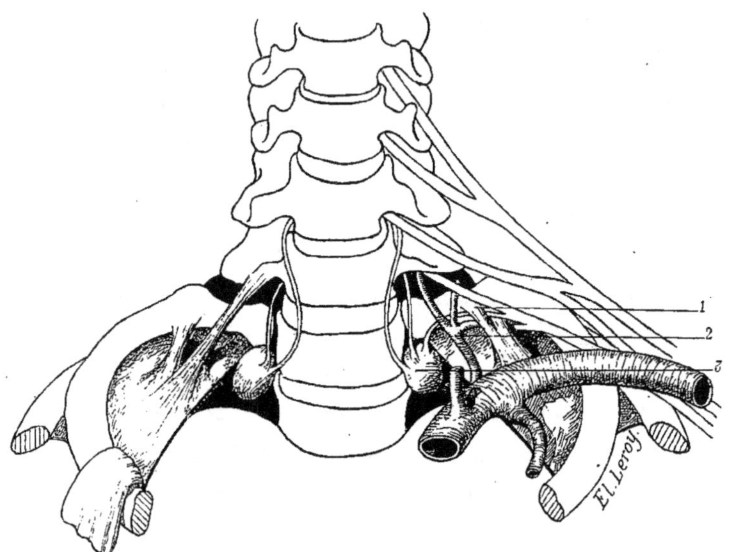

Fig. 44. — *Les branches du ganglion de Neubauer et leurs rapports avec l'appareil suspenseur de la plèvre* (d'après nature)

1. Ligament costo-pleural interne — 2, artère intercostale supérieure — 3, ganglion de Neubauer.

enserre donc l'artère sous-clavière; l'arc antérieur de cet anneau est plus volumineux que son arc postérieur.

Mais il donne en outre naissance à quatre rameaux qui ont avec l'appareil suspenseur d'intéressants rapports; deux sont supérieurs et ascendants; deux externes et transversaux.

Les deux filets ascendants sont verticaux; l'un et l'autre naissent du bord supérieur du ganglion, croisent perpendiculairement le col de la

première côte et montent sur la face antérieure des apophyses transverses, en dedans du muscle pleuro-transversaire, parallèlement à la
branche dorso-spinale de la première intercostale. L'un, externe, est
court; il va se jeter sur la dernière paire cervicale, en pénétrant pour
la rejoindre jusque dans la gouttière transversaire; l'autre, interne,
est long; il chemine derrière l'artère vertébrale dont il suit très exactement la face postérieure, jusqu'à ce qu'il rencontre le trou de conjugaison par lequel sort la septième paire cervicale; il y pénètre alors
pour s'anastomoser avec elle.

Vous reconnaissez sans peine, dans ces filets, les branches dont l'ensemble forme ce singulier nerf dont les recherches de M. François
Franck ont démontré le rôle important : *le nerf vertébral.*

Les deux rameaux transversaux naissent soit isolément, soit par un
tronc commun, du bord externe du ganglion de Neubauer; ils se portent en dehors et légèrement en haut, croisent, en passant soit en avant
soit en arrière d'elle, la branche dorso-spinale de la première artère
intercostale, s'engagent, suivant les cas, entre le muscle transverso-
pleural et le ligament costo-pleural, ou bien au travers de ce dernier
dans l'épaisseur duquel ils se creusent deux petits orifices, et viennent
enfin se jeter sur la huitième paire cervicale, à deux ou trois millimètres en dehors du point où elle est croisée par le petit muscle pleuro-
transversaire.

Je vous ai dit que le plexus brachial émettait dans la région sus-
claviculaire plusieurs rameaux.

Je ne veux pas les décrire avant de vous avoir donné une idée générale de ses branches.

Le plexus brachial préside à tous les mouvements du membre
supérieur.

Pour les mouvements qui ont comme centre l'articulation du poignet
et des doigts, il a le médian et le cubital (sens de la flexion), le radial
(sens de l'extension). Pour les mouvements qui se passent dans l'articulation du coude, il a le musculo-cutané (sens de la flexion) et le
radial (sens de l'extension). Pour les mouvements qui appartiennent à
l'articulation de l'épaule, il a des branches d'adduction (celles du grand

pectoral), des branches d'extension (celles du grand rond et du grand dorsal), des branches d'abduction (celles du deltoïde), des branches de rotation (celles du sous-scapulaire, du sus-épineux, du sous-épineux). Pour les mouvements qui appartiennent à l'articulation sterno-claviculaire et qui se produisent par le glissement de la face antérieure de l'omoplate sur le grillage costal, il a les branches de l'angulaire, du rhomboïde et du grand dentelé (élévation), la branche du petit pectoral et celle du sous-clavier (abaissement).

Seul, le trapèze échappe au plexus brachial; mais vous savez qu'il est innervé par le troisième et le quatrième nerfs cervicaux, c'est-à-dire par les branches rachidiennes qui sont le plus près du plexus brachial et qui, du reste, s'anastomosent avec lui.

Mais tachons de nous retrouver un peu au milieu de tous ces rameaux.

Le plexus brachial, c'est donc entendu, préside à tous les mouvements du membre supérieur. Or ces mouvements, où que vous les considériez sur ce membre supérieur, peuvent se diviser en deux types: le premier comprend la flexion, l'adduction, l'abaissement; le second, l'extension, l'abduction, l'élévation.

La rotation qui est un mouvement combiné peut appartenir à l'un ou à l'autre type, suivant la situation des muscles rotateurs; ainsi les rotateurs de l'épaule sont postérieurs parce qu'ils ne pouvaient pas prendre leur point d'appui ailleurs que sur l'omoplate qui est postérieur; ils font par conséquent partie du groupe des extenseurs abducteurs; les rotateurs de l'avant-bras, au contraire, sont antérieurs et postérieurs; les premiers appartiennent au groupe fléchisseur, les seconds au groupe extenseur.

Laissons de côté pour le moment tout ce qui a rapport aux branches terminales du plexus brachial (nous verrons plus tard qu'il est facile de leur appliquer ces notions générales), et occupons-nous seulement de ses branches collatérales.

Toutes celles qui se rendent au groupe des extenseurs, abducteurs, élévateurs, ont comme caractères : 1° d'émaner du système médian ou postérieur du plexus brachial; 2° d'émerger toujours du plexus sur sa face postérieure.

Celles au contraire qui aboutissent au groupe des fléchisseurs, adducteurs, abaisseurs, se distinguent en ce que : 1° elles émanent des systèmes antérieurs du plexus; 2° elles s'en détachent toujours au niveau de la face antérieure.

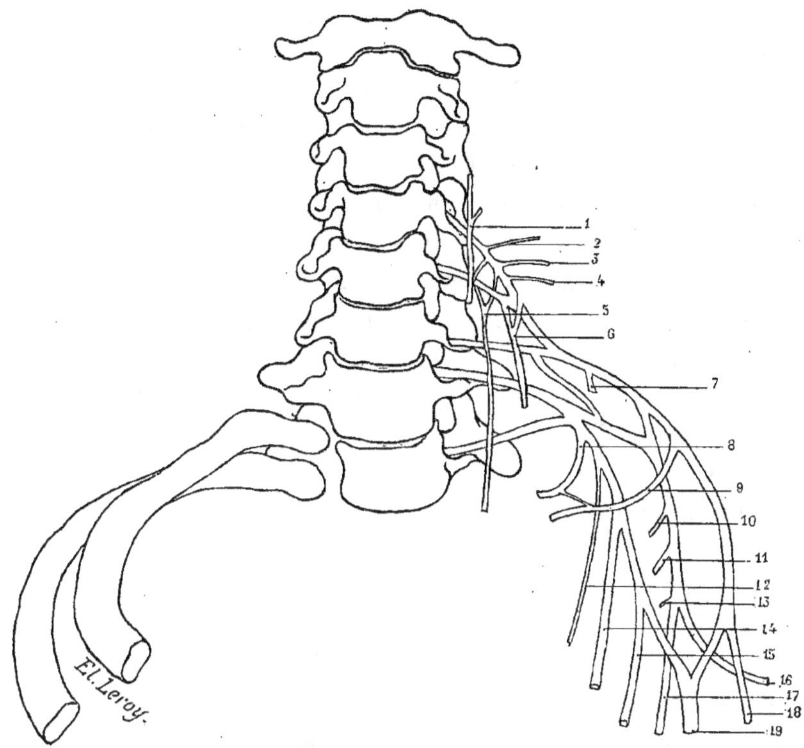

Fig. 45. — *Schéma des branches du plexus brachial* (d'après Testut)

1. Nerf phrénique — 2, nerf de l'angulaire — 3, nerf du rhomboïde — 4, nerf sus-scapulaire — 5, nerf du grand dentelé — 6, nerf du sous-clavier — 7, nerf sous-scapulaire supérieur — 8, nerf du petit pectoral 9, nerf du grand pectoral — 10, nerf sous-scapulaire moyen — 11, nerf du grand rond — 12, accessoire du brachial cutané interne —14, brachial cutané interne — 15, cubital — 16, circonflexe — 17, radial — 18, musculo-cutané — 19, médian.

Autre chose : il y a, vous le savez, au point de vue du lieu de leur origine trois ordres de rameaux du plexus brachial : les uns naissent dans le creux sus-claviculaire; d'autres dans le triangle sous-clavier; d'autres enfin dans le creux axillaire. Voici la loi qui préside à cette origine.

1° Tous ceux des muscles innervés par le plexus brachial qui s'implantent (insertion fixe ou mobile) sur le corps de l'omoplate et la clavicule (le petit pectoral se rend à une apophyse), reçoivent leurs filets de la portion sus-claviculaire; 2° les muscles de la paroi antérieure du creux de l'aisselle reçoivent les leurs de la portion sous-claviculaire; 3° les muscles de la paroi postérieure du creux de l'aisselle sont animés par des branches venues du segment axillaire du plexus.

Appliquons maintenant ces notions au plexus brachial du creux susclaviculaire; nous verrons naître de lui : 1° le nerf du sous-clavier, 2° le nerf du grand dentelé; 3° le nerf du sus et du sous-épineux; 4° le nerf du sous-scapulaire; 5° le nerf de l'angulaire et du rhomboïde.

L'angulaire, le rhomboïde, le grand dentelé élèvent l'épaule : ce sont des sortes d'abducteurs du bras ; leurs nerfs émanent des cordons postérieurs du plexus brachial. Le sus-épineux, le sous-épineux, le sous-scapulaire sont des rotateurs postérieurs : leurs filets viennent aussi du plexus brachial postérieur. Le sous-clavier abaisse l'épaule : c'est une sorte d'adducteur du bras ; son rameau se détache de la face antérieure du plexus.

LE NERF DU SOUS-CLAVIER. — *Le nerf du sous-clavier* naît du point de conjugaison de la cinquième et de la sixième paires; il se porte verticalement en bas vers le triangle omo-claviculaire, au-devant des cordons du plexus brachial, croise la face antérieure de l'artère sousclavière et pénètre le muscle sous-clavier vers sa partie moyenne. Chemin faisant, il donne un petit rameau qui descend au-devant de la veine sous-clavière et va s'anastomoser avec le nerf phrénique.

LE NERF DE CH. BELL. — *Le nerf du grand dentelé* ou nerf respiratoire de Ch. Bell émane, par deux racines qui se réunissent bientôt, de la cinquième et de la sixième paires cervicales, tout près du trou de conjugaison. Placé entre les deux scalènes, il descend d'abord en arrière du plexus (triangle omo-trapézien), puis en arrière de l'artère (triangle omo-claviculaire), aborde la région latérale du thorax, descend avec l'artère mammaire externe sur la paroi interne du creux axillaire, entre le sous-scapulaire et le grand dentelé, et s'épanouit enfin sur le bord inférieur de ce muscle aux digitations duquel il a déjà donné, dans tout son parcours, une série de petits filets qui l'ont pénétré par sa face superficielle.

LE NERF DU SUS ET DU SOUS-ÉPINEUX. — *Le nerf du sus et du sous-épineux* naît du point où la cinquième racine s'unit à la sixième, se porte obliquement en bas, en arrière et en dehors, en croisant le bord externe du muscle scalène antérieur, abandonne le creux sus-clavier, s'enfonce sous le muscle trapèze, se dirige vers l'échancrure coracoïdienne qu'il traverse sous le ligament coracoïdien, pénètre, à sa faveur, dans la fosse sus-épineuse, anime de plusieurs filets le muscle qui la comble, atteint le bord concave de l'épine scapulaire, le contourne, se réfléchit autour de lui de haut en bas et de dehors en dedans, s'enfonce dans la fosse sous-épineuse, chemine sous le muscle qui la remplit et s'épuise enfin dans son épaisseur en nombreux filets moteurs.

LE NERF SOUS-SCAPULAIRE SUPÉRIEUR. — Celui-ci, très grêle, naît du cordon postérieur du plexus, immédiatement au-dessus de la clavicule, se dirige en bas et en dehors et, après quelques centimètres à peine de trajet, atteint le bord supérieur du sous-scapulaire dans l'épaisseur duquel il se perd.

LES NERFS DE L'ANGULAIRE ET DU RHOMBOÏDE. — Les branches de l'angulaire et du rhomboïde naîssent de la quatrième et de la cinquième racines cervicales ; il est assez fréquent de les voir former un tronc commun nommé par les Allemands le *nerf dorsal de l'omoplate*. Elles se dirigent en arrière et en bas, traversent le scalène moyen, contournent le scalène postérieur, descendent entre celui-ci et l'angulaire, pénètrent la face profonde de ce dernier par de nombreux rameaux et s'engagent enfin sous le rhomboïde auquel elles abandonnent plusieurs filets dont quelques-uns, après avoir traversé le corps charnu, vont se perdre dans le trapèze.

LES ORGANES SITUÉS EN ARRIÈRE DES SCALÈNES

L'artère et la veine vertébrales. — Ici, comme dans le triangle omo-claviculaire, on ne recontre que l'artère et la veine vertébrales cachées dans le tunnel osseux des apophyses transverses cervicales. Je n'ai pas à y revenir.

RÉGION SOUS-CLAVIÈRE

SOMMAIRE :

E. — LE CONTENU DU CREUX SOUS-CLAVIER.

    La constitution du paquet vasculo-nerveux.

    L'artère axillaire.

      L'artère acromio-thoracique.

      La verticale des premiers espaces.

    La veine axillaire.

    Le Plexus brachial.

      Les deux nerfs pectoraux.

    Les ganglions lymphatiques.

A. — CONSTITUTION DE LA RÉGION

Vous savez que la clavicule est tendue comme un arc boutant entre le sternum et l'apophyse coracoïde. Elle éloigne ainsi l'omoplate du thorax et permet les mouvements d'abduction, de circumduction et de rotation du bras qui sont l'apanage de quelques animaux supérieurs. Cette clavicule domine le plan costal et, par la force des choses, fait sous les téguments, à la racine du cou et à la naissance de la poitrine, une saillie très marquée ; au-dessus et au-dessous d'elle, puisque toute éminence, par cela même qu'elle est éminence, constitue à côté d'elle des méplats, les couches molles se dépriment ; de là l'existence des creux sus et sous-claviculaires.

Vous connaissez déjà le premier ; voyez maintenant sur quel plan est établie l'architecture du second.

Et d'abord étudiez bien sur le squelette cet espace *cléido-costal* dont je vous parlais tout à l'heure ; très étroit en dedans, où la clavicule s'appuie sur la face supérieure de la première côte, cet espace s'élargit au niveau du premier muscle intercostal et de la seconde côte, et plus encore au niveau du second muscle intercostal ; plus en dehors, la coracoïde vient s'interposer entre le grillage costal et la face inférieure de la clavicule ; l'espace devient *cléido-coracoïdien.*

Sur le cadavre, les choses ne se présentent pas ainsi. En dedans l'espace cléido-costal est comblé par un muscle qui de la face inférieure de la clavicule se rend à l'extrémité sternale de la première côte ; rien donc ne peut passer là ; il n'y a pas de place. En dehors, l'espace cléido-coracoïdien est rempli par deux ligaments fibreux ; vous les reconnaissez : ce sont le *trapézoïde* et le *conoïde*; ici encore la voie est obstruée; rien ne peut traverser. Mais vers le milieu, ou plutôt à l'union du tiers moyen et du tiers externe, le détroit est libre ;. là cheminent les vaisseaux et les nerfs qui du creux sus-claviculaire descendent dans la région sous-clavière. Quand je dis que le détroit est libre, je ne dis pas l'exacte vérité; il y a d'abord à cet endroit les fibres les plus externes du sous-clavier; puis voyez de la face inférieure de la clavicule, là où s'implantent les extrêmes faisceaux du muscle, partir une forte et solide bandelette qui se dirige en bas et en dehors et va s'implanter sur la coracoïde : c'est là le *ligament coraco-claviculaire interne*. Mais ni cette extrémité du sous-clavier ni ce ligament ne remplissent tout le vide; il y a, sous eux, de la place à prendre; c'est le paquet vasculo nerveux qui comble le trou.

L'espace que tout à l'heure je nommais, sur le squelette, l'espace cléido-costal, devient donc, sur le cadavre, l'espace sous-clavier costal, et vous pouvez maintenant vous faire une idée de sa forme exacte. Il est limité en bas par un plan incliné, le plan costal; en haut, par une sorte de plein cintre musculaire, le sous-clavier. Ce muscle sous-clavier, en effet, est une espèce d'arc allongé, fixé en dedans à l'extrémité sternale de la première côte par son tendon interne (vrai *ligament costo-cléidal*), fixé en dehors sur la coracoïde par son tendon externe (vrai *ligament cléido-coracoïdien*), parcourant par sa convexité la face inférieure de la clavicule, et répondant par sa concavité aux vaisseaux sous-claviers.

Eh bien! c'est cet espace situé entre le sous-clavier d'une part, la première côte et le premier espace intercostal d'autre part, qui forme la limite supérieure de la région sous-clavière que je vais vous décrire et que vous êtes à même, je crois, de bien comprendre maintenant.

Rappelez-vous, en effet, qu'après avoir franchi la clavicule, les vaisseaux claviers, pour gagner le creux de l'aisselle, sont obligés de cheminer un moment sur le plan incliné de la région thoracique ; après quelques centimètres de trajet, ils rencontrent le petit pectoral très étroit en ce point, s'engagent sous sa face profonde et émergent bientôt de la profondeur au niveau de son bord externe; dès lors ils appartiennent au bras, car ils ont ·désormais abandonné le district pectoral qu'ils avaient parcouru après le district cervical.

La clavicule en haut, le petit pectoral en bas : telles sont les bornes frontières du creux sous-clavier.

B. — FORMES EXTÉRIEURES ET LIMITES

Cette région sous-clavière, si on l'envisage comme un simple plan, sans tenir compte de sa profondeur, a la forme d'un triangle. Le bord supérieur de ce triangle est formé par la ligne claviculaire ; le bord inférieur est représenté par un trait tiré de l'articulation chondro-sternale de la seconde côte au bec de l'apophyse coracoïde ; la base répond à la partie supérieure du bord correspondant du sternum ; le sommet n'est autre que la pointe de la coracoïde. La clavicule, comme je vous l'ai déjà dit, y marque sa présence par une saillie prononcée au-dessous de laquelle les téguments se dépriment pour former ce qu'on nomme le creux sous-claviculaire ; celui-ci se bombe quelque-fois chez les sujets chargés d'embonpoint ; il devient plus profond chez les gens amaigris ; il s'enfonce, à chaque inspiration, chez les malades atteints de dyspnée laryngienne, dans le phénomène appelé phénomène du tirage.

Dans son ensemble, on peut considérer cette région comme une sorte de boîte aplatie, de forme triangulaire, ayant un fond, un couvercle et des parois, du reste très minces, puisque la boîte est plate. Ne prenez pas plus au sérieux cette expression de boîte sous-clavière que vous n'avez pris au sérieux celle de puits sus-clavier : ces comparaisons sont, comme la plupart de celles qu'on fait en anatomie, mauvaises. Qu'importe si elles vous aident à comprendre ?

C.' — LE FOND DU CREUX

Le fond du creux répond à la première côte, au premier et au second espace intercostal comblés tous les deux par les muscles intercostaux. Vers la partie postérieure de la région apparaissent les digitations supérieures du muscle grand dentelé qu'on ne peut voir qu'après avoir détruit les vaisseaux du creux sous-clavier; ceux-ci, en effet, comblant en grande partie sa cavité, empêchent de voir les portions les plus reculées du plan sur lequel ils reposent. Convexe d'avant en arrière, le grillage costal forme ici un plan incliné en dehors et en bas sur lequel chemine, dans la même direction, le paquet vasculo-nerveux. Je vous dirai plus tard, quand je décrirai la région costale, quelles sont les parties constituantes de cette paroi thoracique; de même, en vous montrant la région de l'aisselle, je vous parlerai du muscle grand dentelé dont vous n'apercevez ici, en haut et en arrière, que les languettes tout à fait supérieures.

D. — LES PAROIS DU CREUX SOUS-CLAVIER

Les parois du creux sont, comme je l'ai dit, très peu élevées; elles limitent entre elles un triangle de forme isocèle, à base interne et à sommet externe.

1. — PAROI INFÉRIEURE

Le petit pectoral. — La paroi inférieure est formée par le muscle petit pectoral. Situé sous le grand pectoral, beaucoup moins large et beaucoup moins épais que lui, mais aplati et triangulaire comme lui, le petit pectoral s'attache à la face externe des troisième, quatrième et cinquième côtes par trois digitations charnues qui convergent et forment un corps musculeux qui s'effile, se dirige en haut et en dehors et va se fixer, par un tendon fort et aplati, au bord antérieur de l'apophyse coracoïde. Le petit pectoral est directement appliqué sur la région costale; il en est séparé seulement par une couche de tissu cellulaire lamelleux; en arrière, quelques digitations du grand dentelé s'interposent entre lui et les muscles intercostaux externes. Son bord supérieur, très oblique en haut et en dehors, limite en bas le creux sous-claviculaire; on voit quelquefois cette région se rétrécir dans le sens vertical; c'est qu'alors un petit muscle se détache de la première côte et de la poignée du sternum, se porte en dehors et vient s'implanter sur la coracoïde : c'est le *pectoralis minimus* de Gruber. Le bord inférieur du petit pectoral, plus long que l'autre, donne insertion à l'aponévrose clavi-axillaire; il appartient au creux de l'aisselle. C'est à son niveau que commence le plan profond de la paroi antérieure de la pyramide axillaire.

2. — LA PAROI SUPÉRIEURE

Le muscle sous-clavier. — Je vous ai déjà montré que la région sous-clavière s'étendait en haut jusqu'à la clavicule et à l'espace qui sépare cet os du plan thoracique : je n'ai point à y revenir. Vous connaissez en effet l'anatomie de la clavicule, que je vous ai décrite à l'occasion du creux sus-claviculaire; vous savez aussi la forme, les dimensions, la disposition de l'espace intercléido-costal; il me reste seulement à vous dire quelques mots du *muscle sous-clavier* dont je vous ai montré seulement, jusqu'alors, la forme et la situation.

Ce sous-clavier est un petit muscle allongé, cylindrique; il s'attache en haut par de courtes fibres aponévrotiques dans une gouttière longue de plusieurs centimètres, creusée sur le tiers externe de la face inférieure de la clavicule, se dirige en bas en avant et en dedans, et vient se fixer par un tendon conoïde sur le cartilage de la première côte et la portion de la première côte adjacente à ce cartilage. Ce muscle est entouré d'une aponévrose très épaisse et très résistante qui lui forme une gaine et qui doit être considérée comme un véritable tendon. Voyez un peu, en effet, avec quelle solidité elle s'implante sur les os. Envisagée sur une coupe verticale, elle s'attache au bord antérieur de la clavicule, chemine le long de la face antérieure du muscle, le contourne par en bas, parcourt sa face profonde et vient se fixer au bord postérieur du même os; ainsi elle représente un véritable demi-étui que la clavicule complète en haut.Si maintenant vous étudiez l'aponévrose du sous-clavier dans le sens transversal, vous la voyez, en dehors, devenir très dense, très épaisse et s'attacher à l'apophyse coracoïde; elle forme là le puissant ligament *coraco - claviculaire interne* ou *horizontal*.

C'est qu'en effet le muscle sous-clavier est avant tout et surtout un appareil d'attache : en dehors il fixe la clavicule contre la coracoïde; en dedans, par son tendon, la clavicule contre la première côte; aussi voit-on certains sujets chez lesquels les fibres musculaires disparaissent complètement et sont remplacées par un véritable ligament.

Dans un instant je vous montrerai les connexions du fourreau fibreux du sous-clavier avec les aponévroses du voisinage.

3. — LA PAROI INTERNE

La paroi interne du creux sous-clavier est réduite à un simple bord; elle répond au bord correspondant du sternum, au point où s'attachent les fibres du grand pectoral : elle est donc formée par l'espace angulaire qui sépare ce muscle du sternum et du grillage costal. Je ne vois rien là d'intéressant à signaler; tout ce qu'il y a d'important dans cette région est cantonné dans son tiers externe, près de son sommet.

4. — LE SOMMET

Ce sommet du creux sous-clavier est le point où confinent l'une à l'autre la paroi supérieure et la paroi inférieure. Il répond à l'apophyse coracoïde ; là, les ligaments acromio-coracoïdiens et du tissu cellulaire remplissent l'espace creux situé entre la coracoïde en bas, l'acromion et la clavicule en haut.

Le ligament acromio-coracoïdien. — Le ligament acromio-coracoïdien est une lame fibreuse qui complète, au-dessus de l'articulation scapulo-humérale, la voûte acromio-coracoïdienne. Il est triangulaire et rayonné. Il s'attache, en avant, à toute l'étendue du bord postérieur de l'apophyse coracoïde, et en arrière au sommet de l'acromion ; sa base est donc antéro-interne, son sommet postéro-externe. Il est dense, puissant, nacré. Une couche de tissu cellulaire le sépare de la face inférieure de la clavicule ; une bourse séreuse de la tête humérale. En dehors il se contiue avec une toile fibreuse qui s'engage sous le muscle deltoïde et qu'on appelle, pour cette raison, la *lame sous-deltoïdienne.*

Le ligament acromio-coracoïdien n'est pas autre chose que l'épanouissement du tendon du petit pectoral. Vous verrez plus loin de quel précieux secours ce ligament sera pour nous quand nous aurons à interpréter la nature de cette lame cellulo-fibreuse étrange qui, chez l'homme, réunit le muscle petit pectoral au muscle sous-clavier.

De l'apophyse coracoïde se détache, en dehors du petit pectoral, le tendon commun du biceps et du coraco-brachial qui descendent l'un et l'autre le long du bras, sur sa face interne.

En arrière, en plongeant profondément dans le creux sous-clavier, et en suivant le tissu cellulaire qui le comble, on arrive jusque dans le tiers supérieur de la fosse sous-scapulaire.

5. — LE COUVERCLE

Le couvercle de la boîte sous-clavière est triple ; il est formé d'abord par la peau et sa doublure de tissu cellulo-adipeux ; on trouve sous celle-ci un plan musculaire épais, le grand pectoral ; puis enfin, une lame fibro-conjonctive de densité variable, l'aponévrose coraco-claviaxillaire.

a). — LE PLAN SUPERFICIEL DU COUVERCLE

La peau. — La peau, assez épaisse, dépourvue de poils, jouit sur les couches profondes d'une mobilité relative.

Le *tissu cellulaire sous-cutané*. — Le tissu cellulaire sous-cutané est lamelleux et chargé d'une assez grande quantité de graisse sous la clavicule; il devient plus rare, plus serré et moins filamenteux quand on se rapproche du sternum où les téguments paraissent assez intimement unis à l'os; de même, au niveau de la clavicule, l'assise sous-cutanée est peu épaisse.

LES DERNIÈRES RAMIFICATIONS ACROMIO-THORACIQUES. — Dans son épaisseur cheminent, à côté des dernières ramifications des *artères et veines acromio-thoraciques*, quelques vaisseaux lymphatiques superficiels et plusieurs filets nerveux.

LES VAISSEAUX LYMPHATIQUES SUPERFICIELS. — Les *vaisseaux lymphatiques*, d'ailleurs peu abondants, prennent naissance dans la région; ils montent verticalement, croisent la face antérieure de la clavicule et vont aboutir aux ganglions du creux sus-clavier.

LES RAMEAUX TERMINAUX DU PLEXUS CERVICAL SUPERFICIEL ET DU CIRCONFLEXE. — Les nerfs émanent de deux sources. Les uns ont une direction générale verticale : ce sont des rameaux de la *branche sus-claviculaire* et de la *branche sus-acromiale* du plexus cervical; les premiers se dirigent en bas et en avant, les seconds en bas et en arrière. Les autres ont une direction transversale et se dirigent plus ou moins obliquement de dehors en dedans sous la peau deltoïdienne : ce sont les divisions terminales du *rameau cutané de l'épaule*, branche du circonflexe.

Le *fascia superficialis*. — Sous le pannicule adipeux s'étalent les deux lames du fascia superficialis qui ne présente ici aucun caractère particulier digne d'attirer l'attention; entre elles apparaissent les fibres inférieures du peaussier, qui, chez les individus très musclés, déborde la clavicule de quelques centimètres.

b). — LE PLAN MOYEN DU COUVERCLE

Deux muscles superficiels concourent à fermer l'orifice antérieur du creux sous-clavier : ce sont le grand pectoral en dedans et le deltoïde en dehors; entre les deux n'existe, en effet, qu'un interstice celluleux peu marqué.

Le grand pectoral. — Le grand pectoral est un muscle large, épais et triangulaire; il s'insère par de courtes fibres aponévrotiques sur les deux tiers internes ou convexes du bord antérieur de la clavicule (*faisceau claviculaire*), sur la face antérieure du sternum (*faisceau sternal*), sur la face externe des cinq ou six premières côtes (*faisceau chondrosternal*) et, par une languette charnue, sur l'aponévrose du grand oblique (*faisceau abdominal*). De ces différents points d'origine, les fibres du muscle se dirigent en dehors, les supérieures en bas, les inférieures en haut, les moyennes transversalement, pour aller s'attacher par un tendon large, épais et puissant, à toute la hauteur de la lèvre externe de la coulisse bicipitale. Ce tendon est composé de deux lames confondues par leur bord inférieur et séparées l'une de l'autre, dans tout le reste de leur hauteur, par une couche de tissu adipeux : l'une, antérieure, continue la portion supérieure descendante ou claviculaire du muscle et s'insère particulièrement à la partie inférieure de la gouttière; l'autre, postérieure, fait suite au segment ascendant inférieur ou chondro-abdomino-sternal du corps charnu et s'attache surtout à la moitié supérieure de la gouttière.

C'est dire qu'il existe, en réalité, un véritable entrecroisement du chef supérieur et du chef inférieur du muscle; c'était pour lui le seul moyen de bien ramasser ses fibres et de mettre à profit toute leur puissance. Le grand pectoral est recouvert, en avant, d'un feuillet celluleux de petite épaisseur et de faible résistance; ce feuillet a les mêmes insertions supérieures que le muscle, parcourt sa face superficielle, atteint son bord inférieur, et à ce niveau se divise en deux lames : l'une, récurrente, ascendante et verticale, va tapisser la face profonde du muscle; l'autre, transversale, se dirige en arrière pour rejoindre l'aponévrose du grand dorsal et fermer ainsi le creux de l'aisselle. Cette gaine du grand pectoral est, dans la plus grande partie de son étendue, un simple plan celluleux que le scalpel enlève facilement avec le fascia superficialis; mais en dehors, au point où elle confine à l'aponévrose deltoïdienne avec laquelle elle se continue, on la voit augmenter d'épaisseur; son feutrage se serre et se fortifie; elle devient alors véritablement fibreuse et prend quelque analogie avec l'aponévrose clavipectorale que je vous décrirai bientôt.

Le grand pectoral en étalant son énorme corps sur la paroi thoracique appartient, comme vous le voyez, à plusieurs régions : il recouvre la boîte sous-clavière, protège plusieurs espaces intercostaux, constitue le plan profond de la région mammaire, puisque c'est sur lui que la glande s'appuie, et forme enfin la paroi antérieure de la pyramide axillaire.

Le deltoïde. — Comme le grand pectoral, le deltoïde n'appartient au département sous-claviculaire que par une partie, la plus petite du reste, de sa masse charnue; seules, en effet, apparaissent en ce point ses fibres antérieures, celles dont l'ensemble constitue le segment claviculaire du muscle.

Ce deltoïde est un gros muscle, large, épais, triangulaire, fasciculé. Sa base est supérieure; son sommet inférieur: il rayonne, en se tassant et en se ramassant sur lui-même, de l'épaule vers le bras. Implanté en haut par de solides fibres aponévrotiques au bord inféro-postérieur de l'épine de l'omoplate, au bord externe de l'acromion et au tiers externe du bord antérieur de la clavicule où il confine au trapèze qui n'est peut-être que son ventre supérieur, le deltoïde s'attache en bas sur l'empreinte en V de l'humérus par trois tendons différents et distincts, quoique en apparence confondus en une seule masse.

Je répète que la portion claviculaire seule de ce muscle fait partie du district sous-clavier ; cette portion est même quelquefois complètement isolée du reste da la nappe deltoïdienne ; elle constitue alors un véritable *deltoïde antérieur* ou *delto-claviculaire*. Cette disposition, qui existe déjà chez les carnassiers félins, s'accuse davantage encore chez les singes inférieurs.

Le deltoïde et le grand pectoral sont séparés l'un de l'autre par un interstice celluleux ; on voit quelquefois celui-ci disparaître ; les deux muscles se confondent alors et ne font plus qu'un. Dans d'autres cas, au contraire, il devient beaucoup plus considérable, et le grand pectoral, dont les insertions claviculaires manquent, est alors séparé du delto-cléidal par un large espace, disposition qui est l'image de celle qu'on constate chez les animaux non claviculés.

La veine céphalique. — C'est dans le sillon celluleux inter-deltoïdo-pectoral que chemine la veine céphalique, veine superficielle venue de la face externe du bras dans le tissu cellulaire sous-cutané, le long du bord externe du biceps. Arrivée dans la région sous-clavière, cette veine s'insinue sous le grand pectoral, se dirige en dedans, croise l'artère axillaire, s'accole à la gaine du sous-clavier à laquelle elle adhère assez fortement, et perfore ensuite l'aponévrose clavi-pectorale pour se jeter dans la veine axillaire. De la convexité de la crosse qu'elle décrit on voit quelquefois se détacher une branche verticale qui croise la face antérieure de la clavicule et aboutit à la jugulaire externe. Comme vous le voyez, la veine céphalique, vaisseau superficiel, est obligée, pour se rendre dans la veine axillaire, vaisseau profond, de perforer le double couvercle de la boîte sous-clavière, le couvercle pectoro-deltoïdien d'abord, le couvercle clavi-pectoral ensuite. Il est même des cas où le deltoïde et le grand pectoral ne faisant qu'un, le tronc veineux manque d'espace celluleux ; il se creuse alors un canal à travers les fibres musculaires ; on le voit aussi quelquefois, remontant plus haut que d'habitude, perforer non plus l'aponévrose clavi-pectorale mais le muscle sous-clavier lui-même dont il écarte les faisceaux pour se frayer passage.

c) — LE PLAN PROFOND DU COUVERCLE

Le troisième plan du couvercle sous-claviculaire est formé par le *muscle sous-clavier* et l'*aponévrose clavi-pectorale*.

Le muscle sous-clavier. — Vous connaissez le muscle sous-clavier : je vous l'ai déjà décrit dans la paroi supérieure du creux ; mais de ce que, parti de la coracoïde et de la clavicule pour aller à la première côte, il comble l'espace intercléido-costal, il résulte qu'il n'apparaît pas seulement sur le faîte de la région, mais encore qu'il la voile en avant. Il ne la voile en vérité que sur une petite étendue ; mais de son bord inférieur se détache une toile fibreuse qui continue le muscle par en bas et descend à sa place vers le creux de l'aisselle : cette toile, c'est l'*aponévrose clavi-pectorale*.

L'aponévrose clavi-pectorale. — Cette aponévrose clavi-pectorale a reçu différents noms : vous la trouverez signalée, sinon décrite avec soin, dans tous vos classiques. Blandin la nomme le *fascia-clavicularis* ; Velpeau le *ligament clavi-axillaire* ; Bérard l'*aponévrose coraco-axillaire* ; M. Richet la *clavi-coraco-axillaire* ; MM. Tillaux et Farabeuf la *clavi-pectorale* ; Cloquet et Krause la *coraco-claviculaire* ; Cristophe Heath la *membrane costo-coracoïdienne*.

Ce que je vous ai dit des insertions du muscle sous-clavier vous explique l'origine de ces différentes appellations ; presque toutes sont bonnes : celle de clavi-pectorale me paraît la meilleure.

Eh bien ! donc, l'aponévrose clavi-pectorale peut-être divisée en quatre segments. Le segment supérieur c'est la gaine même du sous-clavier ; le second segment occupe l'espace situé entre le sous-clavier et le petit pectoral ; le troisième forme l'enveloppe du petit pectoral ; le segment inférieur, enfin, s'étend du bord inférieur du pectoralis minor à la base du creux de l'aisselle ; celui-ci seul ressort de la région axillaire dont il forme la paroi antérieure ; les autres sont du domaine sous-claviculaire. Je vais tous les décrire ici, car on ne saurait sans quelque inconvénient scinder leur étude.

Du segment supérieur je n'ai rien à dire : vous l'avez vu. Je le répète : c'est le fourreau du muscle sous-clavier ; il est épais, dense.

Le second segment, ou segment intercléido-pectoral, a la forme d'un triangle ; le bord supérieur se confond en dedans avec la gaine du sous-clavier, en dehors avec le ligament coraco-claviculaire interne ; le bord inférieur répond au bord supérieur du petit pectoral ; la base se perd sur la face externe des cartilages costaux et du sternum et se confond en ce point avec l'aponévrose profonde du grand pectoral ; le sommet s'attache à la coracoïde. Dans l'aire de ce triangle l'aponévrose est beaucoup plus celluleuse, plus friable ; en dehors pourtant, en approchant du sommet, au point où elle passe en avant des vaisseaux, elle acquiert, pour se continuer avec le ligament coraco-claviculaire interne, une épaisseur et une résistance qui obligent quelquefois le chirurgien à la débrider par en bas d'un coup de bistouri pour aller plus à l'aise à la recherche de l'artère axillaire. C'est ce deuxième segment de l'aponévrose clavi-pectorale qui forme le plan profond de la couverture sous-claviculaire.

Le troisième segment forme l'enveloppe du petit pectoral ; ici l'aponévrose est mince, lamelleuse, sans solidité ; c'est bien une gaine musculaire, et non point une aponévrose d'insertion.

Le quatrième segment a la forme d'un triangle isocèle dont vous allez, je pense, facilement comprendre le mode de formation. Il se détache en effet du bord inférieur du petit pectoral ; or regardez bien celui-ci, et vous verrez qu'on peut lui reconnaître deux portions bien distinctes : l'une interne, thoracique, où le muscle est appliqué, collé contre la paroi pectorale ; l'autre externe, où il abandonne les côtes, ne pouvant suivre leur convexité puisqu'il s'insère à la coracoïde, et où il se détache de la poitrine pour contribuer à la formation du creux de l'aisselle. Que résulte-t-il de cette disposition ? C'est qu'en dedans le feuillet clavi-pectoral abandonne le bord inférieur du muscle et va, poursuivant sa descente, se continuer avec la lame celluleuse qui recouvre les digitations du grand dentelé sises en cette région ; mais qu'en dehors ce feuillet est, pour ainsi dire, porté par le petit pectoral lui-même vers l'aisselle et le bras, mais qu'à un moment donné, au point où le muscle cesse d'exister, l'aponévrose clavi-pectorale se trouve isolée, poursuivant seule sa route vers la peau du creux axillaire, dégagée de tout corps charnu, puisque ici, sous le bord inférieur du petit pectoral, il n'y a absolument rien qu'elle puisse engainer. Elle va donc prendre, cette aponévrose, la forme de l'espace qui sépare le muscle qui l'a conduite vers le bras de la face la plus rapprochée de ce bras lui-même. Or cet espace est naturellement triangulaire.

Ne savez-vous pas, en effet, que le petit pectoral en dedans, le coraco-bicipital en dehors s'insèrent à la coracoïde et qu'ils vont de là en divergeant, l'un vers le thorax, l'autre vers le coude, limitant ainsi un creux angulaire qui est l'ouverture antérieure du creux de l'aisselle ? C'est cette ouverture que comble le segment inférieur de l'aponévrose coraco-clavi-axillaire. Elle a donc, vous le voyez, la forme d'un triangle : le bord interne de ce triangle répond au bord inférieur du petit pectoral ; son bord externe côtoie la face interne du coraco-brachio-bicipital, et là se continue avec l'enveloppe de ce muscle ; son sommet répond au point où convergent les muscles frontières, c'est-à-dire à la coracoïde ; sa base, enfin, répond à la face profonde de la peau qui du thorax se rend au bras ; en ce point elle se confond avec l'aponévrose mince qui double cette peau et à laquelle on donne le nom d'aponévrose de l'aisselle. Aussi la première, qui a des attaches solides, exerce-t-elle une traction sur la seconde qui est mal fixée, et soulève-t-elle en une sorte de dôme les téguments de l'aisselle qui se creusent : ainsi s'explique le nom de *ligament suspenseur de l'aisselle* que lui a donné Gerdy. Et si vous voulez bien vous expliquer ce rôle de suspension et de traction, éloignez le bras du thorax : vous verrez alors la base de l'aponévrose clavi-pectorale s'allonger, s'étirer et faire ainsi remonter la peau de l'aisselle qui s'enfonce dans la profondeur.

Il ne faudrait cependant pas croire que ce segment inférieur de l'aponévrose clavi-pectorale fût très fibreux et très résistant. Ici encore, il s'agit d'un feuillet de recouvrement et les feuillets de recouvrement ne sont jamais bien épais. Aponévrose d'insertion : épaisseur, densité, solidité, *fibrosité*. Aponévrose de protection : minceur, laxité, friabilité, *cellulosité*.

Résumons maintenant en quelques mots la disposition de l'aponé-

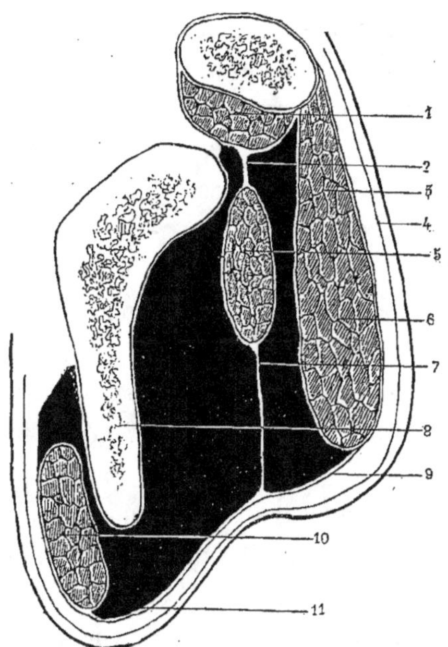

Fig. 46. — *Aponévrose clavi-pectorale* (coupe verticale)

1. Muscle sous-clavier — 2, Segment de l'aponévrose clavi-pectorale compris entre le sous-clavier et le petit pectoral — 3, grand pectoral — 4, fascia superficialis — 5, muscle petit pectoral — 6, muscle grand pectoral — 7, ligament suspenseur de Gerdy — 8, omoplate — 9, aponévrose axillaire — 10, muscle grand rond — 11, aponévrose axillaire.

vrose que nous venons d'étudier, et nous aurons le schéma qu'en donnent la plupart des auteurs : partie de la clavicule, elle engaine le sous-clavier, se reconstitue en feuillet simple pour passer au-devant des vaisseaux axillaires, se dédouble pour envelopper le petit pectoral et enfin descend, encore une fois unilamelleuse, vers la base du creux de l'aisselle où elle se perd.

En ce qui concerne ses connexions avec les autres feuillets celluleux du voisinage, vous la voyez se continuer avec l'aponévrose du grand pectoral, celle du grand dentelé, celle du coraco-brachial et celle de l'aisselle. Quelques auteurs la considèrent aussi comme un prolongement de l'aponévrose moyenne du cou, de celle que nous avons appelée, en étudiant le creux sus-clavier, l'*aponévrose omo-hyoïdienne ;* mais je ne vois pas qu'il y ait intérêt, au contraire, à lui faire dépasser la clavicule.

Je dois cependant vous dire ici qu'il n'est pas rare de voir quelques languettes musculaires surnuméraires, dépendances plus ou moins directes du sous-clavier, s'insérer à la clavicule et se perdre soit en haut, soit en bas, sous le nom de *muscles cléido-aponévrotiques,* sur les plans fibreux voisins dont ils constituent ainsi des agents de tension.

Ce que signifie l'aponévrose clavi-pectorale. — Le moment est venu pour nous d'étudier la signification de cette aponévrose coraco-claviculaire dont la disposition si intéressante a pu vous sembler étrange. Pourquoi est-elle là ? que représente-t-elle ? C'est l'anatomie comparée qui va répondre.

Chez les mammifères on trouve, sous le muscle grand pectoral, une couche musculaire qui part du sternum, des cartilages costaux et des côtes, pour se porter en dehors sur le sommet de la région scapulo-humérale et s'attacher sur le scapulum, la clavicule, l'humérus, l'acromion et l'os pré-coracoïdien. (L'os pré-coracoïdien des animaux est représenté, chez l'homme, par l'apophyse coracoïde ; et l'apophyse coracoïde des animaux correspond, chez l'homme, au tubercule sous-glénoïdien.)

Cette énorme masse musculaire est constituée, chez les animaux claviculés, par plusieurs faisceaux séparés les uns des autres par des lignes de tissu conjonctif. Chez certains rongeurs, par exemple, il y en a neuf.

Le premier (le plus haut placé) s'étend du premier cartilage costal à la face inférieure de la clavicule — *muscle sous-clavier.*

Le second part de la première ou de la seconde côte et va s'implanter sur l'acromion, sur le ligament acromio-claviculaire et, par des fibres qui passent sous la clavicule, sur la coracoïde et ses ligaments — *muscle sterno-scapulaire.*

Le troisième naît du sternum et se porte à la clavicule osseuse — *muscle sterno-claviculaire ;* il est superficiel.

Le quatrième se détache du manubrium et du pré-sternum, passe sous la clavicule et va s'implanter sur le bord antérieur du scapulum et sur l'aponévrose sous-épineuse — *muscle manubrio-scapulaire ;* il est profond.

Le cinquième part du bord antérieur de la clavicule et s'insère sur le bord supérieur de l'épine scapulaire — *muscle scapulo-claviculaire.*

Le sixième et le septième, venus du sternum, se rendent au trochin, au trochiter et la crête sous-trochitérienne — *muscle sterno-trochinien.*

Le huitième et le neuvième, enfin, se perdent sur la capsule articulaire.

Chez les animaux qui n'ont pas de clavicule tous ces faisceaux, au lieu de se dissocier, se confondent en une énorme masse musculaire qui présente des insertions multiples sur la région scapulo-humérale.

Ainsi donc, puisque le muscle pectoral est *un* chez les animaux non claviculés, et qu'il est au contraire *divisé* chez les animaux semi-claviculés ou toto-claviculés, on peut considérer la clavicule comme une sorte d'intersection osseuse plus ou moins complète, placée sur le trajet des fibres du bloc charnu *sterno-scapulaire.*

Toute l'histoire du sous-clavier, du petit pectoral et de l'aponévrose clavi-pectorale de l'homme est là.

Chez lui, la dissociation du muscle sterno-scapulaire est portée à l'extrême.

Le sous-clavier est isolé; il représente le sous-clavier des mammifères.

Le segment de l'aponévrose clavi-pectorale étendu du sous-clavier au petit pectoral représente le corps du muscle sterno-claviculaire ; les ligaments trapézoïde et conoïde en représentent le tendon. Ceux-ci, en effet, comme je vous l'ai fait déjà remarquer, forment un véritable tendon épanoui en éventail dont les faisceaux profonds seuls adhèrent à la coracoïde et dont tous les autres s'étendent jusqu'à la clavicule. Il est facile de voir par une observation attentive que ces deux ligaments sont en continuité de fibres avec l'aponévrose qui relie le petit pectoral au sous-clavier.

Le petit pectoral représente le muscle sterno-scapulaire ; au premier abord il semble être seulement l'image de la portion sterno-précoracoïdienne de ce muscle ; mais rappelez-vous ce que je vous ai dit déjà : songez que le ligament acromio-coracoïdien n'est que l'épanouissement du tendon du petit pectoral et que, par son intermédiaire, ce petit pectoral aboutit en réalité à l'acromion. Souvenez-vous aussi que, par sa continuité avec le ligament coraco-huméral, le petit pectoral se perd sur la capsule articulaire de l'épaule et se confond plus ou moins avec le tendon du sus-épineux ; vous comprendrez alors comment il représente bien tout à la fois les faisceaux pré-coracoïdiens, acromiaux, épineux et capsulaires de la vaste lame musculaire des mammifères. Seulement, chez eux, l'os coracoïdien est très court ; les différentes portions du muscle passent sur lui sans y adhérer ; chez l'homme il est très long ; il intercepte la continuité des faisceaux et les fibres s'y implantent : c'est une intersection osseuse.

L'aponévrose sous-deltoïdienne enfin, c'est-à dire le segment inférieur de l'aponévrose clavi-pectorale, cette lame fibreuse triangulaire qui va se perdre dans le bras sur le bord interne du biceps et du coraco-brachial, est le représentant des faisceaux trochiniens et trochitériens. Elle n'est que la portion inférieure du petit pectoral des mammifères : c'est un muscle devenu conjonctif, un organe atrophié, un reste, un organe de représentation.

Comme vous le voyez, une étude attentive permet de retrouver, chez l'homme, sous des formes diverses, tous les faisceaux du petit pectoral des animaux : ainsi, par l'anatomie comparée, s'éclaire d'un jour tout à fait nouveau l'histoire de l'aponévrose clavi-pectorale qui ne marque plus qu'un souvenir ; de même, comme dit Armand Sabatier dans son admirable mémoire sur la comparaison des ceintures pelvienne et scapulaire à qui j'ai emprunté la plupart de ces détails,

s'éclaire aussi la signification des ligaments coraco-claviculaires et
acromio-coracoïdien qui ne sont pas autre chose que des tendons
ayant, sur un point de leur trajet, adhéré à une saillie osseuse, des sortes
de *tendons interrompus* dont le muscle peut subsister, comme pour
le ligament acromio-coracoïdien qui continue le petit pectoral, ou disparaître, comme pour les ligaments acromio-claviculaires qui continuent l'aponévrose intercléido-pectorale.

E. — LE CONTENU DE LA BOITE SOUS-CLAVIÈRE

Le creux sous-clavier est rempli de tissu cellulo-adipeux ; au milieu
de celui-ci cheminent des vaisseaux et des nerfs ; on y trouve aussi un
appareil lymphatique.

La constitution du paquet vasculo-nerveux. — Le paquet vasculo-nerveux est formé par l'artère et la veine axillaires que côtoient
les nerfs du plexus brachial. Voici quels sont les rapports respectifs
des éléments de ce faisceau : la veine est en dedans et en avant ; les
nerfs en dehors et en arrière, l'artère est au milieu. L'artère forme
l'axe du faisceau.

Pour quiconque se rappelle les relations de ces organes dans le
creux sus-claviculaire, leurs rapports dans la région sous-clavière
sont faciles à retenir ; ils sont, en effet, les mêmes ; artère, veine et
nerfs ont continué leur droit chemin sans entrecroisement. Voici, du
reste, un moyen de comprendre et de graver cette disposition dans
son esprit : envisagez chacun de ces organes à leur origine. D'où
vient le plexus brachial ? De la colonne vertébrale. L'artère axillai-
laire ? Du tronc artériel brachio-céphalique. La veine axillaire ?
Du tronc veineux brachio-céphalique. Colonne vertébrale en
arrière : je ne vous fais pas l'injure d'insister. Tronc veineux en avant :
ne vous rappelez-vous pas qu'il est là, tout à fait près de l'articulation

sterno-claviculaire, et qu'il est arrivé quelquefois à des opérateurs malheureux de le blesser en pratiquant une trachéotomie inférieure ? Entre eux deux, naturellement, l'artère sous-clavière, puisque la veine est tout à fait en avant et l'autre, le faisceau nerveux, tout à fait en arrière. Eh bien, rien n'est changé aux rapports de ces organes quand ils traversent le creux sous-clavier; seulement, remarquez qu'ici le plexus brachial s'est fortement rapproché de l'artère; il la côtoie de très près; déjà il marque sa tendance à l'enlacer. Plus bas, en effet, dans l'aisselle, il l'entourera de toutes parts ; le vaisseau sera emprisonné au milieu des nerfs.

Ainsi donc, comme vous le voyez, le creux sous-claviculaire est parcouru de haut en bas et de dedans en dehors par un faisceau vasculo-nerveux dont les éléments parfaitement distincts cheminent côte à côte, régulièrement étagés les uns par rapport aux autres. Cette disposition est précieuse en médecine opératoire. Comme elle est différente de celle du creux axillaire où les organes, rapprochés les uns des autres et tassés en quelque sorte, forment un treillage compliqué dont les parties sont difficiles à dissocier et affectent entre elles des rapports que peuvent modifier les mouvements du bras sur le tronc!

Pour pénétrer de la région sus-claviculaire dans la boîte sous-clavière, le paquet vasculo-nerveux est obligé de traverser l'espace angulaire intercléido-costal. Or, comme en dedans la clavicule s'articule avec la première côte, plus on se rapproche du côté interne, plus le détroit est rétréci; il en résulte que les cordons du plexus brachial sont, pour ainsi dire, à l'aise, eux qui cheminent en dehors, loin du point où s'unissent les deux os, tandis que la veine axillaire est comme à l'étroit, elle qui traverse le triangle en dedans, près du sommet.

L'artère axillaire. — L'artère axillaire, qui continue la sous-clavière, naît sous le milieu de la clavicule, entre cet os et la première côte; elle se dégage au-dessous et en dehors d'un fort anneau fibreux que lui constitue le bord interne des aponévroses du sous-clavier, se dirige en dehors et en bas et se termine au niveau du bord inférieur du grand pectoral et du grand rond, où elle prend le nom d'*artère humérale*.

Les limites de cette artère sont données d'une façon un peu arbitraire par les auteurs. Quelques-uns la font remonter en haut jusqu'aux scalènes : c'est là une faute; il est si simple de prendre la clavicule comme ligne de démarcation! En bas, je reconnais que la délimitation est difficile ; quel que soit le point choisi, il est évidemment un peu artificiel. Mais le lieu où se confondent l'aponévrose du bras et la gaine du grand pectoral en formant une sorte d'intersection fibreuse qui sépare l'aisselle du bras, établit encore, comme le dit Bourgery, la meilleure limite qu'on puisse trouver entre l'artère axillaire et l'artère humérale.

Ce que je viens de dire de l'axillaire montre qu'on peut la diviser en trois portions : la première s'étend de la clavicule au bord supérieur du petit pectoral; la seconde est sous-jacente au petit pectoral; la troisième naît au bord inférieur du petit pectoral et se termine à celui du grand rond. Par ses deux premiers segments l'artère axillaire appartient à la fosse sous-clavière; par les deux derniers elle fait partie du creux de l'aisselle. Sa direction générale est représentée par une ligne fictive étendue de l'union des deux tiers externes et du tiers interne de la clavicule au côté interne du col de l'humérus.

Dans le creux sous-claviculaire, l'artère a en avant d'elle le plan superficiel (grand pectoral) et le plan profond (membrane clavi-pectorale) du couvercle de la région. En avant d'elle aussi se trouvent les organes qui, dépendance des vaisseaux axillaires ou du plexus brachial, traversent cette aponévrose clavi-pectorale d'arrière en avant comme les branches acromio-thoraciques et le nerf pectoral antérieur, ou d'avant en arrière comme la veine céphalique.

En arrière, l'artère repose sur les trois premières côtes et les muscles intercostaux correspondants; à sa partie inférieure, elle est couchée sur la troisième digitation du grand dentelé. Sous elle glisse, entre les côtes et sa face postérieure, le nerf de Charles Bell ; ce vaisseau, qui émane de la partie supérieure du plexus brachial, est en effet obligé, pour arriver jusqu'au grand dentelé au sein duquel il s'épanouit, de descendre en traversant successivement le district sus-clavier et le district sous-clavier. Dans celui-ci, il croise à angle aigu le paquet vasculo-nerveux pour la raison qu'il n'a pas la même direction que lui, n'ayant pas le même aboutissant. Le paquet vasculo-nerveux se dirige en dehors ; le nerf de Charles Bell en bas. Pour savoir si celui-ci traverse les vaisseaux et nerfs axillaires par devant ou par derrière, rappelez-vous qu'il fait partie (je vous ai déjà dit pourquoi) du système des branches postérieures du plexus brachial.

L'ARTÈRE ACROMIO-THORACIQUE. — Dans le creux sous-clavier l'artère axillaire ne fournit ordinairement qu'une seule branche, l'*acromio-thoracique*. Celle-ci se détache, assez volumineuse, de la face antérieure du tronc mère, se dirige en avant pour croiser le bord supérieur du petit pectoral, et, après un trajet de deux centimètres, se divise en deux branches, l'une interne ou *thoracique*, l'autre externe ou *acromiale*. La première se porte en dedans, en bas et en avant, entre les deux muscles pectoraux auxquels elle fournit de nombreux rameaux dont quelques-uns perforent le grand pectoral et vont se perdre dans la glande mammaire. La seconde se dirige en avant et en dehors et se partage en deux artérioles, l'une *deltoïdienne*, qui descend le long de la veine céphalique dans la ligne celluleuse interdeltoïdo-pectorale et se distribue à chacun des deux muscles qui limitent le sillon où elle est logée, l'autre *acromiale*, qui se porte en dehors, croise, sous la face profonde du deltoïde qui la recouvre, la face supérieure de la coracoïde, longe le tiers externe du bord antérieur de la clavicule et s'épuise, au niveau de l'articulation acromio-claviculaire, en *rameaux musculaires* (deltoïdiens) *cutanés* (peau de l'acromion), *articulaires* (épaule) *osseux* (tête humérale).

LA VERTICALE DES PREMIERS ESPACES. — J'ai vu sur plusieurs cadavres se détacher de l'artère axillaire une branche de quelque importance appartenant au système des thoraciques antérieures et qu'on pourrait appeler la *verticale des premiers espaces intercostaux*. Cette artère naissait, au milieu du creux sous-clavier, de la face interne de l'artère axillaire, s'engageait sous la veine, se portait obliquement en bas et en dedans, puis, se refléchissant à l'angle droit

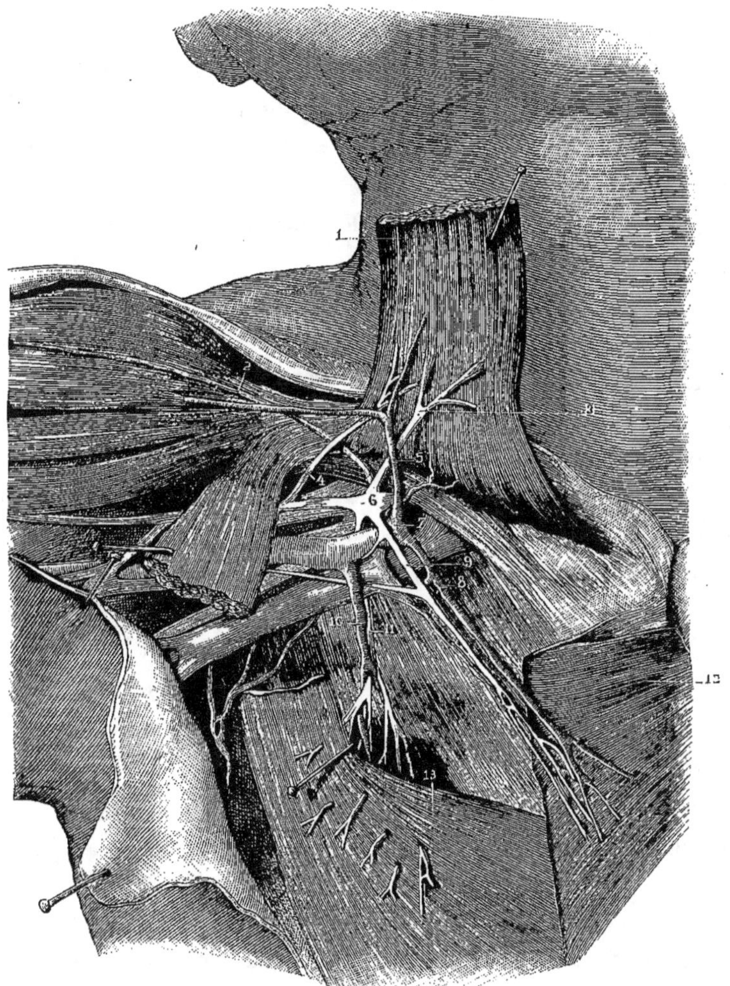

Fig. 47 — *La région sous-clavière*

1, Muscle grand pectoral relevé — 2, veine céphalique — 3, un rameau du nerf thoracique antérieur — 4, un rameau anormal pour le grand pectoral — 5, branche de l'artère acromio-thoracique — 6, cordon le plus antérieur du plexus brachial — 7, artère acromio-thoracique — 8, branche pectorale de l'artère acromio-thoracique — 9, nerf thoracique antérieur — 10, artère du grand pectoral — 11, nerf thoracique postérieur — 12, grand pectoral retourné — 13, petit pectoral.

après un trajet de deux centimètres, se dirigeait verticalement en bas, perforait l'intercostal externe du second espace, descendait entre lui et l'intercostal interne, traversait, entre ces deux lames musculaires, tout le second espace, s'engageait sous la face profonde de la troisième côte, apparaissait, très petite, dans le troisième espace et s'y épuisait au milieu des faisceaux musculaires.

De la convexité de l'arc décrit par cette artère se détachait une branche assez grêle, transversale et flexueuse, qui suivait, entre les deux intercostaux, le bord inférieur de la seconde côte et se terminait après un trajet de deux centimètres.

Chacun de ces rameaux artériels était accompagné de deux petites veines.

La veine axillaire. — La veine axillaire est unique; c'est un gros vaisseau toujours béant dont les parois sont épaisses et dont les relations avec l'aponévrose clavi-pectorale sont très intimes. Elle est située en dedans et en bas, mais surtout en avant de l'artère qu'elle cache en partie. Elle reçoit un tronc qui correspond à la branche artérielle acromo-thoracique et qui, comme elle, sort du creux sous-clavier en perforant la membrane costo-coracoïdienne.

A la partie inférieure de la région, sur les confins de la pyramide axillaire, la veine reçoit un gros tronc collatéral : c'est une sorte de canal de sûreté qui s'y perd par ses deux extrémités et dans lequel viennent confluer les deux veines circonflexes. Vous verrez ce vaisseau, dans l'aisselle, côtoyer le bord interne de la veine et marcher parallèlement à elle à la manière d'un canal longeant une rivière, comme dit le professeur Farabeuf.

Le plexus brachial. — Le plexus brachial répond au creux sous-clavier par la portion la plus étroite, la plus rétrécie, la plus simple de son treillage ; en effet, au moment où il franchit cette région, les troncs d'origine ont déjà convergé les uns vers les autres et n'ont pas encore subi la dissociation qui donnera naissance aux branches terminales. Ici le plexus est réduit à trois gros cordons ramassés en faisceau et situés, quand on les considère en bloc, en dehors de l'artère. Mais voyez comme déjà ce faisceau se colle contre l'artère et commence à l'enlacer ; n'est-ce pas là la première marque de la tendance du vaisseau à s'engager, comme il le fera bientôt dans l'aisselle, au milieu des nerfs entremêlés ? Voici en effet leurs rapports respectifs.

Des trois cordons nerveux envisagés en eux, indépendamment de tout organe voisin, deux sont antérieurs, l'autre postérieur. Du dernier, rien à dire : il est caché par les deux autres en abordant la région sous-clavière; il reste caché en la traversant. Les cordons antérieurs, au contraire, modifient leurs rapports; le tronc antéro-externe se rapproche de l'artère, tend à envahir la place qu'elle occupe, et, en bas du creux, se montre déjà sur sa face antérieure; le tronc antéro-interne rejoint aussi l'artère, l'aborde, mais commence à s'engager sous sa face profonde pour s'accoler bientôt à son flanc interne.

Et plus bas, ces deux cordons qui s'étaient séparés, l'un pour côtoyer le vaisseau en dehors, l'autre pour le côtoyer en dedans, se rapprocheront de nouveau et s'uniront enfin sur le front de l'artère pour donner naissance, dans l'aisselle, à un gros nerf auquel on donne le nom de *nerf médian;* du cordon externe se détachera en même temps le *musculo-cutané ;* du tronc interne, le *cubital* et le *cutané interne.*

Les deux nerfs pectoraux. — Deux rameaux seulement naissent du plexus brachial dans la fosse sous-clavière, derrière la clavicule, sur les confins des creux sus et sous-claviculaires. Ce sont les deux *nerfs thoraciques antérieurs.*

Le grand nerf thoracique antérieur ou *nerf du grand pectoral* prend son origine sur la face antérieure du plexus brachial ; il se détache de la branche supérieure de la septième cervicale et du tronc de jonction de la cinquième et de la sixième paires. Il prend ainsi sur le plexus quatre racines : deux se réunissent en un tronc commun qui émerge de la face profonde de la clavicule vers l'angle externe du triangle clavi-pectoral et va s'épuiser dans la portion externe, humérale du grand pectoral; deux autres convergent aussi l'une vers l'autre pour former un tronc commun qui descend au devant du plexus brachial, de l'artère et de la veine axillaire, envoie au nerf du petit pectoral une anastomose en anse qui passe sous l'artère et l'embrasse, puis se porte en bas et en dedans, sous la face profonde du grand pectoral auquel il abandonne de nombreux rameaux.

Le petit nerf thoracique antérieur ou *nerf du petit pectoral* prend naissance sur le tronc qui résulte de la fusion du huitième nerf cervical avec le premier nerf dorsal : il se dirige en bas et légèrement en arrière, parallèlement au nerf du grand dentelé, croise la face postérieure de l'artère axillaire, s'anastomose par dessous elle avec le grand nerf thoracique antérieur, s'engage sous la face profonde du petit pectoral et là, s'épanouit en filets très nombreux dont les uns s'épuisent dans le corps du muscle et dont les autres le traversent pour venir se perdre dans les fibres du grand pectoral.

Les ganglions lymphatiques. — Dans la gangue de tissu cellulaire lâche au milieu duquel est logé le paquet vasculo-nerveux et qui est en continuité directe avec l'atmosphère conjonctive de l'aisselle, celle de la fosse sus-claviculaire et la couche adipeuse sous-cutanée par l'espace interdeltoïdo-pectoral, sont logés un ou deux ganglions lymphatiques (*ganglions sous-claviers*) qui ne reçoivent directement qu'un seul tronc, venu de la face externe du bras et satellite de la veine céphalique, mais qui sont plutôt une sorte d'appareil de passage reliant le groupe des glandes axillaires au groupe sus-claviculaire et au groupe cervical. Ce ganglion sous-clavier, situé profondément, est appliqué sur la face antérieure des vaisseaux et caché sous l'aponévrose clavi-pectorale que le lymphatique afférent perfore en se recourbant en manière de crosse, comme la veine céphalique.

RÉGION MAMMAIRE

SOMMAIRE :

4° LES VAISSEAUX DE LA RÉGION MAMMAIRE.

 Les artères.

 Les veines.

 Les lymphatiques.

  Groupe superficiel.

  Groupe glandulaire.

  Groupe profond.

5° LES NERFS.

A. — LIMITES — FORMES EXTÉRIEURES

La région mammaire se définit d'elle-même; elle répond à la mamelle et à l'ensemble des organes que recouvre cette glande. Comme la mamelle n'appartient qu'à la femme chez qui elle prend, du reste, suivant l'embonpoint, les races, l'âge et l'état des organes génitaux un développement très variable, il est aisé de comprendre que les limites de la région mammaire elle-même se modifient dans des proportions notables et qu'elle se présente sous un aspect très différent suivant les sujets sur lesquels on l'étudie.

Elle est située à droite et à gauche du sternum, sur la partie antéro-latérale du thorax. Dans le sens vertical, elle s'étend entre la troisième et la septième côtes; dans le sens transversal, elle se développe entre le bord du sternum et une ligne directement descendante tirée depuis le point où, dans l'aisselle, le tendon du grand pectoral se dégage de la poitrine. Chez l'homme maigre elle est plate; chez l'homme musclé et chargé de quelque embonpoint, elle se bombe en une saillie légèrement arrondie dont le relief est plus ou moins marqué. Chez la femme son aspect change avec l'âge. A la puberté, elle se développe sous forme d'une proéminence conoïde plantée droit, élastique au toucher; plus tard, pendant la période d'activité sexuelle, elle devient volumineuse et résistante; elle est sphéroïdale chez la plupart des femmes, pyriforme chez quelques-unes; elle s'affaisse, perd sa fermeté, devient discoïdale, molle et flasque après la parturition et l'allaitement; elle s'efface, se fane et se ride dans la vieillesse.

Indifférente aux positions du corps quand la glande peu chargée de graisse est consistante, la région mammaire reste sphérique en tout temps et pointe en avant; quand le tissu graisseux se développe dans l'épaisseur et autour de la glande, la région mammaire devient dépressible et pendante; alors, elle s'étale et fuit vers l'aisselle dans le décubitus dorsal, tandis que dans la station debout elle retombe de son propre poids le long de la paroi thoracique dont la sépare un sillon souvent eczémateux nommé *sillon sous-mammaire;* on la voit même, chez la femme de certaines peuplades d'Afrique, s'affaler le long de l'abdomen jusqu'au pli de l'aine.

Au centre apparaît une tache circulaire, rosée, brune, ou noire : c'est l'*aréole* ou l'*auréole;* elle est large de quatre centimètres. Une grosse papille muriforme est plantée sur cette aréole; cette papille est plus ou moins saillante, haute ordinairement de un centimètre, à peu près aussi longue que large, rugueuse en tout temps, très proéminente chez certaines femmes, quelquefois déprimée en doigt de gant et comme enfoncée dans les téguments : c'est le *mamelon.* Le volume de ce mamelon augmente pendant la parturition et l'allaitement; il est influencé momentanément par la menstruation, les excitations génitales, les attouchements et les idées voluptueuses. On dit alors qu'il entre en érection; c'est une expression vicieuse, comme je vous le montrerai plus tard.

Il n'y a qu'un mamelon par mamelle; très exceptionnellement on a pu en observer deux sur un même sein.

B. — DIVISION DE LA RÉGION

Les organes de la région mammaire sont enfermés entre la peau et le grillage costal; ils forment deux assises : l'une est superficielle, c'est la *mamelle;* l'autre est profonde, ce sont les *muscles sous-mammellaires.* Ces deux assises d'organes sont séparées des plans qui limitent la région, c'est-à-dire de la peau et du thorax, par des nappes celluleuses; entre elles deux s'étale également une lame conjonctive.

Ainsi se trouve tout indiqué l'ordre dans lequel j'étudierai chacun des éléments qui entrent dans la constitution du département mammaire.

LES PLANS LIMITES

LE PLAN SUPERFICIEL

La peau. — Les caractères de la peau sont variables suivant les segments de la région où on la considère; ils diffèrent à la périphérie, à l'aréole et au mamelon.

LA PEAU DU SEIN. — A la périphérie, la peau est couverte, chez l'homme, de poils longs et raides que l'on voit, du reste, envahir aussi le centre de la région. Chez la femme, cette peau est fine, lisse, « d'une douceur qu'on ne retrouve nulle part ailleurs », blanche et mate, marbrée d'un réseau délicat de veines bleuâtres et tapissée d'un duvet fin et incolore.

LA PEAU DE L'ARÉOLE. — Dans les deux sexes elle se pigmente au centre, où elle forme une tache colorée qui est quelquefois très circonscrite et qui, dans d'autres cas, se confond graduellement, par un cercle de transition bien ménagé, avec la peau blanche de la périphérie : c'est alors l'*aréole mouchetée* ou *tachetée*.

Sur l'auréole, la peau est rosée chez la jeune fille, brune chez la femme du midi, noire après la parturition, chagrinée et grenue chez toutes, parsemée d'une douzaine de petites élevures qui enserrent le mamelon comme dans un cercle et qui, pendant la grossesse, augmentent beaucoup de volume : ce sont les *tubercules de Morgagni* ou de *Montgomery*. Elle est hérissée, chez quelques personnes, de poils longs et rares, raides quelquefois ; elle est tapissée, chez d'autres, d'un duvet doux et très blond.

LA PEAU DU MAMELON. — Au niveau du mamelon, la peau devient extrêmement fine, mais elle est remplie de quelques crevasses dans lesquelles elle paraît s'enfoncer ; au fond de ces crevasses siégent les orifices des conduits galactophores.

STRUCTURE DE LA PEAU DU SEIN. — Je ne veux point insister sur les caractères histologiques de cette peau ; elle ne devient, du reste, intéressante qu'au centre de la région ; partout ailleurs elle offre les caractères généraux qu'on lui décrit sur le tronc et les membres.

STRUCTURE DE LA PEAU AURÉOLAIRE. — A l'aréole, elle se pigmente ; les glandes sébacées se groupent en une dizaine de lobules glandulaires qui font saillie sous les téguments : ce sont les *glandes de Morgagny ;* on peut, chez quelques femmes qui allaitent, faire sourdre de celles-ci du lait par la pression ; elles se développent, en effet, comme la mamelle et ne sont, au total, suivant l'heureuse expression du professeur Debierre, que de véritables petites glandes mammaires aberrantes. Vinslow savait que chez les nourrices on en voyait quelquefois sortir du lait pur ; aussi pensait-il qu'elles communiquaient avec les conduits laiteux et qu'elles étaient autant de petits mamelons auxiliaires, des mamelons de suppléance.

Des follicules pileux assez nombreux se montrent sur la peau de l'aréole ; les glandes sudoripares y sont grosses, variqueuses pendant la grossesse. Sous le derme s'étale un muscle à fibres lisses dont la disposition est intéressante ; il se compose de deux ordres de fibres ; les unes, circulaires, forment, en s'entrecroisant et en s'enchevêtrant, des anneaux concentriques au mamelon : c'est le *muscle sous-aréolaire de Sappey ;* les autres, radiées, naissent de la face profonde de la peau, au niveau de la périphérie de l'aréole, puis convergent, en rayonnant, vers le mamelon et se perdent dans son tissu cellulaire après avoir croisé les fibres circulaires ; elles forment des sortes d'arcs à concavité cutanée : c'est le *muscle radié de Meyerholtz.* C'est à ce double muscle, peaussier de sa nature, qu'il faut attribuer la modification de volume et de consistance que subit le mamelon dans son état d'éréthisme. Il n'y a donc rien dans ce phénomène qui ressemble à l'érection proprement dite.

STRUCTURE DE LA PEAU MAMELONNAIRE. —Sur le mamelon apparaissent des papilles extrêmement nombreuses ; on y trouve aussi des glan-

des sébacées très volumineuses, disposées comme de véritables glandes
en grappe; leurs orifices s'ouvrent à la surface dans les sillons interpa-
pillaires.

Sous le derme s'étale une couche de fibres musculaires lisses dont les
unes, longitudinales, sont parallèles à l'axe de l'organe, et dont les
autres, circulaires, l'entourent comme d'un véritable sphincter : c'est le
muscle du mamelon. Toutes jouent également un grand rôle dans la
rigidité qu'on observe quelquefois sur le mamelon; celui-ci est absolument dépourvu du tissu érectile que certains auteurs lui ont attribué.

LE PLAN PROFOND

Le grillage costal. — Le plan profond est formé par le grillage
costal. Je n'en dis rien ici; j'en parlerai plus loin quand je décrirai la
région costale.

LES ORGANES DE LA RÉGION MAMMAIRE

L'ASSISE SUPERFICIELLE

Glande mammaire. —La mamelle est l'organe le plus superficiel de
la région à laquelle elle a donné son nom; c'est aussi le plus important.

Elle est, comme vous savez, rudimentaire chez l'homme ; on l'a vue
cependant acquérir quelquefois chez lui un grand développement : cela
s'appelle la *gynécomastie.* Chaque femme porte deux seins; mais il en
est qui ont, au-dessous de chacun d'eux, une ou plusieurs glandes
surnuméraires ou accessoires, qui peuvent s'implanter jusqu'au
niveau de l'aine; ce fait, en réalité rare, constitue la *polymastie ;* il est un
véritable caractère ancestral; les femelles de beaucoup de mammifères
sont, en effet, pourvues de plusieurs glandes disposées symétriquement
sur chaque moitié du corps.

CARACTÈRES MACROSCOPIQUES. — La mamelle est une sorte de
gâteau aplati d'avant en arrière, une espèce de lentille discoïde et irrégulièrement découpée à la périphérie, plane ou un peu concave et

assez lisse par sa face postérieure, convexe et inégale sur sa face antérieure ; celle-ci est, en effet, surmontée d'aspérités glandulaires et creusée d'alvéoles ; ces alvéoles sont remplies de tissu graisseux et séparées
les unes des autres par des lames conjonctives étendues des crêtes de
la glande à la face profonde de la peau. Chez la jeune fille et chez
l'homme, la glande est dure, compacte, lisse et régulière ; elle ressemble,
comme dit Cruveilhier, à certaines tumeurs fibreuses. Chez la femme
pubère, elle devient plus volumineuse, plus grenue, plus vasculaire.
Pendant la lactation et la grossesse, elle est encore plus étalée, plus
granuleuse, plus lobulée et moins consistante ; elle prend alors une
couleur jaunâtre ou jaune rougeâtre. Enfin, chez les vieilles femmes,
elle s'atrophie peu à peu, et à mesure que la vie génitale s'éteint, elle se
réduit à un petit noyau de tissu conjonctif adulte, dur, au milieu
duquel on rencontre quelquefois de petites dilatations ampullaires
remplies d'un mucus épais, brunâtre et gélatineux.

Ces aspects différents correspondent à des modifications de structure
subies par la glande aux différentes périodes de la vie sexuelle.

Je ne dirai que quelques mots de cette structure dont la description
n'est guère du ressort de l'anatomie régionale.

Sa capsule et son élément conjonctif. — La glande mammaire
est entourée d'une *capsule* cellulo-fibreuse qui l'isole des organes voisins ; de la face profonde de cette enveloppe partent des prolongements de même nature : ce sont des sortes de *cloisons* qui limitent
entre elles des espaces vides dans lesquels sont contenus les éléments
glandulaires disposés en petites masses ou *lobes ;* ces cases sont au
nombre de quinze à vingt : ce sont les *cavités lobaires.*

Tel est le squelette, le canevas de la glande ; on peut parfaire un peu
son étude en disant que de chaque cloison principale partent des
lamelles plus fines divisant un lobe en plusieurs parties ; ces nouvelles
poches sont les *cavités lobulaires ;* celles-ci sont à leur tour, et de la
même façon, réduites en logettes de moindre capacité qu'on appelle
cavités acineuses, si bien que dans l'intérieur de la mamelle se trouvent
des cloisons de premier, de second et de troisième ordre ; de même

aussi des cavités de premier, de second et de troisième ordre. Il faut dire que le tissu adipeux péri-mamellaire accompagne jusque dans leurs plus petites divisions les prolongements conjonctifs.

Quand ce tissu adipeux devient très abondant, il peut, en dehors même du développement et de la présence de tout élément noble de la glande, lui permettre d'acquérir ce volume considérable qu'on observe chez beaucoup de femmes et chez quelques hommes.

C'est dans le tissu conjonctif péri-lobaire, péri-lobulaire et péri-acineux que se ramifient les vaisseaux nourriciers et les vaisseaux de fonction de la mamelle.

Son élément glandulaire. — Dans les cases que je vous ai décrites est renfermé l'élément glandulaire; ce qui est situé dans les cavités de troisième ordre s'appelle *l'acinus;* ce qui remplit les cavités de second ordre s'appelle *le lobule;* ce qui comble les cavités de premier ordre s'appelle le *lobe.* Le lobe est donc formé par plusieurs lobules, le lobule par plusieurs acini.

Le lobe est un polyèdre qui a deux centimètres de diamètre environ; l'acinus a seulement deux millimètres.

Au résumé, la structure de la glande se réduit à celle de l'acinus ou *grain mammaire,* dernier terme de son analyse histologique. Ces acini sont composés de plusieurs culs-de-sac glandulaires; chaque cul-de-sac est large à peu près de cent millièmes de millimètres. Le cul-de-sac glandulaire est formé d'une membrane d'enveloppe anhyste : c'est sa *paroi propre.* Celle-ci est tapissée par un épithélium aplati; les cellules de cet épithélium sont très granuleuses; leur centre est occupé par un noyau volumineux. Quand on examine une glande pendant la période de sécrétion, on découvre dans l'épithélium deux sortes de cellules, des grosses et des petites. Les grosses sont celles qui, gorgées du produit de la sécrétion, sont sur le point de se rompre; les petites sont celles qui ont subi la rupture. Voici en effet comment s'opère la sécrétion du lait : les cellules se gonflent de leurs produits d'élaboration; ces produits d'élaboration s'accumulent dans le segment de la cellule qui regarde la lumière du cul-de-sac, tandis que, du côté de la base, le

noyau prolifère et se divise. Alors la cellule est à l'apogée de son développement : c'est la *grosse cellule*. Mais bientôt elle s'étrangle, la portion
centrale qui s'était gonflée des éléments du lait se crève et tombe en
deliquium ; la portion périphérique munie de son noyau reste adhérente
à la paroi : c'est la *petite cellule*.

A la fin de la grossesse, l'épithélium mammaire prolifère abondam-
ment ; le cul-de-sac est alors rempli de cellules où, dès les premiers
jours de la lactation, s'accumulent des gouttelettes de graisse.

Entre l'épithélium et la paroi propre, s'étale une couche endothéliale
qui forme un revêtement complet. Vous savez, au reste, que la plupart
des épithéliums de sécrétion sont ainsi protégés, sur leur face extérieure, par une assise de cellules endothéliales.

La trame conjonctive, qui forme le tissu vil de la glande, poursuit
l'élément glandulaire, qui en représente le tissu noble, jusque dans les
espaces qui séparent les grains acineux ; mais au lieu de rester dense,
serré, fibreux et élastique, comme il l'était entre les lobes et les lobules,
il devient lâche et celluleux ; là, il perd ses *éléments vieux* (fibres)
pour ne garder que ses *éléments jeunes* (cellules) ; ce n'est plus du tissu
adulte. Même aux points où il est le moins abondant, c'est-à-dire autour
du grain glandulaire, ce tissu conjonctif se dédouble en deux nappes :
l'une, interne, est collée contre la paroi propre et est privée de
vaisseaux lymphatiques ; dans l'autre, qui est externe, le réseau des
absorbants prend naissance. De cette notion découlent de nombreuses
et importantes conséquences concernant l'histoire théorique et clinique
des cancers du sein (adéno-épithéliômes).

Ses canaux excréteurs. — De chaque acinus part un petit canal
excréteur ; celui-ci s'unit à son voisin, et ce dernier à un autre. Grâce à
cette confluence des petits conduits acineux, le lobule possède son
canal excréteur propre. Les tubes d'un lobule convergent à leur tour
les uns vers les autres, et par leur fusion forment un conduit plus gros ;
ainsi le lobe possède lui aussi son canal excréteur propre. Ce canal,
c'est *le canal galactophore*. Il y a vingt canaux galactophores puisqu'il
y a vingt lobes.

Chaque conduit lactifère se dirige vers le mamelon; au niveau de l'aréole, il se dilate en ampoule : c'est le *sinus* ou *réservoir*. Ce sinus a deux millimètres de diamètre; il est si apparent qu'on voit chez les nouvelles accouchées « l'extrémité des conduits gatactophores se dessiner tortueusement sous la peau en sinuosités variqueuses ». Après l'ampoule, le tube se retrécit et s'ouvre par un orifice très étroit à la surface du mamelon.

Les conduits galactophores sont parallèles entre eux et ne sont ordinairement unis par aucune sorte d'anastomose; il est même rare de les voir s'entrecroiser; leur lumière est toujours libre, ce qui veut dire qu'ils n'ont point de valvules. Ils sont tapissés d'un épithélium cylindrique stratifié qui devient pavimenteux près de leur terminaison et repose sur une double assise : il y a une assise périphérique composée de fibres musculaires lisses qui, à l'extrémité du canal, se disposent en véritables petits sphincters, et une assise profonde, de nature conjonctive, qui devient fortement élastique sur les gros conduits et constitue la *paroi propre*. Il n'est pas rare de voir quelques petits conduits s'ouvrir au niveau de l'aréole : on les appelle *canaux galactophores accessoires;* ils émanent soit d'un canal principal, soit d'une petite glandule mammaire isolée à laquelle on donne le nom de *glande mammaire accessoire.*

Telle est, rapidement esquissée, la structure de la mamelle; mais la glande n'offre cette disposition histologique, qui répond à son apparence grenue et à sa couleur jaune rougeâtre, qu'à l'époque de la lactation; sa structure vésiculeuse n'appartient qu'à sa période d'activité secrétoire. En tout autre temps, les culs-de-sac glandulaires et les canaux galactophores s'affaissent. Chez la jeune fille non pubère, les acini n'ont pas encore bourgeonné sur les conduits lactifères; ceux-ci sont à peine développés et ils sont privés de ramuscules. Chez la femme vieille, les culs-de-sac glandulaires et leurs tubes d'excrétion sont atrophiés; la glande est devenue conjonctive.

L'ASSISE PROFONDE

Les muscles pectoraux. — Sous la glande mammaire sont couchés, le long du thorax, les deux muscles pectoraux; l'un est superficiel et large ; il déborde l'autre en tous sens : c'est le *grand pectoral* qui va des côtes à l'humérus ; l'autre est profond et étroit ; il est, dans toute son étendue, caché par le premier : c'est le *petit pectoral* qui va des côtes à la coracoïde.

Je les ai décrits tous les deux à leur place.

LES COUCHES CONJONCTIVES DE LA RÉGION MAMMAIRE

Voici comment sont disposées les nappes celluleuses de la région mammaire : la première sépare la glande de la peau, elle est *prémammaire ;* la seconde s'infiltre entre les muscles et le thorax, elle est *rétro-musculaire ;* la troisième s'étale entre le plan glandulaire et le plan musculaire, elle est *inter-musculo-mammaire ;* la quatrième prend place entre les deux muscles pectoraux, elle est *intermusculaire.*

LA NAPPE CELLULEUSE PRÉGLANDULAIRE

Le pannicule adipeux. — C'est le tissu cellulaire sous-cutané ; son épaisseur est très variable. Elle est constituée par une graisse compacte, très jaune, séparée en petites masses par des cloisons fibreuses qui vont de la glande à la face profonde de la peau.

Quand ce tissu est peu abondant, la peau est presque directement appliquée sur la glande ; celle-ci donne alors au toucher une sensation mamelonnée, lobulée ; elle paraît souple et élastique, mais susceptible de peu de déplacement ; la mamelle devient au contraire mollasse, pendante et très mobile quand la couche graisseuse sous-cutanée se développe. En tout état de cause, celle-ci manque toujours au niveau de l'aréole, ou plutôt s'y dispose sous forme d'une couche très mince de tissu aréolaire et feutré : aussi la peau est-elle, à cet endroit, très adhérente, contrairement à ce que vous la savez être dans tout le reste du département mammaire.

Le fascia superficialis. — Sous le pannicule adipeux, on rencontre le fascia superficialis : celui-ci affecte ici une disposition toute particulière. Venu de la paroi abdominale, il monte vers la glande mammaire et, au niveau du bord inférieur de celle-ci, se dédouble en deux feuillets : l'un passe en avant, l'autre en arrière d'elle ; au bord supérieur, les deux feuillets se reconstituent en une lame unique plus épaisse qui se dirige vers la clavicule, s'attache à la face inférieure de cet os et forme ainsi une sorte de fascia fibreux rempli de fibres élastiques jaunes, auquel Giraldès a donné le nom de *ligament suspenseur de la mamelle.*

Ainsi, d'une part, la glande se trouve entourée d'une atmosphère graisseuse qui la sépare des organes voisins et lui assure une certaine mobilité transversale sur le thorax, tandis que, de l'autre, elle se trouve fixée en haut à la ceinture scapulaire par une lame celluleuse qui empêche son déplacement vertical.

LA NAPPE CELLULEUSE RÉTRO-GLANDULAIRE

C'est la plus importante de la région : elle est située entre les pectoraux et la glande, sous la lamelle profonde du fascia superficialis dédoublé. Elle est épaisse et lâche; on y a décrit une véritable bourse séreuse, la *bourse de Chassaignac.*

Celle-ci a subi le sort qui est jeté sur la naissance de presque toutes les bourses séreuses; Chassaignac l'avait à peine décrite que Giraldès la niait. Que la chose vous importe peu; vous savez bien qu'il n'y a pas de différence à établir entre le tissu cellulaire lâche et une cavité séreuse.

La nappe rétro-glandulaire est formée par la lame postérieure du pannicule adipeux sous-cutané qui, à la façon du fascia superficialis, se dédouble au niveau du bord inférieur de la glande, l'entoure d'une véritable enveloppe graisseuse, et se reconstitue en feuillet simple au niveau de son bord supérieur.

Quand la couche adipeuse rétro-mammaire est très épaisse, elle repousse la glande en avant; quelques opérateurs, enhardis par cette trompeuse apparence de tumeur, ont enlevé des seins qui n'étaient point cancéreux. Ce sont eux, dit-on, que Lisfranc appelait spirituellement « les chirurgiens des amazones. »

LES NAPPES INTER ET RÉTRO-MUSCULAIRES

Je me contente de vous signaler ces deux assises celluleuses ; l'une et l'autre sont lâches, peu graisseuses, sans grande importance. La première sépare l'un de l'autre les deux muscles pectoraux et permet à l'anatomiste de les dissocier facilement ; la seconde s'interpose entre le petit pectoral et le grillage costal. Je vous ai montré, en étudiant la région sous-clavière, à quelles branches vasculaires et nerveuses elles donnaient asile.

LES VAISSEAUX DE LA RÉGION MAMMAIRE

Les vaisseaux et les nerfs de la région mammaire cheminent, en effet, au milieu des couches celluleuses que je viens de décrire ; les voici :

Les artères. — La région mammaire ne reçoit pas de grosses artères ; mais la glande est enserrée comme dans un véritable cercle artériel d'où émanent de nombreuses ramifications qui viennent se perdre dans son épaisseur. En dehors, elle est côtoyée par la thoracique longue qui lui envoie des branches externes ; en haut, par l'acromio-thoracique qui lui donne des rameaux supérieurs ; en dedans, par la sous-chondro-sternale d'où émanent des artérioles internes ; profondément, elle repose sur les intercostales qui lui abandonnent des vaisseaux postérieurs. Toutes ces artères se disposent en un double réseau : l'un, *superficiel,* forme entre la glande et la peau des aréoles très remarquables ; *l'autre, profond,* est situé entre la glande et les muscles. De ces deux réseaux se détachent d'importantes ramifications glandulaires.

Les veines. — Il n'existe pas non plus de gros tronc veineux dans la région mammaire ; de la glande naissent deux sortes de veines : les unes, *superficielles,* indépendantes des artères, sont visibles sous la peau ; elles forment en s'anastomosant au niveau de l'aréole le *cercle veineux de Haller,* se disposent quelquefois en couronne à la périphérie de la glande (*couronne périmammaire*), et vont, pour la plupart, se jeter dans la jugulaire externe; les autres, *profondes*, sont satellites des troncs artériels dont elles partagent, par conséquent, le trajet et la distribution.

Les lymphatiques. — Les lymphatiques de la région mammaire peuvent se diviser en trois groupes : les premiers naissent de la peau, particulièrement de celle de l'aréole et du mamelon, ce sont les *lymphatiques superficiels ;* les seconds émanent de l'intérieur même de la glande, ce sont les *lymphatiques glandulaires;* les troisièmes enfin prennent origine dans les couches sous-mammellaires, ce sont les *lymphatiques profonds*.

Le groupe superficiel. — Les vaisseaux superficiels forment sous la peau du sein un réseau très délicat qui converge de la périphérie au centre vers un plexus central appelé *plexus sous-aréolaire*. Ce plexus sous-aréolaire est en grande partie formé par les vaisseaux lymphatiques de la glande.

Le groupe glandulaire. — Le groupe glandulaire, venu de toute l'épaisseur de la glande où il forme, autour de chaque lobule, une trame plexiforme, donne naissance à des troncs de deux espèces.

Les uns, de beaucoup les plus nombreux, sont même les seuls reconnus par M. Sappey; ils se dirigent d'arrière en avant et vont sous l'aréole former, par leurs anastomoses, l'important *plexus sous-aréolaire* dont je parlais tout à l'heure. Celui-ci reçoit en même temps les vaisseaux superficiels et donne naissance à quatre troncs : le premier est externe, le second interne, le troisième supérieur, et le quatrième inférieur; tous se réunissent et convergent vers les ganglions antérieurs de l'aisselle.

Les autres vaisseaux glandulaires, décrits par Giraldès, émergent de la glande à sa face postérieure et communiquent avec les vaisseaux émanés des couches sous-mamellaires que je vais décrire maintenant.

Le groupe profond. — Le groupe profond se compose de quatre

ordres de troncs : les premiers se dirigent en dedans et vont se jeter dans les ganglions médiastinaux antérieurs qui portent le nom *de ganglions mammaires internes* ou *sous-sternaux;* les seconds se portent en dehors et se perdent dans quelques ganglions éparpillés au milieu des espaces intercostaux où je les ai étudiés déjà (*ganglions intercostaux*); les troisièmes, d'après Rollet, passeraient dans la paroi antérieure de l'abdomen pour se rendre aux ganglions *inguinaux supérieurs;* les quatrièmes enfin, admis par Paulet et B. Anger, monteraient verticalement et se rendraient dans les *ganglions sous-claviculaires.*

Les nerfs. — La peau est innervée par les ramifications inférieures de la *branche sus-claviculaire* du plexus cervical superficiel que j'ai décrite à propos de la région du cou. La glande reçoit ses filets des troisième, quatrième et cinquième *nerfs intercostaux* que j'ai étudiés avec l'espace intercostal. Les muscles reçoivent deux branches importantes émanées du plexus brachial : la *grande et la petite branches thoraciques antérieures* que je vous ai déjà montrées dans la fosse sous-clavière, et dont quelques divisions terminales, d'après certains auteurs, s'épanouissent dans l'épaisseur de la mamelle.

RÉGION COSTALE

Les intercostales aortiques.

Les intercostales supérieures.

La mammaire interne et les intercostales antérieures.

Les veines intercostales.

Les vaisseaux lymphatiques intercostaux.

Les nerfs intercostaux.

L'espace intercostal envisagé dans son ensemble.

A. — DÉVELOPPEMENT DE LA RÉGION COSTALE

Avant de vous dire ce qu'il convient, à mon avis, d'entendre par région costale, je veux vous donner une idée générale du développement de la poitrine.

Dans les premières heures de l'incubation, un embryon de vertébré présente, dans la ligne axiale, au point où existait la ligne obscure primitive en voie de disparition, un trait sombre formé par un épaississement du mésoblaste. Le long de ce trait, l'ectoderme s'invagine dans le mésoderme sous forme de deux replis qu'on appelle les *replis médullaires* ou *lames dorsales*. En pénétrant dans le feuillet moyen, ces deux lames, séparées d'abord, se dirigent l'une vers l'autre, puis se rencontrent et s'unissent. Séparées, elles formaient une gouttière (*gouttière médullaire*). Unies, elles forment un canal (*canal médullaire*).

Du point où elles se sont recourbées pour constituer leur involution, elles se continuent de chaque côté du canal médullaire, sous le nom de *lames épidermiques* ou *cornées*.

De son côté, le mésoblaste épaissi différencie ses cellules et se constitue, en avant du canal de provenance ectodermique, en une sorte de tige qui se développe de bas en haut : cette tige est la *notocorde* ou *corde dorsale*.

A droite et à gauche de celle-ci s'étale, par conséquent, le mésoderme. Celui-ci se dédouble bientôt, mais ce dédoublement ne s'opère pas en arrière jusqu'à la notocorde, et près d'elle le tissu du feuillet moyen reste indivis. Toute la portion mésoblastique qui subit la séparation s'appelle la *lame latérale ;* tout ce qui ne la subit pas s'appelle la *lame vertébrale*. La feuille interne du mésoderme dédoublé (*lame fibro-*

intestinale) se plaque contre l'endoderme pour former la *splanchno-pleure*, et la feuille externe (*lame fibro-cutanée*) contre l'ectoderme pour former la *somatopleure*.

La notocorde se renfle bientôt en points équidistants, à la façon des grains d'un rosaire : autour d'elle, la lame vertébrale se divise en segments qui se superposent et prennent chacun comme centre un des renflements moniliformes de la corde dorsale. Ces segments, ce sont les *protovertèbres*, qui s'empilent autour d'elle et dont elle est le tuteur.

Chacune des pièces cubiques protovertébrales se compose de deux portions : une antérieure, qui constitue la *protovertèbre* proprement dite; l'autre postérieure, qui constitue la *plaque musculaire*.

Ainsi donc la notocorde est enveloppée, à ce moment, par un étui mésodermique différencié au milieu duquel elle disparaîtra bientôt.

De la partie postérieure de cet étui, partent, à droite et à gauche, des prolongements qui vont se réunir en arrière du canal médullaire (moelle) auquel ils forment une enveloppe mésoblastique : ce sont les *arcs vertébraux primitifs;* ces arcs constituent l'*arc neural*.

De même on voit se détacher des protovertèbres des prolongements antérieurs qui s'enfoncent dans les parois latérales du corps de l'embryon : ce sont *les côtes;* ces côtes constituent l'*arc hœmal*.

En avant, les côtes se réunissent en formant une plaque mésodermique qui constitue le *sternum:* la moitié droite du sternum appartient aux côtes droites, la moitié gauche aux côtes gauches, et si l'union des unes avec les autres n'est pas parfaite, le sternum, incomplètement développé, est fissuré sur la ligne médiane, la poitrine est ouverte en avant.

Tout ce tissu mésoblastique différencié, qui constitue les protovertèbres et leur prolongement, passe successivement par les trois périodes *embryonnaire, cartilagineuse* et *osseuse*. Au second mois apparaît le cartilage; à la fin du troisième apparaît l'os, et ce n'est qu'à vingt-cinq ans environ que se termine définitivement le travail d'ossification commencé depuis si longtemps.

Mais à mesure que s'accroissent les protovertèbres et leurs dépendances (côtes), s'accroissent aussi et s'enroulent comme elles, autour de l'endoderme incurvé en forme de nacelle, les plaques musculaires, les lames épidermiques et les lames latérales. Les premières formeront les muscles du thorax : leur partie antérieure donnera naissance aux muscles *hyposquelettiques* (intercostal interne) ; leur partie postérieure aux muscles *épisquelettiques* (intercostal externe et autres). Les secondes formeront la peau. Les troisièmes donneront le tissu cellulaire, les aponévroses et les vaisseaux. Entre les deux dédoublements de la lame latérale, se développera la cavité pleurale ; sa feuille interne formera la *plèvre viscérale* et sa feuille externe la *plèvre pariétale*.

Entre le feuillet interne d'une part, qui forme d'abord une gouttière communiquant avec la vésicule ombilicale et qui se constitue bientôt en un tube complet (*intestin primitif*) divisé en trois parties (*proentéron, mésentéron, aditus posterior*), et le cœur d'autre part, qui naît au-dessus et au-devant de lui dans la lame fibro-intestinale doublant ce feuillet interne, apparaît une cloison de structure musculaire, qui les séparera l'un de l'autre : c'est le *diaphragme*. Aussi, plus tard, quand l'ectoderme invaginé (œsophage) viendra se réunir au proentéron (estomac), sera-t-il obligé de passer au travers de cette lame diaphragmatique.

Résumons-nous : de la colonne vertébrale, comme centre, partent des prolongements postérieurs et des prolongements antérieurs.

Les premiers vont, sous le nom d'arcs vertébraux, former à l'axe cérébro-spinal un étui protecteur, arc neural ; les seconds, sous forme de corps vertébraux et de côtes, former aux poumons et au cœur un autre étui protecteur, arc hæmal.

Autour de ce squelette se développent des muscles et naissent des vaisseaux, tous, comme les os, d'origine mésoblastique, et protégés par la peau d'origine ectodermique.

Ainsi, comme dit Cruveilhier, le corps humain est fait de deux cavités allongées, parallèles et adjacentes : la postérieure sert à loger les organes centraux du système nerveux (*cylindre nerveux, cylindre animal*); l'antérieure renferme tous les appareils de la reproduction et de la nutrition (*cylindre végétatif, cylindre splanchnique*).

Le diaphragme divise en deux la cavité antérieure : l'une inférieure *abdomen*, limitée de toutes parts; l'autre supérieure, *poitrine*, ouverte en haut, pour communiquer à plein canal, si l'on peut ainsi dire, avec la région cervicale.

B. — DIVISION DE LA RÉGION

Émanées de la colonne vertébrale, les côtes laissent donc entre elles des espaces vides : ces espaces sont comblés par des muscles appelés *muscles intercostaux*. Les côtes, d'une part, et les muscles intercostaux, de l'autre, forment donc la première couche, la couche limitante profonde, la vraie paroi de la poitrine ; en avant, elles sont remplacées par le sternum et ses cartilages, en arrière par la colonne dorsale. Ainsi peut s'établir la division de la poitrine en plusieurs départements : la région costale, la région sternale, la région rachidienne dorsale. Tout cela constitue, si l'on veut, les *parties intrinsèques*, fondamentales du thorax. Mais comme le grillage costal ostéo-musculaire est lui-même recouvert d'organes surajoutés, de nouvelles régions, plus superficielles celles-ci, s'appliquent, s'étalent sur les tissus qui forment l'assise profonde. Elles constituent, si l'on veut, l'ensemble des *parties extrinsèques* de la poitrine. Telles la région sous-claviculaire et la région mammaire en avant; telle la région scapulaire en arrière.

Je n'entends donc sous le nom de *région costale* que les côtes et les organes logés dans les espaces qui les séparent : c'est vous dire que je ne décrirai point, à propos d'eux, les organes superficiels, la peau, le tissu cellulaire, les muscles, les vaisseaux qui les recouvrent; l'étude de ces organes affert à chacune des régions superposées au grillage costal, comme je viens de m'en expliquer.

C. — RAPPORTS DE LA RÉGION COSTALE

La région costale est vaste, puisqu'elle répond à toute l'étendue qu'occupent les côtes dans le sens transversal et dans le sens vertical ; elle est profonde par endroits, puisque dans plusieurs de ses parties son squelette sert de surface d'implantation à des leviers puissants qui rayonnent d'elle vers le rachis, l'abdomen, le bras, et la recouvrent sur de plus ou moins grandes surfaces; elle est superficielle en d'autres, puisque l'on voit sur plusieurs points la saillie des côtes, chez les individus un peu maigres, se dessiner dans les téguments.

Voici quelques mots de ses rapports :

1º — RAPPORTS EXTÉRIEURS

On peut, à l'exemple de Blandin, diviser la région costale en deux segments : l'un est supérieur, l'autre inférieur.

L'un et l'autre, cela saute aux yeux, ont des rapports multiples, compliqués.

SEGMENT SUPÉRIEUR

En avant, le segment supérieur est recouvert par les organes qui, du thorax, se portent en dehors vers la ceinture scapulaire ou le bras pour former la paroi antérieure du creux de l'aisselle : ce sont le grand et le petit pectoral recouverts de la glande mammaire; en haut, les scalènes se détachent de lui pour se porter vers la colonne vertébrale; en dehors, le muscle grand dentelé, dont les digitations s'étendent jusqu'à la dixième côte, marque sa présence par des saillies obliques en bas, « que les peintres et les sculpteurs n'ont pas manqué de faire sentir « dans leurs ouvrages. » En arrière, les rapports se compliquent de la présence de l'omoplate et des muscles qui s'y attachent; chez les phtisiques, les cancéreux et les sujets émaciés, le bord interne du scapulum et son angle inférieur se relèvent sous forme d'aile saillante qui soulève la peau (*scapula alata*) et laissent bayer l'espace interscapulothoracique. Si on enlève l'épaule ou plutôt, comme dit Blandin, si on l'écarte du tronc, on rencontre un paquet musculaire disposé en trois couches : une première est formée par le trapèze et le grand dorsal; une seconde par le rhomboïde et l'angulaire du scapulum; une troisième par le petit dentelé supérieur. Entre les côtes et la crête des apophyses épineuses, il existe une gouttière; cette gouttière est creuse chez les individus maigres; chez les hommes forts, musclés et bien rablés, les muscles qui la comblent forment saillie.

SEGMENT INFÉRIEUR

Dans le segment inférieur, la région costale est plus superficielle : en avant, on trouve le grand droit et le grand oblique; en arrière, le grand dorsal et le petit dentelé inférieur; latéralement, les côtes et les espaces intercostaux sont directement recouverts par le tissu cellulaire et la peau.

2° — RAPPORTS INTÉRIEURS

Les rapports intérieurs de la région costale sont infiniment plus compliqués encore que ses rapports extérieurs. Les organes de la poitrine et la plupart des organes abdominaux confinent de plus ou moins près aux côtes et aux espaces intercostaux; il faudrait donc dresser ici une topographie absolument complète du thorax et du ventre pour montrer exactement la place qu'occupe sous les côtes chacun de ces organes. Cette description viendra mieux à sa place quand j'étudierai avec vous la région du médiastin, la région des flancs, la région de l'épigastre. Rappelez-vous seulement que le diaphragme divise en deux grandes loges la cavité formée par les côtes : la loge supérieure contient les organes de la respiration et de la circulation; la loge inférieure est remplie par les organes de la digestion.

Dans la case thoracique, de chaque côté, sont placés les deux poumons ; entre eux deux, le cœur se creuse un nid sur la face interne du poumon gauche; du cœur se détachent, en haut, l'aorte à droite et l'artère pulmonaire à gauche.

Dans la case inférieure, le foie occupe à droite un espace considérable; à gauche la rate, plus petite, se cache, elle aussi, sous les côtes; sous le foie, la face antérieure de l'estomac et son bord inférieur sont enfouis sous la face profonde des cinq derniers espaces intercostaux.

J'en reste là de cette description courte et schématique : sachez seulement que le diaphragme, en raison de la voûte qu'il forme, n'établit pas, entre la poitrine et le ventre, une limite régulière et plane; ainsi, par exemple, une coupe passant par la dixième côte intéresse en même temps la cavité thoracique et la cavité abdominale; elle traverse la cavité thoracique sur la périphérie, et au centre la cavité abdominale. Deux séreuses tapissent l'espace intercostal : en haut la plèvre, en bas le péritoine. Mais entre chacune d'elles et le muscle intercostal interne s'interpose, en certains points, une couche musculaire : le triangulaire du sternum s'insinue entre la plèvre et l'espace intercostal; le transverse de l'abdomen entre l'espace intercostal et le péritoine.

Je vous décrirai plus tard chacun de ces deux muscles.

D. — CONSTITUTION DE LA RÉGION COSTALE

Alternativement osseuse et musculaire, la région costale est formée par les côtes et les muscles qui les unissent.

Des côtes. — Les côtes, étendues de la colonne vertébrale aux cartilages costaux, sont dirigées d'arrière en avant et de haut en bas, de telle sorte que l'extrémité antérieure de la quatrième, par exemple, répond à l'extrémité postérieure de la huitième. Ce sont des os plats et allongés, courbés suivant leurs faces (*courbure d'enroulement*) et suivant leurs bords (*courbure de torsion*) ; ils sont munis de deux *angles*, l'un *antérieur*, l'autre *postérieur*, résultat de leur incurvation sur le plat; ils sont articulés en arrière avec le corps des vertèbres dorsales par une extrémité qu'on appelle *la tête*, et avec le sommet des apophyses transverses par une apophyse saillante qui est nommée *tubérosité*. Une portion rétrécie, *le col*, sépare la tête de la tubérosité. Les côtes sont articulées en avant, par une extrémité appelée *sommet*, avec les cartilages costaux. Elles sont munies d'un corps aplati de dehors en dedans, dont la face externe est convexe, la face interne concave et lisse, le bord supérieur mousse et muni de deux lèvres à insertion musculaire, le bord inférieur creusé d'une rigole peu profonde, la *gouttière costale*.

Il existe douze côtes : les côtes extrêmes, la première, la seconde, la onzième et la douzième présentent quelques caractères distinctifs qu'étudient les livres d'anatomie descriptive.

La première est aplatie dans le sens vertical; elle porte sur sa face supérieure, vers la partie moyenne, une éminence rugueuse sur laquelle s'attache le muscle scalène antérieur : c'est le *tubercule de Lisfranc;* en avant de cette saillie, la veine sous-clavière se creuse une gouttière; en arrière, l'artère en fait autant; la gouttière de l'artère est plus marquée.

La seconde, comme la première, n'a ni torsion ni gouttière; elle est aplatie, elle aussi, de haut en bas, mais moins; sur sa face externo-superficielle, vers le milieu de l'arc, sont plaquées de petites rugosités pour l'insertion du scalène postérieur.

Les deux dernières côtes sont presque rectilignes et très courtes; elles ne sont pas tordues; elles n'ont pas de tubérosité.

Des cartilages costaux. — Des bords du sternum à l'extrémité antérieure des côtes, et aplatis comme elles, sont tendus les *cartilages costaux*. Il y en a douze : les sept premiers augmentent de longueur du premier au septième et s'articulent immédiatement avec l'os sternal; les côtes dont ils sont la suite forment les *côtes sternales*. Les cinq derniers diminuent de longueur du septième au dernier : ou bien ils ne s'articulent que médiatement avec le sternum, et les côtes qu'ils prolongent sont alors appelées *côtes asternales;* ou bien ils restent libres et indépendants, comme c'est le cas des deux derniers, et les côtes dont ils sont la continuation sont dites *côtes flottantes*. Le premier cartilage est oblique en bas et en dedans; le second et le troisième sont horizontaux; à partir du quatrième, on les voit s'incliner fortement en haut et en dedans pour rejoindre les bords du sternum et s'articuler souvent entre eux.

DES ARTICULATIONS DES CÔTES

Les côtes s'articulent avec la colonne vertébrale par leur tête (*articulation costo-vertébrale*), par le col et par leur tubérosité (*articulation costo-transversaire*) : elles s'unissent aussi au sternum (*articulation sterno-costale*); enfin, elles sont maintenues dans des rapports fixes les unes par rapport aux autres (*articulation costo-costale*). Les ligaments de ces différentes articulations sont difficiles à retenir; les auteurs leur donnent des noms différents.

Les articulations de la côte avec la colonne vertébrale. — Chaque côte s'articule avec deux parties de la vertèbre : avec le corps d'une part; avec l'apophyse transverse, de l'autre.

L'ARTICULATION COSTO-VERTÉBRALE. — La côte possède deux facettes obliques : l'une supérieure est oblique en haut et en dedans; l'autre, inférieure, oblique en bas et en dedans; une crête aiguë les sépare. Ainsi, le sommet de l'arc costal s'enfonce comme un coin dans l'angle rentrant formé par la demi-facette du corps vertébral supérieur et la demi-facette du corps vertébral inférieur.

Il existe quatre ligaments pour cette articulation. L'un est intra-articulaire : c'est le *ligament interosseux*. Les trois autres sont extra-articulaires : ce sont les *ligaments périphériques*.

Deux mots seulement du ligament interosseux : il est fort et va du sommet de la crête saillante de la côte au fond de la rainure, au fond du petit fossé anguleux que limitent entre elles les deux facettes vertébrales.

Il y a trois ligaments périphériques. Ces ligaments ont pris place, autour de l'articulation, de tous les côtés où ils en ont trouvé; en haut, en bas, en avant. En arrière ils n'ont pu s'installer; je vous dirai tout à l'heure pourquoi. Il y a donc un *ligament supérieur*, petit, et un *ligament inférieur*, petit aussi, allant l'un et l'autre du bord supérieur ou du bord inférieur de la tête costale au corps vertébral voisin; puis un *ligament antérieur*, qui rayonne en éventail de la tête de la côte aux deux corps vertébraux voisins. Il n'y a pas, vous disais-je, de ligament postérieur, et il ne peut pas y en avoir; voici pourquoi : la côte, en arrivant contre la colonne vertébrale, se colle sur la face antérieure de l'apophyse transverse; si donc il y avait un ligament postérieur, il se détacherait de la face antérieure de cette apophyse transverse. Mais ne voyez-vous pas que pour aborder le corps de la vertèbre, la côte est obligée de s'enfoncer, pour ainsi dire, dans la colonne vertébrale plus profondément que n'est située la base de l'apophyse transverse, si bien que tous les faisceaux ligamenteux qui partent de celle-ci se rendent au col de la côte ou à la tubérosité, mais non point à la tête, et comme tels font partie de l'articulation costo-transversale?

L'ARTICULATION COSTO-TRANSVERSALE. — L'articulation *costo-transversale* se décompose en deux articulations secondaires, la *trans-verso-tubérositaire*, et la *transverso-cervicale*. Les surfaces de la première sont contiguës; elle a une synoviale; les surfaces de la seconde sont éloignées : elle n'a pas de synoviale.

L'articulation transverso-tubérositaire. — Elle est maintenue par un fort ligament, épais et court, qui s'étend du sommet de l'apophyse transverse à la partie externe de la tubérosité et qu'il convient d'appeler *ligament transverso-tubérositaire*.

L'articulation transverso-cervicale. — Celle-ci, je le répète, n'a pas de séreuse, n'ayant pas de surfaces articulaires proches. Elle est pourvue de deux ligaments : le premier rattache le col de la côte à l'apophyse transverse de la vertèbre supérieure, c'est le *ligament cervico-transversaire supérieur*; le second unit le col de la même côte à l'apophyse transversaire de la vertèbre inférieure : c'est le *ligament cervico-transversaire inférieur.*

Le ligament cervico-transversaire supérieur est composé de deux faisceaux : l'un est antérieur, l'autre postérieur; tous les deux s'entrecroisent. En voici la raison : le faisceau antérieur, parti du bord supérieur de la côte, se rend au milieu du bord inférieur de l'apophyse transverse sus-jacente, tandis que le faisceau postérieur, parti de la face postérieure du col, va s'implanter sur la racine du bord inférieur de l'apophyse transverse sus-jacente.

Le ligament cervico-transversaire inférieur est court, large et fort; il s'étend de la face antérieure de l'apophyse transverse sous-jacente à la face postérieure du col.

Telles sont les articulations costo-vertébrales; leur étude est, vous le voyez, plus simple qu'il ne semble au premier abord. La description que je viens de vous en faire et qui, dans ses grandes lignes, ressemble à celle donnée par MM. Beaunis et Bouchard dans leur excellent traité d'anatomie, me paraît être la seule qui puisse mettre votre mémoire en garde contre les oublis et les confusions.

Les articulations costo-sternales. — Les côtes s'articulent avec le sternum par l'intermédiaire des cartilages costaux auxquels elles sont unies par un simple épaississement du périoste qui forme, autour de la synarthrose, comme un vrai manchon fibreux.

Le cartilage, lui, possède une extrémité taillée en angle dièdre qui s'enfonce, comme un coin, dans la cavité angulaire taillée, d'après le même modèle, sur les bords du sternum; il existe un fibro-cartilage inter-articulaire allant du sommet du coin cartilagineux à la partie profonde de la fossette sternale, c'est le *ligament interosseux*, quatre ligaments périphériques, un *antérieur* et un *postérieur*, solides, rayonnant l'un et l'autre du sommet du cartilage aux deux faces du sternum (1), et deux petits faisceaux, l'un *supérieur*, l'autre *inférieur*, sans importance.

Les articulations chondro-chondroïques. — Du cinquième au neuvième, tous les cartilages costaux sont unis par de véritables surfaces articulaires pourvues d'une synoviale et entourées du périoste épaissi.

Mais en dehors de ces articulations, les cartilages costaux sont maintenus à distance, dans leurs rapports respectifs, par des fibres aponévrotiques épaisses, nacrées, dirigées d'arrière en avant et de haut en bas ; ces fibres, qui occupent toute l'étendue verticale de l'espace intercostal, sont la continuation jusqu'au sternum des fibres du muscle intercostal externe ; les Allemands les appellent *ligamenta coruscantia* : j'y reviendrai bientôt.

Des espaces intercostaux. — Entre les côtes, ai-je dit, existent des espaces ; ces espaces sont vides sur le squelette et remplis sur le cadavre : ce sont les espaces intercostaux.

1. — Le contenant de l'espace intercostal

DE L'ESPACE INTERCOSTAL SUR LE SQUELETTE. — Etendus, comme les côtes, de haut en bas et d'arrière en avant, de la colonne vertébrale aux bords du sternum, les espaces intercostaux, beaucoup plus larges en avant qu'en arrière, d'après Cruveilhier et Krause, en arrière qu'en avant, au dire de M. Tillaux, ce qui prouve qu'il ne doit pas y avoir une grande différence, n'ont pas tous les mêmes dimensions. A cet égard, il n'est pas sans intérêt de remarquer que tous les auteurs se contredisent. Voici ce que dit Cruveilhier : « Les deux premiers espaces sont à la fois les plus larges et les plus courts ; la largeur diminue en bas, où, suivant la remarque de Bertin, peu s'en faut que quelques côtes inférieures ne se touchent pas leurs bords. Il y a une exception

---

(1) Le ligament *costo-xyphoïdien* n'est autre chose que le ligament antérieur rayonné des 6ᵉ et 7ᵉ cartilages costaux.

pour les deux derniers espaces, qui ont 20 millimètres de largeur, tandis que les espaces intercostaux moyens n'ont que 9 millimètres environ». Pour M. Sappey, « le premier et le second espace offrent plus de largeur que le troisième ; celui-ci l'emporte sur les quatre espaces suivants ; les quatre derniers, au contraire, augmentent de haut en bas. » Pour Richet et M. Tillaux, « le troisième est le plus large, viennent ensuite le second et le premier, les quatre derniers sont les plus étroits. » Krause écrit : « Les deux supérieurs et les deux inférieurs sont les plus courts, mais les plus larges. »

Cela n'a, du reste, aucune espèce d'importance ; retenons seulement qu'en avant, au niveau des 8e, 9e et 10e côtes, l'espace intercostal disparaît, puisque les cartilages se rencontrent.

DE L'ESPACE INTERCOSTAL SUR LE CADAVRE. — Un feuillet aponévrotique tapisse la face externe des côtes ; un second feuillet tapisse leur face interne. Entre eux deux se trouve un espace vide, une sorte de sac aplati de dehors en dedans ; ce sac est divisé en autant de loges superposées qu'il y a de côtes pour intercepter sa continuité ; chaque compartiment est un espace intercostal, et chaque espace intercostal contient des muscles, des vaisseaux et des nerfs.

L'aponévrose extérieure. — L'aponévrose extérieure est une toile fibreuse, mince, nacrée, qui s'étend de la face externe d'une côte à celle de l'autre, et qui, comme le fait remarquer Velpeau, semble se confondre avec les trousseaux fibreux mêlés aux fibres musculaires. En avant, au niveau des cartilages, le muscle intercostal externe n'existe plus ; le feuillet aponévrotique augmente alors d'épaisseur ; ses fibres se constituent en faisceaux solides et nacrés qui forment comme de véritables *ligaments interchondroïdes* remplissant l'espace intercostal (*ligamenta coruscantia* des Allemands).

L'aponévrose intérieure. — L'aponévrose intérieure, plus mince et plus terne que la précédente, se comporte à peu près de la même façon ; elle tapisse la face profonde de l'intercostal interne qu'elle sépare du tissu cellulaire sous-pleural; et comme, au niveau de l'angle des côtes, le muscle disparaît, elle s'étend, seule, jusqu'à la colonne vertébrale. Ses fibres conservent la direction des faisceaux de l'intercostal interne, comme celles de l'aponévrose externe conservaient la direction de faisceaux de l'intercostal externe.

2. — Le contenu de l'espace intercostal

Les muscles intercostaux. — Entre ces deux lames aponévrotiques sont placés les muscles costaux. Il y a deux sortes de muscles intercostaux proprement dits : les *intercostaux externes* et les *intercostaux internes*. A eux sont annexés des faisceaux accessoires, les *sus-costaux* et les *sous-costaux*.

L'intercostal externe s'insère à la lèvre externe du bord inférieur de la côte supérieure et à celle du bord supérieur de la côte inférieure. Les fibres alternativement charnues et aponévrotiques par lesquelles il s'attache lui sont, comme le fait remarquer Cruveilhier, une condition de résistance. Il s'étend des articulations costo-vertébrales à la naissance des cartilages costaux : en avant, une aponévrose tendineuse continue jusqu'au sternum les fibres de ce muscle aplati, dirigées d'arrière en avant et de haut en bas.

L'intercostal interne, situé, comme son nom l'indique, en dedans du précédent, prend comme lui une double attache sur les côtes limitantes. Mais ses insertions se font sur la lèvre interne de la gouttière et envahissent même la face pleurale de l'os. Il s'étend du sternum, en avant, à l'angle postérieur des côtes, en arrière; ses fibres ont une direction opposée à celle de l'intercostal externe; une aponévrose peu épaisse leur fait suite en arrière jusqu'à la colonne vertébrale.

Les muscles sus-costaux s'étendent de haut en bas et de dedans en dehors, sous forme de petites languettes charnues, du sommet de l'apophyse transverse de la vertèbre supérieure à la face externe et au bord supérieur de la côte inférieure; on les appelle alors *de petits sus-costaux;* quelquefois, ils ont plusieurs digitations et se perdent sur plusieurs côtes; cela les fait ressembler au triangulaire du sternum;

on les nomme alors les *longs sous-costaux*. On considère généralement les sus-costaux comme faisant partie du système des intercostaux externes; c'est là une erreur; ce sont des muscles vertébro-costaux, comme les dentelés postérieurs; ils ne sauraient avoir la signification générale de muscles se rendant d'une côte à l'autre. Je vous ai déjà dit pourquoi le muscle scalène, à l'encontre de ceux-ci, était un véritable intercostal.

Les *muscles sous-costaux*, accessoires des intercostaux internes, sont des petits faisceaux musculaires étendus, dans le sens vertical ou oblique, de la face interne d'une côte à sa ou à ses deux et trois voisines inférieures; ils ont été décrits par Verheyen; on dit qu'ils représentent au thorax le transverse de l'abdomen.

Le triangle intermusculaire. — Tels sont les muscles qui comblent les espaces vides du grillage costal. Comme il est facile de le comprendre d'après les insertions que j'ai décrites aux deux muscles intercostaux, l'intercostal externe et l'intercostal interne sont séparés l'un de l'autre par un espace triangulaire dont la base est supérieure et le sommet inférieur. Cet espace est rempli de tissu cellulaire; dans ce tissu cellulaire, au niveau de la partie large du triangle, c'est-à-dire dans la gouttière même de la côte supérieure, cheminent les *vaisseaux et nerfs intercostaux*. Comme les côtes diminuent d'épaisseur d'arrière en avant, et que la gouttière costale est d'autant moins accentuée qu'on se rapproche davantage du sternum, il est facile de comprendre que le triangle celluleux intercostal est beaucoup plus large en arrière qu'en avant où les deux lames musculaires finissent presque par se confondre.

Les artères intercostales. — Les artères intercostales sont au nombre de onze comme les espaces intercostaux; huit viennent de l'aorte : ce sont les *intercostales aortiques;* trois émanent de la sous-clavière : ce sont les *intercostales supérieures*.

Les intercostales aortiques. — Les intercostales aortiques naissent de la partie postérieure de l'aorte, se dirigent directement en dehors ou obliquement en dehors et en haut, passent (celles du côté droit seulement) en avant de la colonne vertébrale à laquelle elles fournissent de nombreux rameaux osseux, arrivent à la partie postérieure de l'espace auquel elles sont destinées, et là, se divisent en deux branches. Le rameau postérieur se porte en arrière, entre deux apophyses transverses, et se partage en deux petites branches destinées, la première à la moelle et aux vertèbres (*artère spinale* ou *vertébro-médullaire*), la seconde aux muscles des gouttières vertébrales (*artère dorsale*). Le rameau antérieur continue le trajet du tronc principal, occupe d'abord le milieu de l'espace intercostal, puis se dirige en haut pour se placer dans la gouttière de la côte sus-jacente; vers le tiers antérieur de l'espace intercostal, il abandonne cette gouttière pour se perdre en rameaux grêles qui s'anastomosent avec les branches intercostales de la mammaire interne, de l'épigastrique, des lombaires et de la diaphragmatique inférieure. Chemin faisant, il donne une *branche descendante* qui traverse obliquement en bas et en avant l'espace intercostal dans son tiers postérieur, pour venir rejoindre le bord supérieur de la côte inférieure, et des rameaux *périostiques, osseux, musculaires, sous-pleuraux, mammaires,* etc.

LES INTERCOSTALES SUPÉRIEURES. — Les intercostales supérieures émanent d'un tronc commun venu de la partie inférieure et postérieure de l'artère sous-clavière; ce tronc flexueux descend en bas et en avant en dehors du premier ganglion nerveux dorsal, croise le col des deux premières côtes et se termine dans le troisième espace en formant la troisième intercostale; chemin faisant, il donne les deux premières intercostales. Les unes et les autres se comportent comme les branches aortiques.

LA MAMMAIRE INTERNE ET LES INTERCOSTALES ANTÉRIEURES. — L'artère mammaire interne naît de la partie inférieure de la sous-clavière; elle se dirige verticalement en bas, croise l'extrémité interne de la clavicule et du premier cartilage derrière lesquels elle passe, pénètre dans le thorax, longe le bord du sternum à huit millimètres en dehors duquel elle est placée, chemine entre le triangulaire du sternum qui est en arrière, et l'intercostal interne qui est en avant, puis, au niveau de la dixième côte, se divise en deux branches : l'une interne, continue la direction du tronc principal et va se perdre dans l'épaisseur du muscle grand droit où elle s'anastomose avec l'épigastrique, après avoir formé en avant de l'appendice xyphoïde une petite arcade artérielle ; l'autre externe, appelée *musculo-phrénique*, se dirige en dehors et en bas et va s'épuiser dans l'épaisseur du diaphragme, après avoir donné, au niveau de chaque espace intercostal sous-jacent au sixième, *l'artère intercostale antérieure* sur laquelle je vais revenir.

Avant sa division, la mammaire interne fournit des *rameaux antérieurs* à distribution musculaire, cutanée, mammaire, périostique et osseuse, des *rameaux postérieurs* pour le médiastin, le thymus et le diaphragme (l'artère diaphragmatique supérieure est sa branche principale), enfin des *rameaux externes :* ce sont les *intercostales antérieures*.

Les intercostales antérieures viennent donc, comme on le voit, de la mammaire interne (les six premières) et de la musculo-phrénique (les cinq dernières). Toutes se comportent de la même façon : il y en a une pour chaque espace ; celle-ci se dirige de haut en bas et de dedans en dehors, gagne le milieu de l'espace intercostal et se divise alors en deux rameaux : l'un suit la côte supérieure et l'autre la côte inférieure ; tous les deux vont s'anastomoser avec la branche postérieure venue de l'aorte ou de la sous-clavière.

Les veines intercostales. — La disposition des veines intercostales est calquée sur celle des artères ; chacune se compose d'une branche intercostale et d'une branche dorso-spinale dont la réunion forme ce qu'on nomme le *tronc vertébro-costal*. Ces différents troncs vertébro-costaux constituent les affluents principaux du système veineux azygos dorsal sur la disposition duquel je reviendrai plus loin.

A droite, les trois premières veines intercostales se ramassent en un tronc commun qui se jette dans la grande veine azygos : c'est la *petite azygos supérieure droite ;* les huit dernières ont leur embouchure directement et séparement dans un tronc ascendant situé le long du côté droit de la colonne vertébrale : c'est la *grande azygos*.

A gauche, les quatre ou cinq veines intercostales inférieures se jettent dans un canal ascendant parallèle à la grande azygos, couché sur le côté gauche de la région vertébrale dorsale : il forme la *petite azygos* ; les six ou sept veines supérieures débouchent dans un autre tronc, vertical aussi, qui vient, en descendant, se réunir ou non au précédent pour se jeter, avec lui ou à côté de lui, dans la grande veine azygos : c'est la *petite azygos supérieure gauche*.

Vaisseaux lymphatiques intercostaux. — Les vaisseaux lymphatiques de l'espace intercostal sont des vaisseaux profonds qui se rendent à des groupes ganglionnaires profonds ; il ne faut pas les confondre avec les troncs venus des régions superficielles, comme ceux de la glande mammaire, qui ressortissent du département ganglionnaire de l'aisselle.

Les absorbants intercostaux accompagnent les vaisseaux du même nom dans la gouttière de la côte ; ils aboutissent à cinq centres glandulaires ; le premier antérieur (*groupe mammaire* ou *sous-sternal*), le second intérmédiaire (*groupe intercostal*), le troisième postérieur (*groupe vertébral*), le quatrième supérieur (*groupe cervical*), le cinquième inférieur (*groupe inguinal*).

Le *groupe mammaire* se compose d'une série de ganglions échelonnés le long des deux gros faisceaux lymphatiques qui accompagnent les vaisseaux mammaires internes et vont se jeter à gauche dans le canal thoracique, à droite dans le grande veine lymphatique.

Le *groupe intercostal* comprend un nombre variable de petites glandes que traversent, dans le tissu cellulaire lamelleux de l'espace, les vaisseaux lymphatiques intercostaux.

Le *groupe vertébral* est formé d'une véritable chaîne ganglionnaire échelonnée sur les parties latérales de la colonne vertébrale : c'est là qu'aboutissent, en même temps que les vaisseaux intercostaux, les troncs venus du canal rachidien et de la région thoracique postérieure ; les uns et les autres se réunissent de chaque côté, après avoir traversé les ganglions vertébraux, en un tronc collecteur principal qui se jette dans le canal thoracique.

Le *groupe cervical* n'est autre chose que la partie inférieure des ganglions cervicaux dans lesquels il n'est pas rare de voir se terminer quelques troncs venus des premiers espaces intercostaux, en suivant le tronc commun des intercostales supérieures artérielles.

Le *groupe inguinal* est constitué par les ganglions inguinaux supérieurs qui reçoivent quelques lymphatiques émanés de la région costale inférieure.

Les nerfs intercostaux. — Les nerfs intercostaux sont au nombre de douze. Sortis des trous de conjugaison, ils se placent de suite dans l'espace intercostal correspondant, en avant du ligament transverso-costal supérieur qui les sépare de la branche postérieure du nerf dorsal dont ils forment la branche antérieure. Situés d'abord au milieu de l'espace intercostal, ils se dirigent ensuite en haut et en avant, pour se loger dans la gouttière de la côte supérieure, où ils suivent les vaisseaux ; au niveau des bords du sternum, ils traversent d'arrière en avant le grand pectoral et se perdent dans la peau. Dans tout leur trajet, ils sont sous-jacents aux veines dont l'artère les sépare. Chemin faisant, ils fournissent des *rameaux musculaires* nombreux qui descendent entre les deux muscles intercostaux et s'épuisent dans leur épaisseur, des *rameaux périostiques* ascendants qui se détachent du bord supérieur du nerf et vont se perdre dans le périoste de la face interne de la côte, des *rameaux perforants,* plus volumineux, plus importants, plus fixes de nombre et de disposition, et dont on décrit deux variétés : le *perforant antérieur* et le *perforant latéral.*

Le premier, moins volumineux, n'est que la terminaison du nerf intercostal. Arrivé sous la peau, il se divise en *filets internes* qui vont, au devant du sternum, s'anastomoser avec ceux du côte opposé, et *filets externes,* qui se dirigent en arrière et s'anastomosent avec les branches antérieures du perforant latéral.

Le second traverse l'intercostal externe vers le milieu de l'espace, émerge de la couche musculaire au niveau de chaque digitation du grand dentelé et du grand oblique, et, devenu superficiel, se divise en deux rameaux : l'un postérieur qui donne la sensibilité à la peau de la région latérale du tronc, l'autre antérieur qui se perd, en s'anastomosant avec le perforant antérieur, dans les téguments qui recouvrent les cartilages costaux.

En dehors de ces caractères qui leur sont communs, les nerfs intercostaux se distinguent les uns des autres par quelques caractères différentiels; ainsi le premier nerf intercostal ne fournit pas de perforant latéral et donne, dès sa naissance, une branche supérieure, très grosse, ascendante, qui croise le col de la première côte en arrière de l'artère sous-clavière, et va se réunir à la dernière paire cervicale pour contribuer à la formation du plexus brachial; le second se distingue par l'importance de ses deux rameaux perforants qui vont s'anastomoser avec l'accessoire du brachial cutané interne et se distribuent aux téguments de la face interne et postérieure du bras; le troisième, par une disposition semblable de son perforant latéral; le quatrième et le cinquième par les filets qu'ils donnent au triangulaire du sternum et à la glande mammaire; le sixième et le septième par les rameaux qu'ils fournissent à la partie supérieure du grand droit et du grand oblique de l'abdomen; le huitième, le neuvième, le dixième et le onzième, par leur passage entre le transverse et le petit oblique auxquels ils abandonnent des branches, par la disposition de leur rameau perforant antérieur qui est double, l'un sortant au niveau du bord externe, l'autre au niveau du bord interne du grand droit abdominal, enfin par les rapports du perforant latéral qui traverse le grand oblique en l'innervant; le douzième enfin par son anastomose, dès sa sortie du rachis, avec la première paire lombaire, par son passage sur la face antérieure du carré des lombes, par sa situation entre la couche musculaire superficielle et profonde de l'abdomen, et par la position de son perforant latéral qui se dirige en bas, entre le grand oblique et la peau, croise la crête iliaque et vient se distribuer aux téguments de la région fessière.

L'espace intercostal envisagé dans son ensemble. — Il résulte de la description que je viens de donner des vaisseaux et nerfs intercostaux, qu'une coupe de l'espace intercostal présente un aspect différent suivant le point où elle est faite.

Sur une coupe de l'espace vers la partie moyenne, les organes apparaissent situés les uns à côté des autres, côtoyant le bord inférieur de la côte; le nerf est superficiel, la veine profonde, l'artère intermédiaire. On voit partir de celle-ci, près de la partie postérieure de l'espace, une petite branche qui le traverse et se rend au bord supérieur de la côte située au-dessous : c'est un *rameau périostique;* en dedans du paquet vasculo-nerveux, le muscle intercostal interne; en dehors, l'intercostal externe.

Sur une coupe pratiquée en avant, les organes ont abandonné la côte et se montrent au milieu de l'espace : ils ont diminué sensiblement de volume; en dedans, se trouve l'intercostal interne; en dehors, l'aponévrose qui prolonge en avant l'intercostal externe.

Sur une coupe postérieure, le nerf et les vaisseaux sont séparés et situés au milieu de l'espace; pour gagner la gouttière qui lui est destinée, l'artère se dirige de bas en haut et de dedans au dehors; le nerf, moins oblique, se porte un peu de bas en haut, presque transversalement; en dedans, est l'aponévrose qui termine en arrière l'intercostal interne; en dehors, l'intercostal externe.

Il faut bien se rappeler ces détails anatomiques pour pratiquer la pleurotomie postérieure.

TABLE ANALYTIQUE

NOTES ET ADDITIONS

Page 51. — Le système cránioscopique de Gall et de ses disciples ne saurait être accepté aujourd'hui ; mais il est juste de reconnaître que c'est à ce savant et à son école que revient le mérite d'avoir regardé le cerveau comme une « agrégation de parties dont chacune est l'organe d'une faculté particulière ». En localisant, d'une façon générale, l'esprit dans la zone antérieure, le caractère dans la zone moyenne et le sentiment dans la zone postérieure, Gall n'avait-il pas, comme par une sorte de prescience, prévu en partie les grands enseignements que devaient nous donner plus tard l'expérimentation physiologique et la méthode anatomo-clinique ?

Page 98. — La deuxième circonvolution frontale est la seule de toutes les circonvolutions qui ne présente pas de plis de passage. Absolument incluse entre toutes les autres frontales, elle ne peut, en effet, communiquer avec aucun lobe voisin du lobe frontal.

Page 98. — Le petit pétreux superficiel sort ordinairement du rocher par un petit orifice placé en dehors de l'hiatus de Fallope.

Page 100. — Le rameau digastrique du facial anime, en outre, le stylo-hyoïdien et le stylo-pharyngien.

Page 111. — Outre la racine sensitive qu'il reçoit du glosso-pharyngien et la racine motrice qu'il reçoit du facial, le ganglion d'Arnold est abordé par plusieurs petits filets qui lui viennent du nerf maxillaire inferieur. Il n'est pas possible de dire si ces derniers sont moteurs ou sensitifs.

Page 111. — Le trou de Vésale est placé entre le grand trou petit rond et le trou ovale ; souvent il ne laisse passer que deux veinules ; le petit pétreux sort alors du crâne par un orifice situé près du trou petit rond : c'est le canal d'Arnold ou trou innominé.

Page 156. — Le ganglion de Gasser n'est pas, au sens propre du mot, comparable aux autres ganglions des nerfs crâniens. Situé sur le trajet de la racine sensitive du trijumeau il est plutôt comparable à un ganglion placé sur le trajet de la racine dorsale sensitive d'un nerf rachidien. La racine motrice du trijumeau ne se jette pas, en effet, dans le ganglion de Gasser, mais bien dans le nerf maxillaire inférieur qui en émane, et forme ainsi un nerf mixte comparable à un nerf rachidien.

Page 145. — Je n'entends pas dire que la ligne blanche cervicale soit absolument l'homotype de la ligne blanche abdominale ; celle-ci est formée par l'entrecroisement des tendons des trois muscles larges et tendineux de l'abdomen ; cette disposition ne se retrouve pas, au moins aussi nette, sur le cou.

Page 147. — Le muscle stylo-hyoïdien se détache de la partie externe de l'apophyse styloïde tout près de la racine de celle-ci.

ERRATA

Page 7 ligne 5 Au lieu de *temporal,* lisez *pariétal*
— 8 — 13 — *squamme* — *squame*
— 8 — 20 — *se soude* — *disparaît*
— 10 — 11 — *externe* — *postérieur*
— 18 — 28 — *paussier* — *peaussier*
— 20 — 25 — *Vinslow* — *Winslow*
— 36 — 11 — *racine du nerf olfactif* — *racine blanche externe du, etc.*
— 37 — 22 — *petites méandres* — *petits méandres*
— 43 — 18 — *pli de passage* — *pli d'anastomose*
— 45 — 5 — *plis de passage* — *plis d'anastomose*
— 47 — 2 — *plis de passage* — *plis d'anastomose*
— 49 — 27 — *membre supérieur* — *membre inférieur*
— 49 — 28 — *membre inférieur* — *membre supérieur*
— 50 — 1 — *partie postérieure* — *partie moyenne*
— 59 — 3 — *ous-outos* — *ous-otos*
— 60 — 20 Ajoutez : la cinquième est supérieure, la sixième inférieure
— 62 — 3 Au lieu de *Glasser* lisez *Glaser*
— 65 — 20 — *de la dernière alvéole* — *du dernier alvéole*
— 74 — 10 — *de laquelle* — *duquel*
— 82 — 7 — *elle* — *elles*
— 86 — 31 — *che* — *chez*
— 99 — 32 — *racines cervicales* — *nerfs cervicaux*
— 102 — 26 — *nouvaau* — *nouveau*
— 112 — 8 — *ner dentaire* — *nerf dentaire*
— 113 — 8 — *au scalpel* — *pour le scalpel*
— 113 — 11 — *iuste* — *juste*
— 120 — 19 — *styl-hial* — *stylo-hyal*
— 125 — 14 et suiv. Au lieu de *paires nerveuses craniennes* lisez *nerfs crâniens.*
— 131 — 3 Au lieu de *Andersh* lisez *Andersch*
— 141 — 32 — *fascia lamelleux* — *fascia aréolaire*
— 158 — 32 — *pendant* — *au niveau de*
— 161 — 25 — *Warthon* — *Wharton*
— 164 — 25 — *portion* — *portions*
— 173 — 17 — *il* — *ils*
— 183 — 27 — *coexsister* — *coexister*
— 184 — 9 — *à la base* — *à base*
— 191 — 16 — *encontre* — *rencontre*
— 196 de la ligne 12 à la ligne 18. Au lieu de *sus,* lisez *sous,* et au lieu de *supérieur* lisez *inférieur* et inversement.

Page 201 ligne 11 Au lieu de *extension*   lisez *inclinaison latérale et extension*
— 201 — 11 — *flexion*   — *inclinaison latérale et flexion*
— 205 — 25 — *dixième*   — *sixième*
— 206 — 29 — *sous-clavier*   — *sus-clavier*
— 208 — 26 — *dernier*   — *premier*
— 212 — 21 — *amphiartrose*   — *diarthro-amphiarthrose*
— 213 — 21 — *téte*   — *créte*
— 221 — 21 — *reppelez*   — *rappelez*
— 224 — 5 — *quatre*   — *trois*
— 232 — 25 — *le premier*   — *la première*
— 234 — 2 — *deux cents mètres*   — *deux centimètres*
— 238 — 17 — *avant à gauche*   — *en avant et à gauche*
— 249 — 20 — *de l'aisselle*   — *de la plèvre*
— 261 — 21 — *d'arrière en avant*   — *d'avant en arrière.*
— 280 — 22 — *postérieur*   — *postérieure*
— 280 — 32 — *médian*   — *radial*
— 287 — 3 — *apophyse coracoïde*   — *acromion*
— 304 — 17 — *os coracoïdien*   — *os précoracoïdien*
— 307 — 32 — *ce vaisseau*   — *ce nerf*
— 310 — 15 — *acromo-thoracique*   — *acromio-thoracique*
— 318 — 7 — *Morgagny*   — *Morgagni*

Le Mans. — Typographie Edmond Monnoyer